Meio ambiente e
gestão do conhecimento

Demerval Luiz Polizelli

Meio ambiente e gestão do conhecimento
dos higienistas à sociedade da informação

o papel da administração e uso das redes sociais
para a era da "desfabricação em massa"

ALMEDINA

ALMEDINA BRASIL IMPORTAÇÃO, EDIÇÃO E COMÉRCIO DE LIVROS LTDA.
ALAMEDA CAMPINAS, 1077, 6º ANDAR, JD. PAULISTA
CEP.: 01404-001 – SÃO PAULO, SP – BRASIL
TEL./FAX: +55 11 3885-6624
SITE: WWW.ALMEDINA.COM.BR

COPYRIGHT © 2011, DEMERVAL LUIZ POLIZELLI

ALMEDINA BRASIL
TODOS OS DIREITOS PARA A PUBLICAÇÃO DESTA OBRA NO BRASIL RESERVADOS PARA ALMEDINA BRASIL IMPORTAÇÃO, EDIÇÃO E COMÉRCIO DE LIVROS LTDA.

PRODUÇÃO EDITORIAL: ERJ COMPOSIÇÃO EDITORIAL
DESIGN DE CAPA: CASA DE IDEIAS EDITORAÇÃO E DESIGN

ISBN: 978-85-62937-14-9
IMPRESSO EM JULHO DE 2011.

Dados Internacionais de Catalogação na Publicação (CIP)
(Câmara Brasileira do Livro, SP, Brasil)

Polizelli, Demerval Luiz
Meio ambiente e gestão do conhecimento : dos higienistas à sociedade da informação / Demerval Luiz Polizelli . -- São Paulo : Almedina, 2011.

ISBN 978-85-62937-14-9

1. Gestão ambiental 2. Meio ambiente 3. Sociedade da informação 4. Trabalho (Organização) I. Título.

11-05921   CDD–363.7

Índice para catálogo sistemático:
1. Gestão ambiental : Ciência ambiental   363.7

TODOS OS DIREITOS RESERVADOS. NENHUMA PARTE DESTE LIVRO, PROTEGIDO POR COPYRIGHT, PODE SER REPRODUZIDA, ARMAZENADA OU TRANSMITIDA DE ALGUMA FORMA OU POR ALGUM MEIO, SEJA ELETRÔNICO OU MECÂNICO, INCLUSIVE FOTOCÓPIA, GRAVAÇÃO OU QUALQUER SISTEMA DE ARMAZENAGEM DE INFORMAÇÕES, SEM A PERMISSÃO EXPRESSA E POR ESCRITO DA EDITORA.

Sumário

Prefácio VII

Introdução XI

1. Multidisciplinaridade e Conhecimento nas Abordagens Ambientais 1

2. Conhecimento, Hierarquia e Poder 41

3. Poder Higiênico e Gestão dos Espaços Públicos e Privados 69

4. Administração, Recursos Naturais e Ambiente Fabril 87

5. Natureza, Higienistas, Disciplina e Ambiente Fabril no Brasil 113

6. O Conhecimento como Resposta à Crise Econômica e Ambiental 135

7. Meio Ambiente, Desenvolvimento Sustentável e Gestão do Conhecimento 169

Síntese e Conclusões Finais 207

Referências Bibliográficas 215

Prefácio

Este é um livro instigante porque aborda, com coragem, o problema das responsabilidades de todos sobre o meio ambiente. Para tal fim, o autor recoloca o desenvolvimento histórico de maneira inédita e propõe três paradigmas de gestão ambiental. No primeiro, recupera o papel dos higienistas franceses às suas concepções de "organização do ambiente" urbano e rural com base nos miasmas (doenças transmitidas pelo ar) e as ações de disciplina sobre a população mais pobre. Recupera então os enunciados de poder que obstruíam a visão sobre as causas dos problemas ambientais e deslocavam o problema para os maus odores. Além de propor o desenvolvimento histórico, este trabalho demonstra uma das políticas de postergar ações efetivas em relação aos problemas ambientais ao responsabilizar um segmento da população ou, mais recentemente, países. Com essa preocupação, o livro integra a História (da medicina, do direito, da engenharia e da arquitetura), a sociologia (movimentos sociais, crítica e uso dos recenseamentos) filosofia (disciplina) para demonstrar uma estratégia consistente e flexível em diversos ângulos dos enunciados de poder. Como produto intelectual, destaque-se a revisão crítica de alguns dos fundamentos da sociedade contemporânea, como o Código Napoleônico, os Códigos de Higiene, que foram mais empregados para disciplinar a população pobre do que para resolver os problemas que se propunham, como os complexos e ineficientes rituais jurídicos de defesa da população mais pobre atingida por emissões e ou o encanamento dos esgotos (solução já disponível na época).

O autor avança no tempo e retoma com coragem o desenvolvimento da administração, mais particularmente os estudos sobre organização do trabalho que marcou toda uma geração de intelectuais nos anos 1980, em particular na crise de organização do trabalho, que levou ao desenvolvimento de abordagens como a da Escola de Regulação Francesa. Acrescenta como a questão ambiental estava presente em Taylor, Fayol e Ford e, com isso, preenche uma lacuna que torna essa abordagem atual: a escala do consumo de massa e as novas contradições entre a gestão na fábrica orientada para a redução de custos, a partir da economia de recursos, energia e embalagens, e o consumo privado sem o menor planejamento de disposição dos seus resíduos. Como foi possível ignorar durante décadas que o desenvolvimento da administração foi também um paradigma ambiental ligado à geopolítica de combustíveis, consumo de energia, fluxo de renda das famílias e investimento?

Além do mais, acrescenta o terceiro paradigma com base na gestão do conhecimento na transição para o século XXI, com uma nova abordagem das tecnologias de informação e comunicação, que permitem vasta rede entre os três principais atores dessa forma de gestão. Os cidadãos que podem se organizar e acompanhar ações legais dos seus interesses, bem como se relacionar diretamente com as empresas e se auto-organizarem para ações locais, tais como coleta doméstica seletiva de lixo. As empresas que abrem canais de comunicação com os consumidores demonstram sua preocupação com o tema e incluem ações de como "desfabricar" e dispor seus produtos. O Estado que disponibiliza *sites* e outros meios para que a população possa acompanhar projetos, julgamentos, ações de fiscalização e correção. Nesse paradigma, o autor coloca com propriedade a importância de uma agenda própria e a capacidade de auto-organização dos grupos de cidadãos. É importante lembrar aqui o papel dessa capacidade não apenas nas questões relativas ao meio ambiente, mas nas revoltas do mundo árabe (Tunísia, Egito e Líbia, em 2011), que acabaram de acontecer no momento em que escrevo este Prefácio, nas manifestações das minorias negras das periferias de Paris (2007/2008) e na própria China (duramente reprimidas pelo governo).

No momento em que se discute a importância das novas ferramentas da internet, a capacidade de grupos se organizarem para postar conteúdos, experiência e a partir deles organizar uma agenda própria, é um dos caminhos inovadores para a gestão ambiental, pois permite monitorar e agir em tempo real sobre efeitos não previstos ou indesejados de produtos e serviços. À propósito, o autor desfere poderosa crítica à externalidade que são exatamente esses efeitos que comprometem a sociedade em razão dos custos do consumo privado. No mundo atual não se pode supor que os recursos naturais sejam inesgotáveis e que possam absorver "problemas locais". A situação é inversa, é preciso conter as emissões locais para que se possa iniciar medidas de recuperação.

Por tudo isso, apesar de não ser escrito como um manual – o livro não foi lançado para isso –, o texto aponta para uma proposta de considerável envergadura para as organizações, sob a forma de diversos ângulos que é denominada pelo autor de divisão de responsabilidades. Essa divisão de responsabilidades é construída ao incorporar as experiências anteriores mais relevantes, principalmente os erros cometidos entre os diagnósticos e as ações efetivamente realizadas. Nesses termos, a gestão do conhecimento como paradigma ambiental ganha fôlego na rede de interesses que articula desde as pesquisas mais sofisticadas, as políticas públicas, o marketing das empresas e os direitos dos cidadãos (informação, auto--organização e ação local). Pela primeira vez, foram reunidos todos os ingredientes para ações sustentáveis, não se pode perder essa oportunidade, ela é preciosa e talvez não se repita.

Por último, este é um excelente livro fruto da dedicação de vários anos a pesquisa, docência e consultoria. Apresenta um foco claro – o meio ambiente –, porém com a preocupação de relativizá-lo no tempo e espaço para responder a uma pergunta fundamental que está na introdução: se este é o século do conhecimento, por que tão pouco foi feito?

Por fim, boa leitura a todos.

Prof. Dr. Roberto Heloani
Professor titular na Unicamp e FGV-SP

Introdução

O desafio da integração

Nos últimos trinta anos, foi possível acumular informações em uma escala impressionante sobre os problemas ambientais. Foram construídos mecanismos de análise, redes de intercâmbio de pesquisas entre universidades e fóruns internacionais de decisão com forte aparato técnico e verbas. Os resultados objetivos foram muito pequenos, pífios na verdade, porém as consequências já se fazem sentir em diversos aspectos desde a escassez de água potável, a poluição por metais pesados, a perda da qualidade do ar nos grandes centros, até a crescente desertificação em áreas agrícolas tradicionais. Como explicar essa contradição? Alguns cientistas e ambientalistas alegam que os interesses de grupos econômicos que se beneficiam da situação atual são muito poderosos e difíceis de serem vencidos. Este livro propõe um caminho mais desafiador: os interesses que dificultam a mudança e que podem estar relacionados com interesses de grupos econômicos estão também relacionados ao desenvolvimento da própria ciência e nas prioridades que ela elegeu nos últimos três séculos. Portanto, a tarefa para a comunidade de cientistas e outros setores comprometidos com o tema é mais ampla: além de colocá-lo de maneira clara e relacionado para originar propostas inovadoras, envolve uma autocrítica profunda dos fundamentos e das aplicações da pesquisa científica.

Assim, o diferencial deste livro reside na integração de várias áreas de conhecimento com o cotidiano para responder a uma questão fundamental: afinal, se a sociedade está atualmente no século do conhecimento, possui uma série de informações sobre a maneira como trabalha, consome e desenvolve a ciência, por que ainda trata os problemas ambientais como uma "consequência inesperada"?

A resposta começa de maneira bem simples. O problema não está no volume das informações, mas na sua qualidade, nas conclusões que se pode tirar delas. Sua ausência gera uma inércia visível nos momentos de decisão. Esta é proposital, possui uma história e expressa muito mais a desintegração persistente e proposital entre diversos campos do conhecimento para permitir jogos de interesses voltados muito mais para evitar responsabilidades do que para efetivamente reduzir os impactos humanos sobre o ambiente. Por esse motivo, o principal desafio para este livro não está na "falta de conhecimento" de alguns setores, mas em recuperar e criticar as habilidades destes em modelar e habilidosamente impor sua visão dos fatos aos demais.

A necessidade de integração descrita desde o início estrutura o desafio deste trabalho: definir as demandas ambientais a partir de uma perspectiva que integra três momentos do conhecimento como a alternativa ao projeto de gestão de percepções em relação ao meio ambiente que determinaram a constituição dos paradigmas de gestão ambiental. O primeiro momento refere-se aos passos iniciais da ciência e da tecnologia como um produto de interesses políticos e modelos de resultados que privilegiam determinadas abordagens em detrimento de outras. Nesse campo, dependendo do critério, o diagnóstico das causas e soluções para os problemas ambientais pode variar consideravelmente.

Esse momento teve origem nos séculos XVII e XVIII e chegou até os dias atuais de diversas maneiras. Uma delas está presente na forma como os cientistas abordam e discutem os critérios de objetividade. Um exemplo mais específico está na discussão sobre o aquecimento global relacionando-o com ciclos de aquecimento e desaquecimento naturais do planeta. Alguns governos e grandes corporações com base nessa perspectiva se desobrigam de ações concretas sobre o assunto, por exemplo: a substituição da emissão de gases poluentes por meio de financiamento de pesquisas e prazos concretos para a sua redução. É claro que não se pode cair no extremo oposto e relacionar automaticamente todas as mudanças climáticas com problemas ambientais. Isso não significa também que todas as empresas devam ser mecanicamente cobradas.

Ao mesmo tempo, diversas áreas da ciência vêm acumulando experiências concretas e bem documentadas sobre interferências indevidas no meio ambiente, como o uso de pesticidas que compromete a biodiversidade na agricultura, o desperdício de água e de energia nas grandes cidades. Porém, a discussão dos custos das ações efetivas de correção recoloca a questão de fundo dos problemas ambientais, ou seja, a *finitude* dos recursos naturais. Se os recursos são limitados, os setores da economia que não os exploram corretamente devem ser responsabilizados, pois comprometem o conjunto da sociedade. Nesse ponto reside o problema histórico dos critérios de mensuração e limitação dos critérios dos recursos naturais como um problema presente dentro da ciência.

Nessa direção, é possível avançar um pouco mais nas sutilezas de alguns dos argumentos sobre as origens dos problemas ambientais. O raciocínio que relaciona as causas dos problemas ambientais a ciclos naturais tem uma história social que merece ser recuperada. A projeção dessa abordagem "natural" à sociedade relacionou durante muito tempo grupos sociais específicos (como os trabalhadores) sendo responsáveis pela poluição e, da mesma forma, eximiu outros grupos das ações reais que coincide com o desenvolvimento da ciência e teve implicações muito concretas. Nos séculos XVII e XVIII, os bairros populares de Paris e Londres foram marcados por grandes contingentes populacionais, com alto índice de fertilidade, baixo nível de educação e serviços de saúde, revelando os sintomas de uma pretensa "inferioridade biológica" e, portanto, "natural" que merecia ser supervisionada moralmente pelas autoridades detentoras do conhecimento para evitar "maiores catástrofes". Essas áreas produziam detritos orgânicos em grande quantidade, o que causava mau odor. A ciência da época privilegiava o odor como o foco das suas atitudes e não as consequências da pobreza, como a escassez de rede de esgotos e de serviços de saúde. Portanto, alguns dos debates que marcam o diálogo sobre as medidas para a redução da poluição reproduzem um discurso que marca a ciência desde a sua origem aproximadamente no século XVII.

O segundo momento acontece já na II Revolução Industrial e se refere à gestão (inclusive a organização do trabalho), que privilegia modelos de produção, logística e consumo, com fortes impactos nas demandas de energia, de matérias-primas e, por extensão, de resíduos. As cidades de alguns dos países ricos haviam melhorado alguns problemas de saúde críticos e passavam a encarar o trabalhador como consumidor. Nessa direção, a visão dos principais problemas a serem enfrentados é outra. A invenção e popularização do automóvel estruturaram o mercado mundial de petróleo que obedeceu a vários interesses geopolíticos, influenciaram a estruturação física das cidades, os modelos de transportes públicos e privados. Ao mesmo tempo, outras possibilidades, por exemplo, o emprego de combustíveis de origem vegetal, foram descartadas.

Foi nesse campo que o debate sobre poluição como o conhecemos foi gerado, o efeito de gases produzidos pelo automóvel, os problemas de como depositar lixo, enfim, até o entendimento do efeito estufa nos anos 1970. Foi um processo conflituoso, principalmente para caracterizar e depois gerenciar os diversos desdobramentos na engenharia, na gestão, no planejamento e no direito para a sua redução.

O terceiro e último momento, já no final do século XX, destaca a abordagem de gerenciar a questão ambiental como parte da gestão do conhecimento fortemente relacionada com os sistemas de pesquisa e inovação, orientada para a geração de patentes em processos, materiais, software e outras áreas de ponta. Embora este seja um caminho mais correto, ele traz um risco para os países em desenvolvimento: como evitar que essa política de meio ambiente transfira dos países ricos as responsabilidades e principalmente os custos da redução de impactos ambientais para os países pobres. Afinal, foi a Revolução Industrial que reduziu as florestas na Inglaterra e na Europa. O mesmo aconteceu com as Florestas nos Estados Unidos, que foram derrubadas para a agricultura, criação de gado e fonte de energia no século XIX. Logo, a questão dos interesses, os modelos de consumo e a visão de ciência se integram nesse último campo com fortes impactos estratégicos. Passa a fazer sentido chamar a essa visão de multidisciplinar, com a missão de coordenar os três campos anteriormente citados, o que permite questionar definitivamente o discurso de que os problemas ambientais são externalidades (efeitos indesejados).

A visão mais ampla sobre esses três momentos recupera as diversas ações de poder que dificultam a percepção de alternativas a partir do conhecimento produzido não apenas por setores ou empresas específicas, como veremos ao longo deste trabalho. O mais surpreendente: a integração desses momentos permite recuperar a evolução dos desenhos de poder e como eles influenciam os modelos de conhecimento e as ações sobre o tema.

Em síntese, o primeiro momento foi marcado pelo paradigma higiênico e suas ações de normatização do espaço público nos séculos XVII e XVIII. O segundo momento será caracterizado pelo paradigma da administração no início do século XX com a visão do consumo em massa e a melhor gestão do espaço fabril. Por último, o terceiro coloca a questão ambiental relacionada com os sistemas de inovação tecnológicos e a gestão do conhecimento no século XXI. Em cada um desses momentos históricos, desenvolveram-se modelos de conhecimento com grandes impactos sociais que elegeram causas, soluções e mantiveram a atitude de responsabilizar alguns setores sociais em detrimento de outros como os responsáveis pelos problemas ambientais.

O primeiro momento: o paradigma higienista

O campo europeu inicia o novo paradigma entre os séculos XVII e XVIII com dois grandes impactos sobre os recursos naturais. O primeiro é sob a forma do desmatamento das terras ancestrais (propriedade comum) para a agricultura voltada para o mercado. Esse período gerou questões sociais amplas expressas na desapropriação com violência dos camponeses que se dirigiram famintos para as cidades em busca de emprego. O segundo, a caótica migração destes para as precárias aglomerações urbanas da época agravou os problemas ambientais já existentes: coleta dos esgotos, fornecimento de água, disponibilidade de ar nas residências superlotadas, contaminado pelos vapores de enxofre gerados pela queima de carvão extraído por métodos muito primitivos nas fábricas e nas casas e, por consequência, o crescimento das doenças. Apesar da gravidade as primeiras tentativas de resolver os problemas foram muito mais orientadas para a repressão da pobreza, como instrumento para ocultar alguns dos seus efeitos "mais visíveis", do que para a resolução efetiva das questões ambientais. Poucos esforços e recursos foram empregados para a construção de redes de coleta e tratamento de esgotos. O conhecimento disponível naquele momento foi empregado muito mais com objetivos nítidos de controle social e de exclusão dos trabalhadores, ao responsabilizá-los pelo problema dos maus odores, como os problemas ambientais eram vistos, do que na construção de soluções efetivas.

Os problemas dos esgotos das grandes capitais europeias nos séculos XVIII e XIX ilustram a extensão das questões políticas que estavam presentes nos primeiros "diagnósticos científicos" a respeito dos efeitos da urbanização sobre os recursos naturais. O aumento dos resíduos orgânicos humanos teria segundo esses diagnósticos, a sua origem na concentração excessiva dos chamados "biologicamente degenerados e incapazes", leia-se nas entrelinhas os pobres e os desocupados, que habitavam os grandes centros e na sua "indisciplina", no sentido pensado por Foucault.[1] Justificava-se assim uma política sutil de manejo das suas "matérias orgânicas" e, por extensão, das suas necessidades de moradia, trabalho e consumo das populações mais pobres. Em vez de enfrentar o problema crônico de infraestrutura sanitária das cidades, com obras, inovação e investimentos, o que implicava refazer e ampliar a pequena e obstruída rede de esgotos existente, as autoridades da época, dedicaram-se à constituição de mecanismos de gestão disciplinar nos bairros populares, muitas vezes com o emprego da violência.

---

[1] Mais detalhes serão discutidos no Capítulo I.

Paris cria uma polícia higiênica com poderes para retirar de qualquer bairro, especialmente dos operários, as matérias consideradas fétidas que punham em risco a população. Os problemas ambientais foram percebidos primeiro muito mais pelo seu odor do que pelas suas consequências para a saúde como um todo da população, daí a preocupação das autoridades em reduzir o chamado "odor de Paris". Ao mesmo tempo, os gastos com o Palácio de Versalhes não sofreram redução no século XVIII.

As imagens de inferioridade biológica das "camadas subalternas da população" fornecidas pelos médicos higienistas contribuíram decisivamente para essas políticas de responsabilizar os pobres pelos maus odores. Na época, essa corrente constituía um dos setores mais avançados do conhecimento científico, fornecia toda a base "científica" para a atuação dos enunciados de poder: o ordenamento jurídico de cidade, a valorização das profissões com base nos saberes científicos, a ação policial sobre as massas mais indisciplinadas e a distribuição geográfica das profissões. Os adeptos da medicina higiênica reforçaram também a ideia de que a pestilência estava ligada ao exercício de determinadas profissões insalubres, por exemplo: o açougueiro, o limpador de fossas e o curtidor de couros. Essa visão relacionou pela primeira vez as formas de gestão nas manufaturas e na organização do trabalho com as primeiras instituições de normatização da coleta e disposição resíduos, expressas nos Conselhos de Salubridade, responsáveis pelas normas higiênicas no plano municipal, novamente com destaque para o parisiense.

Mas a proposta higienista não se limitou aos espaços públicos, penetrou também nas esferas privadas por meio da "higiene moral", referência aos bons costumes voltados para dar origem à "casa higiênica" e reter a "mulher honesta" ao lar. Ficava claro o projeto disciplinar implícito nas metáforas biológicas do período: justificar as classificações hierárquicas (Estado, trabalho e família) nos espaços privados, justificar o controle sobre os segmentos chamados "inferiores e ignorantes da sociedade". Discursos voltados para impor um modelo dito "natural" sobre a percepção dos trabalhadores desde o cotidiano do lar até a fábrica mediante conceitos que levassem o trabalhador e a sua família a assimilar a sua condição "natural e biológica" de inferioridade e de contentarem-se politicamente com ela.

Suas influências atingiram até o movimento operário, que chegou a incorporar as propostas da medicina higienista nos debates da I Internacional, de pôr fim ao trabalho feminino em razão das "fragilidades naturais do seu corpo em função da maternidade", que chegou a influenciar o movimento sindical e o socialismo. O embate no interior da I Internacional em relação ao trabalho feminino é um bom exemplo. Os adeptos da abordagem anterior afirmavam que a fragilidade biológica do corpo da mulher reproduzia dentro da família toda uma hierarquia com base em habilidades. A economia das habilidades iniciava-se com as do pai (força, trabalho e alguma inteligência), da mãe (afeto, moral e vocação para a gestão do lar, cozinhar, costurar) e dos filhos. Dessa maneira, reproduzia-se localmente a divisão de tarefas das fábricas entre as "habilidades naturais de homens e mulheres" para o trabalho dentro e fora do lar.

Essa imagem justificava a posição submissa de determinadas habilidades em relação a outras, dentro hierarquia social. Essa sobreposição abria caminho para justificar a posição inferior do trabalho manual, com seus saberes mais ligados ao exercício físico das ocupações fora do lar em relação às "habilidades mais elevadas", com base no conhecimento mais erudito da ciência médica, de engenheiros e dos juristas. Por último, no topo, concluindo a vasta arquitetura social desses enunciados, posicionavam-se as habilidades intelectuais do capital, as quais exprimiam mais uma vez como "naturalmente bem posicionadas" em virtude da hierarquia do conhecimento e da gestão dos negócios sobre as "habilidades físicas e restritas a fabrica" típicas do trabalhador.

No entanto, as questões políticas implícitas no trabalho feminino não se resumiam apenas aos enunciados genéricos associados às "habilidades naturais", concretamente, elas estavam voltadas para reduzir as pressões sociais por parte de alguns setores do Estado, dos sindicalistas e dos socialistas para a melhoria das condições de trabalho no interior das fábricas. Apesar dos apelos dos *médicos higienistas*, os grandes empresários utilizavam mulheres e crianças para trabalhos insalubres e, ao mesmo tempo, difundiam a ilusão de que seria possível reduzir o desemprego em função da diminuição da demanda de trabalho, por meio da "retirada voluntária" das mulheres do mercado de trabalho. Ironias à parte, como se as crises de superprodução do capitalismo fossem produto da demanda de trabalho.

Portanto, as complexas inter-relações entre as questões ambientais e a sociais não aparecem pela primeira vez apenas no final do século XX, na Conferência de Estocolmo e no Clube de Roma, respectivamente em 1972 e 1974, como supõem alguns. Mais do que isso, o enfoque dos higienistas demonstra que a visão histórica da origem e da constituição dos problemas ambientais nos permite recuperar os diversos interesses, principalmente econômicos, políticos e disciplinares que estavam implícitos nas "soluções" que foram pensadas nas diferentes épocas, as quais são fundamentais para o desenvolvimento deste trabalho.

Ao questionar as "soluções oficiais", a abordagem deste livro destaca a questão do acesso às diversas alternativas do conhecimento disponível para ser aplicado aos diagnósticos e aos efeitos sociais das ações corretivas propostas. O problema dos esgotos só foi mais bem equacionado em Paris no final do século XIX, enquanto Londres se preocupou com o problema desde a década de 1960. Os recursos de engenharia permitiriam a construção de redes de coleta e tratamento, porém esta não era a prioridade.

Dito isso, demonstra-se aqui como o acesso ao conhecimento e, especialmente, a capacidade de enfrentar os diversos interesses políticos que estão no seu interior são fundamentais para a elaboração de propostas concretas alternativas em relação às chamadas "crises ambientais".

O segundo momento: o paradigma administrativo e o meio ambiente

Com o desenvolvimento da II Revolução Industrial, no final do século XIX, inicia-se o segundo momento da história da gestão ambiental. No início do século XX, a questão histórica do acesso ao conhecimento científico passa a ser ainda mais importante em relação ao momento econômico anterior, em razão do desenvolvimento tecnológico e dos novos padrões de consumo de massa nos países centrais, o que recolocou a necessidade de relacionar a gestão do meio ambiente com a da administração em outro patamar. Não se trata mais de excluir o trabalhor, mas de transformá-lo em consumidor. Portanto, o trabalhor passou por um processo de aparente valorização, o chamado operário especializado, mais produtivo e, por isso, mais treinado. Começa aqui a corrida pela produtividade, pelo conhecimento e pela redução do desperdício. Por extensão, o trabalho feminino será não apenas tolerado como aceito, desde que atenda aos estudos de tempos e movimentos propostos por Taylor.

Assisti-se à aproximação entre modelos de ciência, organização do trabalho, administração e meio ambiente, claramente formulados em alguns dos mais importantes autores clássicos de administração, referências diretas à preocupação com problemas ambientais: a preocupação com os reflexos do desperdício dos recursos naturais em Taylor, expressos igualmente nas propostas gestão "racional" das florestas, das embalagens, dos resíduos de papel e madeira implantadas nas indústrias Ford e o modelo biológico de cooperação entre trabalho e organização em Fayol. Tais trabalhos refletiam a necessidade dessa nova abordagem, baseados na aplicação intensiva do conhecimento na fábrica com base na engenharia e administração sobre a organização do trabalho, a fim de aprimorar o gerenciamento das grandes escalas de produção, logísticas de matérias-primas, fornecimento de componentes e de energia impostos pelo paradigma de consumo de massa. O discurso filosófico passa a ser substituído pelo técnico.

O conhecimento produzido estava politicamente orientado para um modelo de desenvolvimento com interesses limitados à redução de custos (desperdícios de recursos) no processo industrial dentro da fábrica (taylorismo-fordismo) e à conquista estratégica de novos mercados. Porém, essa abordagem sofreu com um dilema geopolítico: a principal fonte do novo combustível da II Revolução Industrial, o petróleo, estava localizado fora da Europa e dos Estados Unidos, o que levou a intervenções militares em vários países do Oriente Médio e no Irã. Portanto, as primeiras políticas de gestão foram muito mais direcionadas para um aproveitamento dito "racional e imediato" de recursos naturais, principalmente energia, do que para como repensar o reaproveitamento de resíduos que a produção e consumo de massa colocariam ao longo do século XX. As cidades norte-americanas e europeias descobrem rapidamente que o volume de lixo é crescente e que locais para armazená-lo seria uma das grandes dificuldades do futuro. Outro problema: como redesenhar as cidades e estradas para o fluxo de veículos e o congestionamento que se seguiu à consolidação da indústria automobilística.

A ênfase no aproveitamento racional está bem documentada nos autores clássicos de administração. A integração entre educação, pesquisa e a administração constitui a base da fábrica para tais fins. Ford instituiu a Escola Ford com três missões básicas: educar órfãos, formação de ferramenteiros e a escola de serviço para preparar chefes para as filiais. Fayol propunha a ampla difusão de escolas de administração para o conjunto do país por meio das doutrinas consagradas, as quais permitiriam unificar as diversas visões já existentes nas indústrias, no Estado, no exército. Mayo discutiu a importância da educação como elemento para equilibrar as habilidades sociais e técnicas para as empresas e para a política em geral.

Alfred Sloan, um dos principais responsáveis pelo modelo de gestão da GM, introduziu o intercâmbio entre empresas e universidades por intermédio de fundações. Esse modelo evoluiu com a participação do governo e modelos de renúncia fiscal como contrapartida de projetos de pesquisa e inovação.

A importância dessa discussão reaparece nos anos 1980, nas propostas de Porter sobre competitividade, que ressalta a importância dos sistemas educacionais para sustentar a formação de habilidades locais e a sua conversão em sistemas produtivos estáveis e competitivos. Lester Thurow destaca a importância do desenvolvimento das empresas de poder cerebral em detrimento das empresas fundamentadas no poder tradicional (com base nos recursos naturais, clima e solo) para a sobrevivência no mundo marcado pela concorrência abalizada no conhecimento, inovação e educação.

O fordismo norte-americano alterou também as relações com o trabalho nos Estados Unidos. Não se tratava mais de ver o trabalhador como biologicamente inferior, que deveria residir em becos escuros, malcheirosos e contentar-se com baixos salários no nível da sua sobrevivência, mas, ao contrário, encarava-o como consumidor, morando em casas mobiliadas com o maior número de bens de consumo possíveis de tal forma a transformar seus salários em elevados potenciais de consumo. Portanto, tratava-se de ampliar o consumo para antecipar a demanda de bens para as indústrias no longo prazo. Apesar dessa mudança de visão, as relações no ambiente fabril foram marcadas por novas formas de tensão, por exemplo, a constante divisão do trabalho e a perda do acesso aos grupos de trabalhadores detentores do conhecimento, do saber tácito e de como fabricar um produto por inteiro. Esses conflitos geraram problemas relativamente inesperados, como a recusa dos jovens norte-americanos de trabalharem nas fábricas com o trabalho extremamente fragmentado nos anos 1960, um processo socialmente complexo denominado "fuga do trabalho". Segundo Heloani (1994), esse movimento marcado pelas tensões dos anos 1960, as novas gerações de trabalhadores não suportavam a intensificação do ritmo de trabalho que tornava o cotidiano monótono e opressivo. A greve ocorrida na fábrica de Lordstown contra o ritmo médio de trinta segundos por posto de trabalho ilustra as tensões sociais do período.

Nos anos 1960, o fordismo sofria da sua dependência de grandes complexos fabris, grandes escalas rígidas, gerência de recursos humanos centralizada e pouca integração com fornecedores. Nos anos 1980 as empresas norte-americanas já não eram capazes de repassar a produtividade para o trabalho, as inovações já não eram tão radicais como no início do século e a preocupação com o desperdício se perdia nos seus fundamentos. Enquanto isso, a indústria automobilística japonesa, com base no toyotismo e na produção enxuta, construía uma alternativa relativamente melhor estruturada com base em plantas de menor porte, qualidade, integração com fornecedores e, de fato, maior redução de desperdício nos processos. Como consequência, os carros poluíam menos porque consumiam menos. Nos anos 1980, o investimento em robótica permitiu que os japoneses acelerassem desde o projeto até os desenhos de máquinas-ferramentas e novos processos de produção.

Somente com a pesquisa denominada "A Máquina que Mudou o Mundo", de James Womack e Daniel Jones, foi possível melhor compreensão do que acontecia. O mundo havia entrado em um novo paradigma com base no conhecimento. Não seria a crescente divisão do trabalho com o aumento dos movimentos médios do trabalhador que permitia o aumento da produtividade, mas a divisão/integração do conhecimento. As empresas entravam na produção enxuta que valorizava o conhecimento e a inovação para reduzir o desperdício de matérias-primas, energia e água. Para isso a integração dos primeiros programas de qualidade dos anos 1950 com fornecedores foi mais sofisticada. Ela envolvia desde o projeto, a troca de informações e a redução do tempo de desenvolvimento dos projetos.

Nesse período, o debate sobre como gerenciar o ambiente havia evoluído: indicadores sobre a poluição permitiam comparar os efeitos sobre saúde pública, investimentos, emprego de matérias-primas. Este evoluiu da abordagem fim de tubo, aquela que visava reduzir as consequências do que já existia, para uma visão de projeto que antecipava desde o início como reduzir as emissões desde os fornecedores, processos produtivos diretos nas fábricas, consumo e, mais recentemente, disposição final ou reciclagem. Não foi um aprendizado fácil, envolveu conflitos de diversas naturezas, mas criou um espaço para o debate e este parece ser o principal atributo desse segundo momento, embora os clássicos desse período não tenham cumprido totalmente sua proposta.

O terceiro momento: o paradigma da gestão do conhecimento

O fim do século XX pode ser considerado o terceiro momento da gestão ambiental, pois está repensando de forma mais ativa os vínculos entre a administração, conhecimento e o meio ambiente. A transição para o novo século relacionou mais intensamente as tecnologias de produção e consumo, com destaque para a revisão de prioridades colocada pelo sucesso da produção enxuta. O êxito das empresas não está mais na divisão à exaustão do trabalho, mas na sua integração. A articulação do conhecimento não se limitou às organizações privadas e públicas, ela deu origem à necessidade de integrar as habilidades de países como um todo. A competição nesse século se estrutura pela articulação entre empresas, governos, universidades, laboratórios de pesquisas. Cada uma dessas organizações passa a fazer parte de uma vasta rede de desenvolvimento de novas tecnologias marcadas por um ciclo de vida cada vez mais rápido.

A sociedade como um todo é chamada a se articular para uma nova inserção dos países nos mercados internacionais. Para tal fim, é constituída uma agenda para organizar e servir de base para o financiamento das áreas de ponta. Essa agenda é organizada de diversas formas e antecipa os cenários do capital intelectual do país, pessoas, empresas e organizações. A essa integração em escala tão ampla denomina-se Sociedade da Informação. Por esse motivo, pode-se dizer que esse paradigma está ainda em processo de formação, mas os primeiros resultados, em particular os da Ásia (Japão, Coreia, Cingapura) já são muito relevantes.

Em função dessas mudanças, a gestão ambiental vive duas alternativas. Pode ser uma rede voltada para a redução dos impactos entre empresas, governos, população organizada ou passa a ser vista como mais um mercado atraente e complementar para os sistemas de pesquisa, inovação e desenvolvimento dos países ricos. As redes abrem espaço para novas tecnologias de materiais, energia, plásticos recicláveis, pastilhas de computador que podem ser reaproveitados em usos mais simples (por exemplo, elevadores). Os projetos passam a incorporar nesse ambiente as novas estratégias de acesso às matérias-primas, processos produtivos menos poluentes e lugares para a disposição de menor número de resíduos. Os consumidores recebem um tratamento e se convertem em Banco de Dados com lembretes periódicos de critérios de descarte e pesquisa de situação de uso dos produtos comprados. Nesse sentido, estes podem propor uma agenda própria e envolver as populações dos chamados países pobres em ações construídas com apoio das ferramentas de relacionamento da internet.

Mas a questão política continua presente mesmo em um ambiente tão intelectualmente constituído. Uma vertente, chamada aqui de mais imediatista, tem interesse que os países pobres passem a ser responsabilizados pelos problemas ambientais decorrentes do uso "inadequado" dos seus recursos naturais. Ao mesmo tempo, "elevados" padrões de consumo de recursos naturais e energia adotados pelos países ricos não são questionados, ou nos são apresentados como sendo controlados no futuro por "modernas tecnologias mais limpas" de produção que poderão ser repassadas posteriormente, respeitando os direitos de patentes.

Mais uma vez, a questão do acesso crítico ao conhecimento disponível é a grande chave para se compreender a extensão dos interesses que se ocultam por detrás de uma nova e sofisticada versão contemporânea do discurso da "crise ambiental".

Na Sociedade da Informação que marca o século XXI, a questão da autonomia intelectual, obtida por meio de investimentos em institutos de pesquisas (orientados pelas políticas públicas de educação e de inovação) e o desenvolvimento estratégico de produtos serão fundamentais para o desenvolvimento, diagnósticos e ações alternativas às impostas pelos países ricos aos demais. Este talvez seja um dos cenários menos discutidos no debate ao redor da globalização. A questão de como inserir os países pobres nos ambientes de negócios globalizados não será linear, mas extremamente complexa, em razão do elevado custo dos produtos intensivos em conhecimento em função das patentes e de outros mecanismos formais e informais de proteção intelectual também para o meio ambiente. Preparar-se para tal fim parece ser uma necessidade urgente, para qual este trabalho pretende contribuir ressaltando simultaneamente os aspectos sociais e tecnológicos desse imenso desafio.

Desenvolvimento e conteúdo

O Capítulo 1, "Multidisciplinaridade e Conhecimento nas Abordagens Ambientais", apresenta a abordagem multidisciplinar a partir do conceito de paradigma e como esse último influencia cotidianamente os modelos e representações da comunidade científica e da sociedade. Apresenta três contribuições fundamentais que subsidiam o esforço de desnudar os enunciados de poder implícitos em cada um desses paradigmas. A primeira, a de Foucault, engloba a origem dos enunciados disciplinares e a sua capacidade de modelar percepções que permitirá questionar os enunciados higienistas. Agrega a essa primeira contribuição a da Escola Francesa de Regulação em relação à importância da organização do trabalho e aos padrões de consumo de massa empregados para a compreensão do segundo paradigma de gestão ambiental com base na administração. Integra às duas anteriores a terceira proposta concebida a partir de alguns documentos da – Organization for Economic Co-operation and Development – OECD que relaciona a gestão ambiental a do conhecimento. Este capítulo discute também as políticas ambientais desenvolvida desde o segundo paradigma e que influenciam o terceiro paradigma ainda em elaboração.

O Capítulo 2, "Conhecimento, Hierarquia e Poder", apresenta a mudança de modelos nos séculos XVI e XVII que justifica o domínio dos recursos naturais. Aborda brevemente a reestruturação do campo por meio de novas formas de manejo da terra voltadas para o consumo de mercado e não da comunidade. Os reflexos desse paradigma no campo envolveram também o crescimento da visão ornamental das plantas, o conceito de jardim com alguns dos problemas ambientais que conhecemos atualmente. Discute ainda os reflexos da imigração do campo em relação aos problemas urbanos, na proliferação de doenças e, sobretudo, nas visões de domínio sobre a natureza que orientam uma nova teologia com base no conhecimento e domínio. Integra os impactos das relações de poder na ciência com o desenvolvimento da visão da hierarquia dos seres, a ordem como natural e a visão da sobreposição "correta" dos ofícios intelectuais e, portanto, superiores sobre os trabalhadores. Aborda o consumo, a energia e a organização do trabalho, enfatiza um dos aspectos mais visíveis da articulação entre o ambiente e a organização do trabalho, o consumo de energia, que geravam os primeiros debates a respeito da poluição centrados nos efeitos dos odores. Demonstra como a discussão já aparecia nos fundadores da economia (Smith) e nos precursores da administração (Babage).

O Capítulo 3, denominado "Poder Higiênico e a Gestão dos Espaços Públicos e Privados", discute o poder higiênico como a primeira proposta explícita de gestão do ambiente por meio da disciplina dos espaços públicos privados. Explicita como o paradigma foi constituído a partir da questão do acúmulo de lixo e esgotos em Paris e sobrevive após o nascimento da microbiologia que relaciona esses problemas com o planejamento urbano e com os maus hábitos da população. Recupera os vários discursos que penetraram no cotidiano dos habitantes de Paris (século XVIII) e posteriormente da Europa. Recupera as influências mais especificamente no Conselho de Salubridade do rio Sena, que influenciou iniciativas semelhantes nos códigos de posturas municipais do Rio de Janeiro e de São Paulo. Mostra também como Napoleão se envolveu com o debate sobre as medidas de legais de proteção à propriedade privada e lançamentos de esgotos e maus odores em Paris.

Esse capítulo também sintetiza como o desenvolvimento do paradigma higiênico articulou diversas áreas do conhecimento, influenciou as profissões, a arquitetura, a educação e até os sermões religiosos. Seu questionamento final ocorreu com os fundamentos da II Revolução Industrial que transformavam o trabalhador em consumidor e não mais em miserável. Mesmo assim, alguns dos enunciados higienistas se rearticulam, principalmente os referentes à moralidade.

O Capítulo 4, "Administração, Recursos Naturais e Ambiente Fabril", apresenta como alguns dos principais clássicos de administração (Taylor, Fayol e Ford) reproduzem a discussão em curso nos Estados Unidos sobre o mundo selvagem (preservação das áreas de paisagem natural nos Estados Unidos no fim do século XIX) nas suas propostas, ao incorporar o que podemos chamar preocupação ambiental na gestão do trabalho. A redução do desperdício, por exemplo, estava presente nas propostas dos preservacionistas e conservacionistas. O respeito à fisiologia do corpo do trabalhador já havia sido precocemente discutido por Benjamim Franklin. O trabalho de Taylor mostra a discussão presente na época referente aos problemas de erosão e a falta de método para com a exploração de recursos naturais, discutidos por vários órgãos governamentais americanos ligados à administração florestal.

As propostas de Ford estavam relacionadas ao reaproveitamento das embalagens, uso da energia das caldeiras para aquecer os chuveiros e à melhor gestão de florestas. Mesmo com propostas específicas, o Fordismo não conseguiu resistir a seus fundamentos: grande escala, consumo de energia (combustíveis não renováveis) e, posteriormente, os efeitos do consumo de massa sobre as cidades e o campo. Além disso, as suas preocupações de gestão de recursos se limitaram ao interior da fábrica, poucos avanços para uma visão de preservação, disposição e recuperação que exigiriam repassar para os fornecedores parte dos custos para implantar uma nova abordagem.

O Capítulo 5 aborda as particularidades brasileiras com o título: "Movimento Higienistas, Disciplina e Ambiente Fabril no Brasil". Parte de uma pesquisa em detalhes que mostram a ausência de instituições disciplinares no Brasil até a proclamação da República. Discute os impactos do seu desenvolvimento relativamente tardio, por exemplo: a substituição dos enunciados sobre o aprimoramento dos recursos naturais pelos da ocupação e exploração imediata da terra. Demonstra esses efeitos no ciclo da mineração e como ele destruiu partes significativas da Mata Atlântica. Discute os efeitos dessa visão sobre um dos principais problemas das cidades brasileiras: a escassez de água e a destruição das fontes internas com seu crescimento.

Esse capítulo aborda ainda uma situação paradoxal: em oposição ao conteúdo de exploração imediata, destacam-se alguns projetos intelectualmente inovadores como os referentes às propostas de alguns naturalistas no período colonial e aos institutos agronômicos voltados para melhorar o desempenho da agricultura formulada por D. Pedro II. O projeto de uma sociedade disciplinar é criticado por Machado de Assis no conto "O Alienista" e alerta para a estruturação de um manicômio voltado para a gestão da anormalidade com critérios subjetivos do médico psiquiatra Simão Bacamarte. Nesse conto, antecipa o projeto do Hospício do Juqueri em São Paulo, voltado para a internação em massa. A partir desse cenário é possível discutir as particularidades das influências do saber médico-higiênico em relação ao taylorismo e fordismo no país denominado modelo de rotinização (aquele que privilegia as rotinas). O modelo de administração no Brasil se afasta das propostas originais por focar no controle político explícito e não na produtividade, evita o consumo de massa (não repassa a produtividade para os ganhos do trabalhador), dispensando mecanismos sociais de regulação, conforme proposto pela Escola de Regulação. Nessa direção, o segundo paradigma de gestão (com reflexos ambientais, inclusive) revela-se mais uma adaptação brasileira ao taylorismo que privilegiou o controle direto dos grupos de trabalho em detrimento da sua produtividade.

O Capítulo 6, "O Conhecimento como Resposta à Crise Econômica e Ambiental", discute as origens da gestão do conhecimento para relacioná-la com a gestão ambiental. Destaca que a versão da gestão do conhecimento adotada integra a abordagem tecnológica com a gestão do trabalho e que seu desenvolvimento foi um produto complexo que tem origem nas alternativas de organização do trabalho ainda no fordismo com destaque para o Plano Scanlon e Deming. Esses autores propuseram o envolvimento dos trabalhadores para melhorar a produtividade pelo conhecimento e ampliar o envolvimento do trabalho rumo aos desejos do cliente. A recusa das empresas gerou diversas crises e o grande capital optou por reduzir o Estado Previdência e o emprego para enfrentar a falta de competitividade das empresas norte-americanas. Na outra mão, a chamada produção enxuta organiza a produção com base no conhecimento, na redução do desperdício de energia, água e matérias-primas. Na mesma direção, o Estado japonês adota como política não reproduzir os modelos "gastadores" da economia do petróleo e a produção enxuta assume proporções mais amplas do ponto de vista de gestão dos recursos naturais.

Discute também como algumas das grandes greves colocavam a questão do conhecimento e da finalidade do trabalho de maneira clara, como a paralisação da fábrica de Lordstown da GM. Ao mesmo tempo, generalizavam-se por parte das novas gerações nos anos 1960 as críticas contra o modelo do "trabalho sem sentido" e os riscos para a saúde em oposição ao consumo de massa implantado pelo fordismo. Sublinha como a gestão do conhecimento vem se consolidando como a alternativa viável integrando diversas ações desde os sistemas de inovação públicos e os das empresas. Aborda os exemplos da Ásia como a opção japonesa por uma economia mais produtiva como alternativa para a chamada "economia do petróleo".

Conclui com uma breve análise sobre a estruturação dos sistemas de inovação e seu impacto sobre a obtenção de patentes ambientais. Destaca as relações da produção enxuta, com sistemas de inovação e energia.

O Capítulo 7, denominado "Meio Ambiente, Desenvolvimento Sustentável e Gestão do Conhecimento", aborda como o desenvolvimento sustentável está ligado a novas práticas de gestão, pesquisa e conhecimento, o que coloca novos desafios de integração entre as políticas educacionais e de estímulo aos setores produtivos para o próximo século para os chamados países pobres. O novo paradigma em formação baseado em melhores práticas ainda é minoritário, porém os resultados começam a aparecer. Aqui serão discutidas algumas experiências que mostram a capacidade de desenvolver programas colaborativos com as novas tecnologias de internet

A síntese e as conclusões finais destacam a importância do conhecimento como elemento fundamental para criticar algumas abordagens que separam propositalmente a gestão ambiental com base no conhecimento o planejamento dos impactos dos padrões de consumo. Resgata, assim, uma contradição colocada pelo fordismo de planejar a fábrica para economizar alguns recursos ambientais, mas considera o consumo como realizado no mercado. O novo paradigma cooperativo se antecipa na visão da cadeia de negócios desde o projeto até a disposição final, incluindo aí os critérios de minimização de resíduos, responsabilidade pelos locais de disposição, informação para o consumidor, aplicação de legislações de restrição progressiva de emissão de poluentes, abrangência (restrição de exportação de processos poluidores para terceiros países). Acrescente-se aí também o compromisso com ações de mitigação no plano internacional. Ao mesmo tempo, ele se contrapõe a uma visão mais restrita de emprego do conhecimento para a venda de produtos e tecnologias ambientais e a inibição de uma agenda própria para os países pobres e os que se dedicam a rever as ações tradicionais em relação ao meio ambiente.

Portanto, alguns países periféricos e ricos, já sentem os efeitos das mudanças climáticas e encontram um novo espaço para gerar sinergia entre as políticas sociais, particularmente as de educação, e as ferramentas tecnológicas, enfrentando, dessa forma, os enunciados de poder que substituíram a exclusão da pobreza pela exclusão tecnológica, ou, de outra forma, a divisão internacional do conhecimento. Contrapondo-se a essa divisão, encontra-se a rede de interesses com base nas ferramentas de internet que permitem a organização de população para a agenda própria. Essa última questiona de forma definitiva a agenda convencional do discurso sobre a "crise ambiental", genérica e pouco conclusiva que condenaria os países em desenvolvimento a repetir os "erros" já impostos nos últimos trezentos anos e apresentam a alternativa à pobreza e à dependência das poucas alternativas de conhecimento "disponibilizadas", segundo os interesses estratégicos dos países ricos.

Multidisciplinaridade e Conhecimento nas Abordagens Ambientais

Por que uma abordagem multidisciplinar?

A resposta é objetiva: é necessário entender claramente os diversos conteúdos implícitos nos enunciados de poder. Esses enunciados se articularam como uma teia (móvel e flexível), desde o século XVII, lançando suas bases simultaneamente em diversas áreas do conhecimento, conforme e no tempo das suas necessidades, para induzir a percepção dos problemas em determinadas direções. Logo, questionar esse desenho é um exercício intelectual sofisticado que envolve diversas áreas do conhecimento dentro de uma perspectiva dinâmica. Para recuperar os detalhes de como são modeladas as percepções, deve-se entender a sutileza de como eles são difundidos, seus objetivos e sua transitoriedade. Essa sutileza perpassa a visão de ciência, ordem, poderes legalmente estabelecidos, exército, tempo e fábrica. Como consequência, esse desenho se revela também um maximizador de desempenhos, o que explica sua valorização.

Essa forma de ação pressupôs uma apropriação das abordagens tradicionais de gestão desqualificando seus resultados em diferentes campos do conhecimento. O trabalho camponês na Europa, que será discutido no Capítulo 2, é um exemplo de como desqualificar progressivamente seus fundamentos: a visão de propriedade de recursos naturais, conhecimento, direito de caça, mesmo quando a agricultura comercial não dispunha objetivamente do conhecimento para aprimorar a produtividade agrícola como imaginava.

O que é multidisciplinar?

Este capítulo faz uma breve apresentação da abordagem multidisciplinar. Não pretende ampla discussão filosófica, mas sim explorar alguns dos aspectos práticos dessa proposta que amplia a visibilidade dos seus diversos impactos relacionados à gestão ambiental, como as sobreposições entre medicina, direito e administração vistas desde a Introdução.

A abordagem multidisciplinar integra em um só processo algumas das bases do desenvolvimento da ciência: o pesquisador, o objeto e o meio ambiente a partir de várias dimensões históricas, "técnicas" e institucionais para explorar as suas particularidades. Essa integração amplia a visão do que é concretamente a produção científica nas diversas áreas de conhecimento ao incluir os interesses políticos implícitos desde as diferentes metodologias de pesquisa até quando são propostas soluções. Esta avança até a reconstrução do jogo de bastidores que marca a aceitação dos paradigmas de conhecimento existentes, como eles são financiados, difundidos e aceitos pela comunidade científica e pela sociedade. Esses mecanismos se cristalizam em modelos de gestão institucionais da produção científica. A abordagem multidisciplinar desfere uma poderosa crítica a determinados processos que denominamos "fragmentação social do conhecimento".

A perspectiva adotada aqui parte da constituição dos paradigmas por meio dos objetos, saberes, discursos, disciplinas e métodos aceitos na ciência. Em determinados momentos históricos a sociedade e a ciência elegem alguns objetos de pesquisa e renegam outros. Pode-se então retomar a perspectiva dos problemas ambientais na primeira fase apresentados na introdução como um exemplo histórico ilustrativo dessas práticas. Os discursos sobre a salubridade estavam muito mais relacionados com normalidade, controle de massas, verdades, hierarquias sociais do que com práticas concretas de reformas das galerias urbanas de coleta de esgotos, acesso à água e outras ações efetivas de saúde para o conjunto da população. Portanto, é possível desnudar as consequências implícitas nesses discursos. O movimento higienista influenciou determinadas práticas sociais em relação à ocupação do espaço urbano (exclusão e inclusão de segmentos sociais específicos), medicina e profissões com base em toda uma visão de mundo fornecida pelo modelo biológico e médico da época.

Exatamente em função desse movimento de rejeição, eleição e substituição de prioridades, a abordagem multidisciplinar não se limita à crítica mais imediata do conhecimento disponível. Não se trata de questionar que a ciência dos séculos XVII e XVIII, que subsidiou as metáforas de inferioridade biológica, não conhecia os micro-organismos responsáveis por várias doenças, mas sim recuperar que as ações por ela propostas recaiam sobre a população mais pobre, chamada "desocupada" e "inferior", mediante ações disciplinares.

Ainda, dentro do exemplo da visão higienista, destaque-se seu avanço estratégico sobre as representações políticas de segmentos sociais dos trabalhadores pobres, imputando-lhes, a partir da anormalidade biológica, a necessidade de domínio em moral, cultural e até mesmo psíquico. Portanto, é fundamental compreender o espaço contraditório entre o que os paradigmas dominantes da ciência e poder privilegiam e discriminam em oposição ao que pode ser feito e às alternativas descartadas. A esse movimento denomina-se fragmentação do conhecimento.

Paradigma e conhecimento

Incorporar o estudo da fragmentação do conhecimento nesse ponto é fundamental para esse trabalho, pois as soluções são produto do que se conhece e, principalmente, do que se percebe. Essas beneficiam alguns segmentos sociais e responsabilizam determinadas grupos e classes sociais dentro de alguns países como os responsáveis pelos problemas ambientais. Como se dá uma ação política tão sofisticada? Em primeiro lugar, existe uma dificuldade real de questionar a imagem de conhecimento que a sociedade compartilha. A especialização da ciência em diversos ramos e todas as dificuldades para integrar os conteúdos de pesquisa não foi um produto inesperado, reflete toda uma história de desenvolvimento com interesses de alguns dos grupos sociais que o financiaram e dele tiraram proveito. Da mesma forma, o esforço dos enunciados de poder para ocultar as profundas inter-relações históricas ocorridas desde o desenvolvimento das primeiras instituições disciplinares de gestão (fábricas, hospitais, educação e exércitos) com os primeiros processos de gestão ambiental (ordenamento do espaço, dos odores, da comunicação, esgotos, doenças e das sensações) oculta o fato de foram os mais pobres que sofreram as maiores consequências. Reproduz assim o debate atual sobre como reduzir os impactos ambientais que enfatiza o crescimento populacional dos países do Terceiro Mundo e silenciam sobre o crescente gasto de energia *per capita* por parte dos países ricos.

O debate em relação ao conhecimento permite um segundo passo mais avançado, discutir a transitoriedade dos enunciados de poder que comandam a aceitação e o descarte dos objetos de pesquisa. Isso implica que em momentos específicos os cientistas e outros segmentos da sociedade "concordam temporariamente" sobre algumas das premissas em relação a seus objetos de estudo até que uma nova abordagem se constitua no horizonte. Isso não quer dizer que as formas de poder estejam sendo abolidas, ao contrário, é necessário verificar se elas não estão sendo substituídas por outros enunciados de poder mais adequados aos novos momentos históricos.

Esse trabalho parte dos enunciados mais frequentes em relação aos problemas ambientais, confrontando-os com os discursos científicos do período. Alerta para a complexidade crescente dos enunciados em função do desenvolvimento científico e tecnológico contraposto às demandas sociais. Veja-se o aprofundamento do papel da II Revolução Industrial apresentado na Introdução. Esta marcou o segundo momento da gestão ambiental, colocou novas exigências que levaram ao desenvolvimento da administração, da engenharia, da eficiência, da redução do desperdício de matérias-primas e energia. Em relação ao meio ambiente, não se tratava mais de gerenciar os efeitos higiênicos pela repressão, mas de como incorporar os recursos ambientais economicamente mais viáveis à produção. O discurso da exclusão dos degenerados foi substituído pelo enunciado da inclusão por meio do consumo, do repasse da produtividade, do estudo de tempos e movimentos. Juntem-se a isso práticas médicas como a da vacinação, assistência médica preventiva, emprego de antibióticos e saúde pública. O discurso da anormalidade deixa de ser apregoado sobre determinados segmentos sociais em geral, como os pobres ou os trabalhadores. A sociedade apresenta-se como aberta às oportunidades que passam a estar relacionadas com carreira, motivação e conhecimento profissional, dentre outros. Os enunciados produzidos pela administração permitiram a evolução do controle de desempenhos além da gestão imediata do espaço, sofisticando o controle simbólico e a adesão aos objetivos da companhia. Portanto, uma nova concepção de exercício de poder muito mais sofisticada estava sendo implantada.

A contribuição de Kuhn

Khun (1994) destaca a necessidade de rever criticamente os conteúdos de cada paradigma na ciência. Os formuladores do conhecimento passam a rever o papel do seu trabalho na sociedade e as práticas de sua reprodução. Observa-se concretamente um exemplo sobre a "concordância provisória" entre as áreas do conhecimento que transcendem a comunidade científica e se convertem em modelos de comportamento e percepção, de alguns "problemas" e "soluções", para diversos segmentos sociais. Um exemplo relevante está na biologia que discriminava os segmentos sociais ditos inferiores e com a evolução da genética passa a contribuir para uma visão mais integradora das ações de saúde. No plano da fábrica, justifica-se a melhoria das condições físicas com o discurso sobre o respeito à fisiologia, a iluminação, a ventilação e a redução das chamadas doenças profissionais, indo de encontro a práticas de controle da força de trabalho da I Revolução Industrial.

Kuhn, no posfácio do seu livro (1994, p. 218), chama a atenção para os dois empregos do conceito de paradigma na sua obra, que desligam esse conceito apenas da comunidade científica: o sentido sociológico (envolve a constelação de crenças, valores, técnicas compartilhadas pelos membros de uma comunidade determinada) e o sentido de naturezas exemplares (as soluções concretas para que quebra-cabeças possam substituir regras explícitas da ciência normal ao permitir a resolução de outros quebra-cabeças).

Os cientistas se constituem em uma comunidade específica em razão da sua filiação a determinado grupo de praticantes de uma especialidade, com regras de iniciação profissional, com regras de absorção da literatura técnica e elaboração do seu objeto de estudo e trabalho de uma forma muito diferente em relação a outras atividades. Muitas vezes, os cientistas se dividem em escolas, com abordagens e pontos de vista diferentes em relação a seu próprio objeto de estudo incompatíveis, o que aumenta a competição entre diferentes abordagens e eleva as exigências de treinamento dos sucessores. A competição aumenta o prestígio das "áreas vencedoras" e o acesso aos fundos de pesquisa. No terceiro momento de gestão ambiental, a sociedade do conhecimento em formação no final do século XX, a competição está sendo transferida para o patamar mais sofisticado com base no acesso às redes de conhecimento e à Sociedade da Informação, que combinam fundos de diferentes fontes (públicas e privadas) para acelerar a geração de produtos e serviços com base em tecnologias inovadoras e ganhar espaço estrategicamente em relação aos competidores que mantém abordagens de negócio relativamente tradicionais.

Um dos exemplos mais contemporâneos refere-se ao emprego de recursos de tecnologia da informação para a gestão ambiental. As aplicações desta são difundidas no interior das cadeias fornecedor-cliente para acelerar a velocidade de decisão, criam novos atrativos para os consumidores cada vez mais exigentes e informados sobre a qualidade dos produtos. Diferenciar-se para o mercado passa a envolver também a gestão ambiental não mais no final do processo (práticas chamadas fim de tubo), mas, desde o projeto, consumo de energia, mapeamento de resíduos e redução dos riscos à saúde de cada produto.

O ambiente passa a ser mais abstrato, não apenas limitado às configurações físicas das instituições disciplinares (fábricas, escolas, exército e outros). Os enunciados se pautam pela competitividade dos parceiros, confiabilidade para cumprimento de prazos e a capacidade financeira de dividir os custos de pesquisa.

A Sociedade do Conhecimento acelera algumas tendências históricas, mas coloca novos desafios que exigirão repensar vários aspectos da sociedade, como se pode ver no Quadro 1.

Quadro 1 – Paradigmas do conhecimento

	I Revolução Industrial	II Revolução Industrial	III Sociedade do Conhecimento
1. Papel do trabalho	Desvalorizado com base nos enunciados de inferioridade biológica (combatia-se a visão de liberdade do artesão para preços e prazos).	Valorizado por meio de cursos profissionalizantes (operário especializado).	Valorizado e em permanente mutação (empregabilidade com base em habilidades e competências).
2. Inovações tecnológicas	Máquina a vapor; Ferro; Ferrovias; Indústria têxtil.	Energia elétrica; Aço; Indústrias químicas; Bens de consumo (automóvel).	Novos materiais; Células de energia; Informática; Biotecnologia; Genética aplicada.
3. Divisão do trabalho	Intensa.	Intensa, especialmente após o desenvolvimento da linha de montagem.	Gestão por processos que abrange vastas cadeias de fornecedores e não a uma empresa isolada.
4. Educação	Pequena, especialmente para os trabalhadores (dois a três anos).	Desenvolvimento dos cursos técnicos e crescimento das profissões técnicas e universitárias.	Acesso em grande número aos cursos superiores e educação permanente.
5. Organização dos paradigmas de gestão	Foreman (capataz) e repressão.	Gerente com base na autoridade e hierarquia.	Carreira com base no conhecimento.

Continua

Continuação

	I Revolução Industrial	II Revolução Industrial	III Sociedade do Conhecimento
6. Condições sócioeconômicas	Sociedade de socorros-mútuos como uma das poucas possibilidades de previdência.	"Welfare State" – repasse da produtividade para os salários mediante relativa liberdade sindical.	"Estado mínimo" e crescimento da chamada globalização financeira.
7. Disciplinas científicas desenvolvidas	Economia.	Administração; Engenharia; Contabilidade.	Gestão multidisciplinar do conhecimento; Mecatrônica; Biologia molecular; Nanotecnologia.
8. Visão/gestão do meio ambiente	Natureza como provedora de recursos inesgotáveis.	Controle da poluição via legislação/multas e políticas chamadas fim de tubo (medidas após a produção).	Negócio sustentável e estímulo para processos de inovação (projetos com base no conhecimento e processos).
9. Papel do Estado	Estado liberal; Repressão aos sindicatos; Colonialismo.	Estado garantia baixa taxa de juros para estimular o consumo. Inovação via compras por parte do governo.	Estado articulador de inovação. Apoio na elaboração de agendas (Sociedade da Informação).

Fonte: Elaborado pelo autor.

Foucault

Se, para estudar o meio ambiente, devemos recuperar os enunciados de poder, o autor é o ponto de partida mais representativo. O período estudado por ele referente à constituição das disciplinas é de fundamental importância e interfere no primeiro paradigma de gestão ambiental. Nele, serão constituídos os argumentos de validade para a ciência e as diversas formas de exercício do poder. Será no interior dos critérios de validade que se ocultarão diversos enunciados, como o da inferioridade biológica, já visto brevemente, justificado pela "verdade científica" da medicina e da biologia. Daí a importância do seu método, que alerta como esses enunciados não se confundem nem se restringem ao Estado, embora reconheça diversas formas de relacionamento dos primeiros com esse último. Outra contribuição desse autor: permite que sejam visíveis a evolução desses enunciados, sua continuidade em outros objetos, instituições e posturas. Recupera a continuidade onde muitas vezes o senso comum destaca a ruptura.

Portanto, criam-se as condições para uma crítica profunda de como esses enunciados se apropriam de diversos ambientes definidos como naturais ou não e são empregados para diferentes metáforas que impõem interesses sociais de um grupo em relação a outro. Como resultado final esses discursos, voltam-se para o controle detalhado dos movimentos e das situações vividas pelo corpo a tal ponto que induzem a percepção, a memória, a consciência e, sobretudo, a identidade dos indivíduos.

O ambiente pode ser revisto e recriado nas redes de ações simultâneas das várias instituições disciplinares para reordenar os espaços da sociedade na fábrica, nos hospitais, no exército, na escola, nos jardins e no campo. As arquiteturas desses espaços expressam no interior dos seus projetos um vasto roteiro de acessos, conhecimento em detalhes dos mecanismos de maximização dos corpos, dos melhores usos do tempo para o controle e confrontação de desempenhos de indivíduos particulares em todas essas instituições. No campo europeu, a disciplina da ocupação do solo levaria dentro desse raciocínio ao aprimoramento de espécies, do uso de recursos e do tempo sob a forma de produtividade. A ideia dos jardins no século XVII/XVIII ligada a da classificação e do aprimoramento das espécies biológicas difundia igualmente uma racionalidade que combinava o direito de propriedade e valorizava os detentores de conhecimento que permitiam seu desenvolvimento.

As instituições disciplinares visaram reconstruir os ambientes rurais e urbanos de tal forma que reduzissem os espaços para que a multidão se organizasse como força política com a capacidade de estruturar um acervo de conhecimentos próprios do que fosse normal e aceitável. A adesão ao grau de anormalidade medida por indicadores precisos (a produtividade das empresas, o número de erros, as faltas, as notas nas escolas etc.) passou a ser um dos principais critérios de classificação dos indivíduos, das fábricas, dos exércitos, das fazendas e dos hospitais para a maximização dos desempenhos, das aptidões, das velocidades e do rendimento dos corpos e dos recursos naturais.

O ambiente para o autor é um vasto espaço de aprendizagem que redesenha a natureza, os recursos, as matérias-primas, a energia e, principalmente, o homem de forma permanente para aprender a como reconstruir detalhadamente o corpo do trabalho, de maneira a agir cada vez mais segundo padrões definidos de comportamento, avaliação e punição no caso de não atendimento dos padrões persistentemente redefinidos.

O ambiente produzido por esses critérios não se limita a seus aspectos físicos, envolve especialmente suas representações. Não foi por acaso que, segundo Foucault (1983, p. 169), uma das principais inovações do século XVIII foi a organização do que denomina escrita disciplinar, conjunto de textos, documentos, censos voltados para a acumulação informações, com medidas, mapas e outros elementos capazes de fornecer bases regras, bases legais e critérios de comparação entre os campos de conhecimento.

Esse autor salienta que para esses enunciados não existem limites técnicos ou sociais para a aprendizagem das diversas capacidades e vulnerabilidades do corpo. As novas instituições disciplinares são organizadas como espaço intensivo de observação, experimentação e conhecimento até os dias de hoje, o que garante a continuidade anteriormente referida. Um exemplo significativo do avanço dessas instituições foram os hospitais que, segundo o Foucault (1982, p. 101 a 102), até aproximadamente 1780 não estavam orientados para o tratamento de doenças contagiosas como entendemos atualmente, e sim para o isolamento, a exclusão radical dos seus portadores. Ou seja, adotavam-se as práticas medievais da peste, para proteger os "sãos do perigo". Na prática, essa instituição foi planejada até essa data mais como um local para morrer do que para curar.

O avanço da medicalização dos hospitais coincide com o desenvolvimento da escrita disciplinar em outras instituições. O espaço médico, entendido como um ambiente intensamente produzido e observado. Ele passa a ser reestruturado para se transformar em sofisticado laboratório social, com avançados métodos de relatar, documentar e transcrever desde a rua do doente, os casos no bairro até os resultados na clínica. Os ambientes de contato criam arquiteturas detalhadas de aprendizagem e educação para as instituições envolvidas. Todo o doente passa a ter um registro individualizado, seus deslocamentos na clínica passam ser delimitados em função da doença que o aflige. As reações individuais aos remédios prescritos passam a ser catalogadas estatisticamente.

O registro das doenças por meio do controle censitário dos prontuários permite conhecer o ciclo de desenvolvimento no ambiente social de reprodução das moléstias (os bairros e os distritos), a resistência individual às doenças e aos remédios, as ações institucionais dos médicos (inclusive nos hospícios) em relação à cura. Essas ações exigem medidas "pedagógicas" de controle, muitas vezes em combinação com o aparelho repressivo, como no caso da polícia higiênica, com poderes para confiscar todo "material orgânico" que pusesse em risco a "saúde pública", nos bairros pobres evidentemente, com a finalidade obter as "mudanças de hábitos de vida" entre os doentes pobres.

O espaço médico articula-se a outras metáforas de poder voltadas para a intensificação dos controles sobre o ambiente. A escola priorizou a arquitetura, a fila e o controle do tempo, a fábrica visou o desempenho dos corpos pela reordenação do emprego de insumos e pelo controle indireto sobre eles, o hospital voltou-se para os controles detalhados das causas das doenças e sua contabilização social.

O ambiente como fonte de referências para desempenhos traduz a missão mais importante das instituições disciplinares detectadas pelo autor. Um dos mais conhecidos seria o panóptico de Bentham analisado por Foucault (1983, p. 173 a 184). Originalmente pensado como um modelo exemplar de prisão, inspirado no zoológico de Le Vaux de Versalhes, a proposta de Bentham pode ser vista como um mecanismo de poder ideal que combina as vantagens da arquitetura, com os controles ópticos (visibilidade).

O panóptico seria constituído essencialmente por uma arquitetura com base em uma torre de observação no centro de várias celas dispostas de tal forma que fossem observados, em detalhes, os movimentos dos presos dentro delas por meio da ação dos efeitos de luz e sombra sobre as paredes e janelas. Da torre seria possível observar como os funcionários, carcereiros, médicos e outras funções trabalhariam efetivamente. O panóptico seria em síntese um elemento de controle sobre os seus próprios fundamentos, avaliando o desempenho dos funcionários encarregados da observação como um sofisticado laboratório de poder.

A proposta de Bentham seria aprimorada posteriormente para o segundo paradigma de gestão ambiental e pode ser denominado "panóptico administrativo", cuja principal característica seria a substituição da arquitetura física pela assimilação dos valores de controle no interior dos indivíduos de tal forma que a torre de comando fosse deslocada e diluída no conjunto de valores e normas das organizações, muito mais eficientes para aprimorar o desempenho do trabalho. A internalização de valores tem como contrapartida o consumo de massa, o que terá impactos ambientais consideráveis já no início da II Revolução Industrial.

Foucault redesenha a visão habitual em relação às ações de poder, redescobre e aprofunda seus efeitos nas diversas relações simbólicas entre as pessoas e as organizações no cotidiano e recupera os interesses na fragmentação do conhecimento. Os indivíduos atualmente não produzem apenas objetos materiais, mas valores, símbolos e conhecimento nas empresas. Essas representações permeiam o conhecimento com uma intensidade inédita, voltadas para a gestão da percepção dos indivíduos. No caso da gestão ambiental, observem-se representações simbólicas voltadas para sofisticar os processos de dominação que adquirem uma nova configuração relativamente mais abstrata. Estes evoluem do controle direto de alguns grupos no interior das organizações para uma rede impessoal de mediação e manipulação das contradições sociais que passam a ser internalizadas intelectualmente como referência de comportamento. A gestão ambiental é um laboratório desse processo ao separar os interesses técnicos das consequências sociais, permitindo assim acelerar a assimilação de princípios de eficiência dos corpos e das representações.

Escola de Regulação

A Escola de Regulação – ER contribui para a abordagem de integração das áreas de conhecimento proposta por este livro como resposta aos enunciados de poder de diversas formas. Ela própria agrega muitas áreas de conhecimento nos seus conceitos fundamentais, que é o modelo de desenvolvimento. Este integra a organização do trabalho, a macroeconomia e as formas de regulação. Dessa maneira, impacta da economia à gestão pública, passando pelo direito, pela saúde e pela educação. Por esse motivo, ela acrescenta uma visão dinâmica ao papel que o consumo de massa teve para as questões ambientais dentro da estratégia de reprodução do capital.

Dessa forma, permite uma crítica aprofundada e necessária ao conceito de externalidade que foi e ainda é um dos pilares da gestão ambiental. Como o consumo se torna um projeto não apenas local, mas de regulação da reprodução do capital, envolve praticamente todo o planeta. Os impactos sobre energia, matérias-primas e combustíveis decorrentes da escala desse consumo de massa não podem ser considerados acidentemente e isoladamente pela diversidade dos interesses envolvidos.

O conceito de externalidade como proposto nos anos 1930, segundo Kneese e Russel (1998, p. 159 a 163), refletia o desenvolvimento tecnológico do taylorismo e fordismo, sendo anterior à sua aplicação para o meio ambiente. Respondia às dificuldades da II Revolução Industrial de como estabelecer os preços de maneira que tornasse visível para o empresário e consumidor as vantagens e desvantagens obtidas por um produto. Na origem, esse conceito admitia uma dimensão positiva: as inovações tecnológicas geravam um ambiente de aprendizagem com aplicações e resultados financeiros no curto, médio e longo prazos. Mais claramente, este permitia investimento, emprego, inovação e lucros, se o foco da atenção estivesse na empresa. O mesmo conceito também admitia uma dimensão negativa, por exemplo: a poluição. Nessa dimensão, o preço do veículo não incorpora os custos de preservação do meio ambiente que deveriam ser repassados para o consumidor de outras formas (taxas, impostos ou obrigações de preservação), se o olhar estivesse focado no uso do produto no mercado. Em tese, seria possível empregar a externalidade com uma visão de equilíbrio entre a gestão na produção e no mercado. Mas não foi o que aconteceu, propostas de grupos preservacionistas de ampliar as reservas naturais para compensar o crescimento do novo estilo de vida foram recusadas. Nesse sentido, pode-se dizer que esse conceito foi empregado muito mais como um enunciado de poder pelos seus impactos na balança entre ganhos privados e custos sociais.

Pode-se agregar aqui as contribuições anteriores de Foucault de um novo ângulo. Os enunciados de poder se sofisticam: não se trata de responsabilizar os usuários dos transportes individualmente, como no paradigma higiênico, mas de redirecionar as responsabilidades. O debate sobre os efeitos dos meios ambientes passam a assumir uma oposição crescente entre os benefícios privados e os custos sociais. Na poluição, o benefício privado dos produtos é superior aos custos sociais que geram, contribuindo para a redução do bem-estar da sociedade, pois os custos dos bens de consumo não incorporam as outras formas de preservação do ambiente que o consumo de alguns produtos impõe.

Porém, esse conceito traz uma contradição ainda maior. A forma pela qual ele foi ambientalmente transposto mantém o discurso do paradigma higiênico da infinitude dos recursos naturais. À medida que esses problemas foram "pensados" como locais, o movimento da economia e da "riqueza da natureza" absorveria tais "pequenas distorções" no crescimento da economia no planeta. Observa-se hoje uma revisão crítica dessa visão já que os efeitos da poluição são globais e integrados e não apenas o somatório das poluições locais.

Essa crítica gera as seguintes perguntas relevantes. Por que o conceito de externalidade demorou tanto para incorporar as dimensões dos direitos e deveres públicos, o que significaria a cobrança do custo social aos beneficiários privados? Por que os interesses sociais presentes nas diferentes formas do bem comum não foram preservados nas políticas governamentais? Se essas dimensões tivessem sido levadas em conta, seria possível financiar diversas medidas de preservação dos recursos naturais no campo e nas cidades desde o século XIX, quando já havia tecnologia para atenuar os problemas ambientais, por exemplo: as tecnologias de esgoto e a medicina sanitária no final do século XIX. A abordagem local da poluição com base na externalidade contribuiu para uma visão reativa que deixava para a natureza corrigir os problemas que o homem havia gerado ou, no máximo, propor ajustes pontuais como os filtros no final do processo.

O debate sobre o lado "público" e "privado" presente no consumo de massa desde o fordismo, particularmente quando a indústria automobilística passou a mudar as paisagens nas cidades e no campo, gerou ações de proteção na justiça de grupos preservacionistas e de comunidades urbanas nos Estados Unidos até os anos 1970. Nessas ações o argumento da externalidade foi empregado de diversas formas por empresas e governo, inclusive o argumento do desconhecimento dos seus efeitos em alguns casos. Até essa década, o Estado cumpria os papéis de regulação propostos pelo fordismo: estímulo para o investimento das empresas, manutenção do emprego e da rede de proteção social nos Estados Unidos e na Europa. Estas foram fundamentais para as primeiras ações de proteção ambiental nesse período, principalmente no financiamento de pesquisas sobre efeitos de poluição. No final da década de 1970, a capacidade de regulação do Estado como um todo passou a ser questionada, foi proposto um novo modelo de gestão de ambiente privado com base no mercado. Apesar dessas turbulências, dois fatos positivos devem ser destacados: a origem das agências reguladoras do meio ambiente e o estímulo para o desenvolvimento paulatino de uma indústria ambiental que evoluiu a partir das pressões legais por medidas de normatização de filtros e medidas mitigadoras para novas tecnologias.

Essa escola sintetizou dois modelos fundamentais de desenvolvimento: o fordismo e pós-fordismo. O primeiro pode ser observado em três movimentos complementares: a organização do trabalho (extrema divisão do trabalho na fábrica), estrutura macroeconômica (política de incentivo à produção, à produtividade e ao consumo) e os mecanismos de regulação (relativa liberdade sindical para a discussão de aumento de salários, serviços públicos de saúde e educação). Nesse desenho, observa-se uma relação direta entre aumento de salários e aumento do consumo. No segundo, nota-se o emprego de microinformática para reduzir a divisão do trabalho na fábrica, a redução do consumo de massa e nos mecanismos de regulação a perda dos estímulos para o repasse da produtividade aos salários. Porém, a escala do consumo em massa já estava implantada com efeitos que demandariam uma nova abordagem.

O fordismo

Para essa escola o fordismo caracteriza o modelo de desenvolvimento principalmente pelo repasse da produtividade para os salários por meio de uma série de instrumentos de regulação desenvolvidos pelo Estado, especialmente o norte-americano e o europeu entre os anos 1940 e o final dos anos 1970. Destaquem-se os investimentos sociais, as convenções coletivas e a disponibilidade de recursos para garantir os investimentos privados por meio de financiamentos, compras do setor público, subsídios para a pesquisa (inclusive as referentes a impactos ambientais), depreciação acelerada para reduzir os impostos a serem pagos e estimular a compra de novos equipamentos pelo Estado com inovações tecnológicas. O conjunto dessas políticas facilita as inovações tecnológicas estruturais, conforme a síntese apresentada a seguir no Quadro 2.

Quadro 2 – Modelo de desenvolvimento fordista da Escola de Regulação

Planos	Características
1. Organização do trabalho	Ganhos de produtividade; Linha de montagem com extrema divisão do trabalho.
2. Estrutura macroeconômica	Repasse da produtividade aos salários cria o ciclo consumo-investimenos-encomendas para o setor de bens de capital.
3. Modo de regulação	Política de investimentos sociais (Indexação salarial, relativa liberdade sindical, políticas de apoio às negociações coletivas e investimentos em saúde e educação).

Fonte: Adaptado de Heloani (1994), Lipietz e Leborgne (1988).

A organização do trabalho gerou ao longo dos aproximadamente trinta anos do fordismo (1930 a 1960) um relativo aumento salarial que foi deslocado para o consumo nos países ricos. Os impactos ambientais se manifestam não mais em detritos orgânicos como no período disciplinar estudado por Foucault, mas na sofisticação de consumo, como os bens duráveis com ciclos de vida cada vez mais curtos. O ciclo de reposição dos automóveis gerou a necessidade de diversos locais para a sua disposição, os chamados cemitérios de automóveis. O crescente uso de embalagens aumentou rapidamente a demanda por locais para a disposição de lixo sólido, o que teve consequências sobre o subsolo, pequenas fontes locais de água. Várias áreas urbanas sofreram processo de degradação por problemas como este. O reaproveitamento de peças foi muito pequeno, o conceito de reciclagem será posto em prática posteriormente na I e II Guerras Mundiais.

O fordismo torna-se relevante para esse trabalho ao recuperar as preocupações dos clássicos de administração do período com o desperdício, principalmente o de energia que será discutido em detalhes no Capítulo IV. Os clássicos destacam a preocupação com o interior da fábrica, porém silenciam em relação ao que acontece fora dela. Aqui cabe destacar essa preocupação em dois níveis.

O primeiro refere-se à localização das matérias-primas, principalmente o petróleo fora da Europa e dos Estados Unidos. Essa situação geopolítica contribuiu para a preocupação com a gestão eficiente ou, pelo menos, a pretensão de torná-la eficiente no interior da fábrica.

O segundo está relacionado ao crescimento do novo paradigma de consumo de massa que gera novos problemas: emissão de gases dos automóveis, lixo urbano crescente devido às embalagens individuais (depois as não retornáveis com o emprego do plástico) já era um problema nos anos 1950, quando a escassez de novas áreas de disposição começa a se tornar evidente. Esses fatos despertam a consciência da população e amplia a ação de grupos preservacionistas já existentes que o modelo de consumo estava em um caminho errado começa a se manifestar. Esse movimento será uma das bases dos movimentos dos anos 1960/1970, genericamente chamados ambientalistas, que não devem ser confundidos com a ascensão das Organizações Não Governamentais – ONGs.

Somente após várias décadas de experiência com os problemas de disposição de lixo orgânico e, principalmente, não orgânico, as autoridades e os grupos de cidadãos descobriram que não era suficiente pensar o problema apenas dentro das fábricas, era necessário saber integrá-lo com o consumo de energia, ciclo de vida do produto e a sua disposição final. O desafio está posto a partir de então: é necessário integrar as duas pontas dos processos de produção e de consumo.

Pensar a solução dos problemas apenas dentro da fábrica contribuiu para a chamada "solução fim de tubo", na qual a ênfase recaia na redução dos impactos da estrutura de produção já existente para evitar maiores custos. O problema maior estava na escala, o consumo de não duráveis gerava o desafio de permanentemente descobrir novos locais para a disposição final e, ao contrário dos orgânicos, não se integravam ao ciclo de decomposição natural. O volume de escala dos esgotos aumentou e passou a incorporar novos poluentes como detergentes e solventes que dificultavam a ação de agentes tróficos. A solução passou a ser a construção de gigantescas unidades de processamento, com câmaras de decantação e filtros. Os investimentos sofrem considerável elevação e impactos sobre Estados e prefeituras.

No mesmo período, o crescimento de energia colocava limites para o paradigma de consumo, pois não havia tantos recursos disponíveis. Nos anos 1960, antes da crise do petróleo já havia a preocupação com a escassez de fontes de energia para os próximos quarenta anos. A projeção dessa escassez tornou viáveis projetos como a exploração de petróleo em águas profundas e outras iniciativas de economia de energia. Nesse período também são identificados os efeitos da poluição sobre as comunidades. Porém, a crise do modelo de regulação acrescentará uma nova dimensão aos problemas ambientais, agravando a visão de custos para empresas e setores governamentais.

O pós-fordismo

O pós-fordismo começa a estruturar o modelo de desenvolvimento no início dos anos 1970 em função do novo ambiente econômico que demonstrava a incapacidade do fordismo em manter o repasse da produtividade para os salários em decorrência da recuperação econômica do Japão e da Europa nos anos 1960. Além disso, cabe destacar a resistência dos trabalhadores, expressa em diversos movimentos políticos, de se submeterem à extrema parcialização do trabalho promovida pelas indústrias norte-americanas. Os padrões de consumo e o meio ambiente serão afetados nos Estados Unidos e também pela emergência de um paradigma alternativo de organização do trabalho e gestão do ambiente desenvolvido no Japão.

O pós-fordismo reflete a falta de perspectiva na fábrica e na reprodução do capital. A greve de Lordstown (1970) contra o tempo médio de 36 segundos por posto de trabalho na velha fábrica da GM Vega reformada às pressas, pode ser citada aqui como um exemplo ilustrativo, das "nuvens negras" sobre a capacidade do grande capital industrial dos Estados Unidos de responder adequadamente às "ameaças" de crescimento do seu déficit comercial.

Em vez de repensar os métodos de gestão, o grande capital norte-americano atua em duas frentes: na primeira, microeconômica, ele realiza um intenso movimento de fusões e aquisições (Dedecca, 1999, p.: 60 a 63) com poucos resultados em razão da burocracia das empresas; e, na segunda, macroeconômica, desestrutura o antigo modelo de regulação (fordismo). Os dois movimentos passam a responsabilizar o Estado, visto a partir daí como "caro e inoperante", enfim: o responsável pela "incapacidade de competir" do empresário norte-americano. Segundo o novo discurso republicano, o Estado Previdência (modelo de regulação fordista) com seu vasto elenco de impostos para a cobertura de programas sociais, encarecia os produtos para o consumidor e reduzia a capacidade de competir dos produtos norte-americanos.

No ano de 1971, o presidente Richard Nixon dá início ao que denomina nova política econômica (NEP) que seria caracterizada pela desindexação de salários, restrição da liberdade sindical, redução das políticas de investimentos sociais e dos mecanismos institucionais de estímulo ao emprego, o que gerou diversos movimentos de resistência.

Segundo Guérin (1977, p. 185 a 208), a NEP teve início com o congelamento de preços e salários por noventa dias. Várias reações ocorreram no país, como a greve dos mineiros, dos doqueiros, dos trabalhadores agrícolas e operários da indústria automobilística. As resistências à NEP geraram também um aumento de sindicalizados que passam de 13 milhões (1972, p. 73) para 16 milhões (1974), além de ampliar a oposição ao governo republicano em geral.

De certa forma, a administração republicana de Nixon antecipa o que seria denominado posteriormente de pós-fordismo. A administração Reagan nos anos 1980 dará continuidade a algumas propostas da NEP com o discurso de reduzir os impostos e os "aumentos salariais excessivos" para manter a capacidade de investimento e a competitividade do empresário norte-americano. O pós-fordismo é mostrado no Quadro 3.

Pós-fordismo e produção enxuta

Outros paradigmas de organização do trabalho estavam em curso. Nos anos 1960, o Japão consolidava a produção enxuta (PE) que organizou a produção a partir de outro enfoque: o da circulação do conhecimento. O termo enxuta significava o fim das grandes escalas fixas de produção com sistemas de abastecimento de peças que tinha por base a compra de fornecedores ocasionais (em função do preço). A troca de informações na própria linha de montagem entre a maioria dos trabalhadores permitia reduzir a quantidade de esforços dos operários, os investimentos (máquinas, ferramentas e planejamento). O fim da separação entre trabalho manual e intelectual gera um novo modelo de organização não apenas com menos níveis hierárquicos, mas voltado, principalmente, para a redução de custos em todos e os processos de produção e dos recursos ambientais neles envolvidos como água, energia, matérias-primas.

Quadro 3 – Modelo de desenvolvimento pós-fordista da Escola de Regulação

Planos	Características
1. Organização do trabalho	Envolvimento e responsabilização do trabalho; Maior qualificação para os que permaneceram empregados.
2. Estrutura macroeconômica	Apropriação da produtividade pelo capital; Investimentos relacionados com os setores de competitividade elevada; Elevação dos maiores salários.
3. Modo de regulação	Redução dos investimentos públicos em saúde e educação; Fim do papel do estado de estímulo para investimentos voltados para a manutenção do emprego; Diminuição dos benefícios sociais redução do crédito; Pressão sobre as reivindicações sindicais em relação à manutenção do emprego.

Fonte: Adaptado de Heloani (1994), Lipietz e Leborgne (1988).

A produção enxuta revela-se uma proposta ambientalmente muito diferente do paradigma de produção norte-americano que limitava a economia dos recursos ambientais em alguns dos fundamentos de gestão fabril (redução de custos com matérias-primas, energia e embalagens). A abordagem norte-americana se limitava a reduzir desperdícios sem alterar a própria maneira de produzir por meio do reaproveitamento de embalagens, de algumas fontes de energia, porém não se propunha a aprimorar sistemicamente os processos como um todo, antecipando as causas de defeitos e não apenas a eliminação dos produtos defeituosos no final por meio de um controle estatístico.

A produção enxuta aprimora a experiência e o conhecimento a partir da aprendizagem na produção integrada com a percepção de valor do cliente, enquanto o foco norte-americano valorizava apenas os problemas percebidos pelo escritório de planejamento. A primeira combina a formação geral do operário japonês (elevada escolaridade) com uma visão de desenvolvimento de carreira voltada para a circulação em diferentes áreas da empresa, maior leque de qualificações, capacidade de trabalho em equipe, redução da autoridade direta e, sobretudo, da sua rigidez na tomada de decisão. O novo paradigma foi uma resposta à situação de reconstrução do pós-guerra, marcada pela escassez de investimentos, matérias-primas, máquinas-ferramentas (que foram confiscadas pelos aliados para evitar o seu emprego na produção bélica), energia (pouca disponibilidade de recursos para importar combustíveis) e capitais para investimentos.

Pós-fordismo, economia e ambiente

Enquanto isso, o pós-fordismo nos Estados Unidos aproveita-se das políticas para o desestímulo ao emprego, acelera a implantação da automação microeletrônica de maneira simplista, a robótica combinada à novas formas de gestão, principalmente a reengenharia, não foi capaz de responder aos desafios de conquista de mercado da produção enxuta. Esta assimila o engajamento e a capacidade de adaptação constante às novas formas organizacionais e tecnológicas para incorporar o conhecimento adquirido no dia a dia (saber tácito) no aprimoramento (reprogramação) dos equipamentos (hardware) dentro de um ambiente de flexibilidade organizacional da globalização.

O impacto do pós-fordismo sobre a economia foi marcante, agravou problemas de difícil solução no curto prazo, por exemplo: o desemprego, a desindustrialização, a violência, a deterioração urbana e a perda de eficiência dos serviços públicos (especialmente saúde e educação). Uma consequência imediata do pós-fordismo foi a concentração de renda e a divisão do mercado de trabalho em dois planos distintos. O primeiro, ligado aos trabalhadores dos setores caracterizados por novas qualificações, elevados conteúdos de pesquisa, maior domínio de conhecimento e marcado por uma "inserção global". O segundo está ligado aos trabalhadores dos setores decadentes da economia, com salários decrescentes, maior risco de desemprego, violência crescente nas áreas em desindustrialização e cada vez mais dependentes dos serviços públicos (complementação de renda, assistência social, educação municipal subsidiada, programas de bolsa de estudos federais e estaduais para a universidade etc.). O primeiro plano "puxava" a economia, enquanto o segundo dependia do Estado,[1] o que contribuía para agravar o déficit público no jargão dos jovens republicanos.

Essa nova visão de desregulamentação da economia, que, na prática, se revelava como desmantelamento dos mecanismos de bem estar, começava a ganhar corpo e penetrava nas universidades e nos modelos de financiamento privatizantes de educação norte-americanos e ingleses, nos organismos públicos norte-americanos e internacionais, especialmente no Banco Mundial, no FMI; e, pelas conexões com os bancos centrais, penetrava nos órgãos de formulação de políticas públicas de vários países. Conceitos como reforma fiscal, competitividade, ajuste macroeconômico, abertura comercial e desregulamentação dos mercados financeiros passaram a ser difundidos como o padrão para a riqueza e a prosperidade.

Dentre as políticas públicas recomendadas estava a "racionalização" dos gastos com educação. Além disso, assistimos à generalização do debate em todo o mundo ao redor das habilidades e competências voltadas para a globalização

---

[1] A crise atingiu diversos ramos: o da indústria automobilística; da construção civil; da eletrônica de consumo, que desapareceu (marcas norte-americanas compradas por empresas japonesas e europeias); da indústria têxtil e o da química geral (a farmacêutica se manteve).
Nos anos 1980, ocorrem algumas reações, tais como o projeto Sematec, consórcio que uniu empresas norte-americanas para manter a liderança na produção de semicondutores. Os investimentos na indústria automobilística somente deram resultados no final da década de 1980. O Ford Taurus voltou a ser o primeiro modelo de carro norte-americano mais vendido nos Estados Unidos na década seguinte, ocupando o lugar que até então fora ocupado por carros japoneses. O governo dos Estados Unidos organiza uma série de iniciativas de proteção para as indústrias norte-americanas, taxando produtos considerados como produzidos em "condições desleais".

que deveriam ser difundidas pelas instituições de ensino, em particular as de nível superior. Completavam-se, dessa forma, as características do pós-fordismo, especialmente a desagregação dos mecanismos de proteção social ao trabalho, ao lado da "abertura de mercados para o comércio exterior".

Do ponto de vista de gestão ambiental, o segundo modelo de desenvolvimento significou um retrocesso. A desregulamentação atinge as políticas de restrição a empresas poluentes em diversos setores da economia norte-americana. Talvez o mais conhecido seja o da recusa da assinatura do Protocolo de Kyoto, com compromissos de redução da emissão de poluentes, que, para ser cumprida, exige uma série de medidas desde a área de transportes (maior uso de transportes públicos e redução do consumo de gasolina), responsabilização das empresas para as áreas de disposição de resíduos, estímulos a novos materiais recicláveis, aparato legal de proteção para pureza da água e mananciais, redução de produtos com base em petróleo, novas alternativas de fertilizantes, agricultura que respeitasse a biodiversidade (coloca a questão dos subsídios).

No plano político, destaque-se o questionamento político ao argumento do efeito estufa entendido como uma possibilidade não provada cientificamente e que levaria os Estados Unidos a investir muito dinheiro sem retorno. O país recusa-se a assumir qualquer compromisso para metas de redução e políticas internas para tal fim. Nas entrelinhas, justificava-se, mais uma vez, o argumento da externalidade: a economia norte-americana não desejava poluir, era um "efeito inesperado". A administração republicana emprega o falso dilema entre emprego e meio ambiente para se manter.

Porém, o crescimento das emissões e do desemprego contrapunha-se ao argumento norte-americano e demonstrava o efeito acumulativo da inércia das ações que punham em risco o equilíbrio biológico e a competitividade das empresas do país. Dito de outra forma, os recursos eram finitos, sua exploração sem cuidado punha em risco a vida como um todo e não somente algumas áreas. Do ponto de vista econômico, o investimento na modernização das plantas, produtividade e eficiência era adiado. Os competidores, principalmente os asiáticos, agradeceram e atuaram sistemicamente. A preservação pressupunha ações coordenadas em diversos pontos, exigia conhecimento, agilidade e até uma nova atitude no comércio exterior e diplomacia. As propostas foram medíocres e os resultados não poderiam ser diferentes.

A desregulamentação no governo Bush deixou para as empresas as iniciativas de preservação ambiental como voluntária. Algumas delas foram capazes de gerar iniciativas positivas relacionadas a embalagens, uso de matérias-primas certificadas, controle sobre componentes e práticas poluidoras por parte da cadeia de fornecedores. Outra iniciativa foi o balanço socioambiental, as empresas com práticas e corresponsáveis na bolsa de valores e as ações de recuperação de áreas degradas contribuíram para o paradigma de gestão do conhecimento. Mas a recusa à integração da gestão ambiental aos processos de produção e serviços defendida no efeito estufa desarticulou muitas ações que poderiam ser mais amplas. O efeito inesperado para os adeptos da desregulação da economia foi a progressiva perda da eficiência da economia norte-americana, da eficiência dos seus fundamentos e aparece na crise de 2008, que tem início com as hipotecas, atinge o sistema financeiro e os investimentos em pesquisa.

Apesar desse retrocesso em geral, algumas experiências permitem que uma nova contribuição seja formulada com base na gestão do conhecimento. Estas demonstraram que uma abordagem de projeto eficiente pode integrar as preocupações com a gestão economicamente viável na empresa com o ciclo de vida no mercado, resolvendo assim uma contradição colocada pelo fordismo (entre produção e consumo) e coloca novos desafios.

Gestão do conhecimento

Essa última abordagem está em fase de consolidação, logo após o paradigma administrativo, e constitui o terceiro grande paradigma de gestão ambiental. Ele tem início a partir dos anos 1990, acumulando as experiências das empresas na gestão da rede de parceiros e fornecedores com base na tecnologia da informação e a evolução das políticas ambientais desenvolvidas desde os anos 1970. É importante sublinhar que grande parte desse debate ocorre na crise do pós-fordismo que desregulamenta o Estado e algumas das duas suas principais atribuições em relação às políticas ambientais. Portanto, é possível identificar que, em razão da complexidade da situação socioeconômica, a transição será complexa entre os dois modelos (paradigma de gestão ambiental administrativo e da gestão do conhecimento). Entre eles existem diversas questões econômicas e de método de gestão que devem merecer ampla reflexão. Essas últimas estão relacionadas com a aprendizagem concreta das políticas ambientais com fortes bases de aceitação sociais.

Deve-se ressaltar também que a evolução rumo ao paradigma de gestão do conhecimento não quer dizer que os problemas ambientais já estejam equacionados. Ao contrário, o volume de emissões ainda é crescente, os programas ambientalmente mais abrangentes que integrariam vastas cadeias de negócios com fortes impactos na metodologia de projetos ainda são restritos a alguns países ou a iniciativas relativamente isoladas dentro destes. Questões de fundo como matriz energética, disposição de embalagens plásticas (como a de refrigerantes), proteção de mananciais (agricultura e proteção de florestas) não foram totalmente absorvidas nas ações de preservação de algumas dessas práticas. Mesmo na crise, ações têm sido tomadas: o crescimento das melhores práticas de consumo de energia para a produção, programas de coleta seletiva avançam nas comunidades, projetos que levam em conta menor consumo de água nas empresas e outros. Mas, isolados, não podem responder às grandes decisões que o tema exige, porém demonstram, ao mesmo tempo, que a inércia em relação às mudanças não é tão grande como se imagina. A solução é possível, exige maior esforço, capacidade de pressão e vontade política para agendas próprias para possibilitar melhores resultados.

O paradigma ambiental de gestão do conhecimento, marcado pelo acesso rápido à internet e as experiências da Sociedade da Informação disponibilizam rapidamente as experiências, as ações alternativas e os riscos de não implantá-las. O conhecimento está relativamente disponível, as barreiras estão se redirecionando para o capital intelectual e as redes de pesquisa. Pode-se falar em uma nova divisão internacional do conhecimento, com barreiras mais sutis que exigem um maior esforço de pesquisa e integração para desnudar os efeitos da formação insuficiente do capital intelectual.

Por esse motivo, adota-se aqui uma postura de revisão das principais abordagens já vistas sobre os problemas ambientais como um todo, para depois incorporar as contribuições das políticas ambientais dos anos 1970 até o ano 2000, constituindo assim o paradigma ambiental de gestão do conhecimento. Veja, a seguir, no Quadro 4.

Quadro 4 – Paradigmas de gestão ambiental
Revisão dos principais enunciados de poder

	Higienistas	Administração	Gestão do conhecimento
1. Contribuições	Foucault	Escola de regulação	OECD
2. Conhecimento	Produto de interesses e modelos.	Produto de decisões e redes de investimentos.	Produto de uma nova rede de negociação entre Estado, empresas, instituições e indivíduos.
3. Base dos enunciados de poder	Exclusão biológica do trabalho.	Inclusão do trabalho nos países centrais (fordismo); Exclusão econômica com concentração de renda (pós-fordismo).	Inclusão, qualificação e investimentos negociados. Pressupõe fortes investimentos em educação e infraestrutura.
4. Papel de ambiente	Controle.	Produtividade e evitar desperdícios para reduzir custos.	Respeito à biodiversidade. Entregar o meio ambiente às novas gerações no mínimo como foi recebido.
5. Papel estratégico da produção	Bens de consumo simples.	Produtividade e bens de consumo de massa.	Bens e serviços com alto valor de conhecimento.
6. Controle dos impactos	Genérico.	No interior das empresas.	Ao longo das cadeias produtivas, desde o projeto.
7. Base da gestão dos problemas ambientais	Repressão.	Treinamento.	Educação da sociedade.

Fonte: autor

As bases para relacionar de maneira sustentável a gestão do conhecimento com o meio ambiente foram feitas a partir de dois documentos elaborados pela OECD. O primeiro² (2000, p. 25 a 30) contribuiu para a o entendimento das políticas ambientais, compreende o período entre os anos 1970 e 1990 com três modelos de gestão ambiental: comando e controle nos anos 1970, instrumentos de mercado nos anos 1980, abordagens híbridas nos anos 1990. Cabe alertar que cada uma dessas políticas anteriores contribuiu com aspectos específicos para o aprimoramento do paradigma de gestão do conhecimento. Para esse último paradigma, destacam-se as contribuições do outro documento da OECD³ (2001, p. 79), que permitiu incorporar o papel do conhecimento, das tecnologias de informação e telecomunicações para a gestão da rede de fornecedores e parceiros a partir 2001 com a estimativa de atingir 2020. Essas contribuições são apresentadas a seguir.

Paradigma de gestão do conhecimento: contribuições da política de comando e controle (anos 1970)

A primeira política ambiental denominada de política de comando e controle partiu da legislação sobre as limitações de emissão de poluentes. Constituiu-se também na primeira experiência de aprendizagem de como responder aos interesses implícitos que dissimulavam quais segmentos da sociedade se aproveitam do progresso tecnológico e quais amargam os impactos ambientais. Interesses implícitos significam aqui uma série de estratégias que influenciam práticas ambientais pouco rígidas em relação ao volume de emissões em relação a algumas empresas. Foi um período de conflitos que envolveu tribunais, representantes de diversas formações, executivos de empresas e organizações de pesquisa, bem como questões técnicas complexas, critérios de avaliação dos impactos sobre a biodiversidade, saúde e modelos econômicos de condução dos processos de indenização. Por trás de todo esse conflito "técnico" encontravam-se interesses das empresas e dos próprios governos: adiar ao máximo as medidas preventivas e mitigadoras necessárias nas áreas dos seus interesses. Porém nos anos 1970, o investimento em pesquisas da década anterior havia comprovado que os recursos naturais não eram inesgotáveis como supunha a abordagem da externalidade, muito ao contrário, alertas sobre a finitude da água, das terras, de energia e, principalmente, do ar já apareciam na reunião de Roma em 1974.

---

[2] V.OECD, **Environment goods and services:** an assessment of the environmental, economic and development benefits of further global trade liberalisation, 2000, pág. 25 a 27.
[3] Dentre estes destaca-se o *Environmental Outlook* que apresenta um diagnóstico setorizado com ações específicas para cada setor.

Os reflexos econômicos e na imprensa desses conflitos foram contundentes e levaram as empresas a encarar o controle das emissões muito mais como ameaça do que como oportunidade. A legislação foi o principal meio de execução dessa política, o que contribuiu para a visão de que as empresas deveriam se limitar ao cumprimento das normas legais. O apelo à legislação combinada com a resistência das organizações envolvidas contribuiu para formas simplistas de equacionar os problemas ambientais relevantes. As organizações privadas e estatais envolvidas em processos jurídicos dessa área utilizaram todo o arsenal legal para preservar seus processos produtivos inalterados. Esse embate pode explicar em parte a especialização da legislação ambiental por parte dos Estados Unidos e dos países da OECD.

A ênfase sobre a legislação dificultava a percepção de que a gestão ambiental pressupunha a mudança dos paradigmas de gestão com a maior inclusão de fornecedores e parceiros às políticas da empresa. Nos anos 1970, as empresas norte-americanas e ocidentais ainda não haviam desenvolvido parcerias estratégicas, o que dificultava a incorporação de inovações tecnológicas e ambientais para os parceiros durante os processos de planejamento e produção por meio do intercâmbio de informações desde a elaboração do projeto até a sua execução. Atualmente, os fornecedores estão relativamente mais integrados com as empresas, o que facilita desde a adoção de inovações tecnológicas até as práticas de gestão ambientais sustentáveis. Dessa forma, mantinha-se nesse período a visão de fim de tubo para os problemas ambientais, ou seja, separavam-se as ações na fábrica das ações no ambiente. Este pode ser considerado um dos principais pontos aprendidos nesse período: a expressão fim de tubo traduz também uma forma de relacionamento muito elementar com os fornecedores, que não aprimora processos. Logo, não será apenas a legislação que pode sustentar uma política ambiental, ela precisa estar relacionada com o cotidiano das organizações por meio de uma visão holística capaz de enxergar desde o projeto até as consequências do consumo de um bem ou serviço.

Paradigma de gestão do conhecimento: contribuições dos instrumentos de mercado (anos 1980)

A segunda política, denominada instrumentos de mercado, refletiu a crise do pós-fordismo no debate sobre o papel do Estado. Este deveria reduzir sua presença na sociedade e transferir para o setor privado a iniciativa em relação aos problemas ambientais. O novo paradigma propôs que, além da legislação, fosse construído o mercado de autorizações – *tradeable permits* – para que as empresas decidissem qual seu nível de emissão. Acreditava-se que essa perspectiva, embasada nos hábitos de oferta e procura do mercado, permitiria que fossem estimados seus custos de prevenção dos impactos com maior precisão. As empresas calculariam o custo de incorporarem as medidas de redução de poluição e optariam entre comprar os novos equipamentos ou adquirir o direito de poluir. Porém, a ausência de instrumentos de regulação efetivos e o problema de como realmente compensar os efeitos da poluição fez que o número de autorizações adquiridas fosse pequeno e não organizasse o mercado como seus defensores esperavam.

No entanto, várias propostas inovadoras ocorreram nesse período. Nos países da OECD, especialmente nos Estados Unidos e na Inglaterra, além da adoção de procedimentos mais rápidos e a constituição de legislações para os diversos segmentos da economia, houve os primeiro avanços nas metodologias de projetos com as variáveis ambientais. Observou-se também maior integração entre os diversos níveis dessas agências (municipal, estadual e nacional) para consolidar a abordagem do poluidor pagador. As políticas formuladas nessas agências não limitaram os problemas do meio ambiente à esfera econômica, estabeleceram relações inéditas entre os sistemas de inovação e a nascente indústria ambiental.

Como decorrência, várias agências ambientais são constituídas nos países do Terceiro Mundo, com fortes influências dessa abordagem. O desenvolvimento dessas agências contribuiu para aprimorar o processo de mapeamento das mudanças ambientais, utilizando recursos de telecomunicações, como sensoriamento remoto, informática e a modelagem de alterações climáticas. A melhor compreensão e o monitoramento em detalhes do efeito estufa foram um produto dessa integração.

As mudanças atingem as indústrias privadas por outros ângulos. Destaque-se o desenvolvimento do marketing ambiental, que, nesse primeiro momento, se dedicou a enfatizar mudanças pontuais para diferenciar os produtos aos olhos do consumidor. Essa diferenciação foi pequena no início em virtude da manutenção das políticas de fim de tubo que reduziam as alterações nos processos produtivos.

Apesar dessas limitações, a indústria ambiental cresce e fica visível nas estatísticas econômicas. Nos anos 1980, o crescimento do setor já colocava o debate de como classificar a indústria ambiental nos sistemas estatísticos. A ONU adota a Classificação W/120 da Gatt. Segundo a OECD (2000, p. 13 a 15), esta considerava como serviços ambientais apenas aqueles que eram fornecidos para o gerenciamento de resíduos e controle da poluição. Note-se que a classificação W/120 ainda sofria as influências da abordagem fim de tubo, pois se limitava às instalações e infraestrutura e não considerava o capital intelectual envolvido na prevenção/monitoramento da poluição, por exemplo: o "design" de produtos, softwares, recursos de monitoramento via telecomunicações (sensoriamento remoto via satélite), a engenharia, banco de dados sobre padrões de consumo e pesquisa e desenvolvimento – P&D.

Apesar da crise do pós-fordismo, a indústria ambiental cresce e ganha sofisticação tecnológica, torna-se cada vez mais difícil demarcar o volume de capital dos segmentos de alta tecnologia investidos no setor, principalmente o de Tecnologia da Informação e Comunicação – TIC. Muito mais que um problema técnico, tal ascensão adquiriu contornos políticos na década seguinte quando a Organização Mundial do Comércio – OMC – passou a discutir serviços e a indústria ambiental. Os países ricos organizaram-se para impor sua visão a fim de transformar sua experiência em capital intelectual a ser oferecido sob a forma de patentes. Coincidência ou não, observou-se ao crescimento das "barreiras ambientais" no comércio internacional e a pressões para a adoção de determinadas tecnologias originárias dessa indústria.

Ainda nesse mesmo período, o interesse sobre certificações, selos ambientais, monitoramento dos riscos ambientais, eficiência energética e recursos renováveis cresce entre os consumidores e deixam de ser "assunto de Estado". Os primeiros selos verdes foram organizados com a justificativa de proteger a saúde do consumidor e da comunidade, identificando as empresas que cumpriam as normas ambientais. Organizar-se como mercado foi uma das alternativas dos "movimentos verdes" para serem reconhecidos pelas empresas e pelos governos. Tais propostas refletem a intensidade do embate entre os grupos ambientalistas e as empresas poluidoras que continuou marcando os anos 1980. Essa experiência foi observada por algumas Organizações Não Governamentais – ONG, voltadas para tornar públicas as ações ambientais de impacto.

Para o paradigma de gestão do conhecimento, as experiências de marketing ambiental, os selos e outras certificações, serão consideradas posteriormente na década seguinte uma oportunidade para o desenvolvimento de parcerias e a negociação entre Estados, empresas, universidades e grupos de cidadãos. Nestas, são desenvolvidas redes de inovação e conhecimento, muito interessantes para o monitoramento de resultados e registro das melhores práticas. Essas experiências também demonstram que o pós-fordismo não foi um período absolutamente inerte em relação às questões ambientais. Pesquisas sobre os impactos do efeito estufa foram divulgadas, mesmo com menores recursos. O debate sobre problemas ambientais sobreviveu e, principalmente, algumas empresas acumularam experiências sobre os benefícios das práticas de gestão, construindo soluções que equacionavam melhor o dilema entre como gerenciar práticas de redução de custo nas fábricas e seus reflexos no ambiente. Portanto, os avanços foram muito mais pontuais do que estruturais, os efeitos da escala de consumo de massa, mesmo com a crise, continuaram a impactar o planeta.

Paradigma de gestão conhecimento: contribuições da gestão híbrida (anos 1990)

A terceira política ambiental chamada abordagens híbridas foi um momento de ruptura, porque já incorporava os efeitos de uma rede global de pesquisas sobre as mudanças climáticas, a internet e a Sociedade da Informação no final dos anos 1990. Essa última contribuiu para que as experiências sociais e ambientais anteriores fossem estruturadas sob a forma de uma agenda que integrava as necessidades de uma visão de estratégica de longo prazo com ações cotidianas do Estado, das empresas e dos cidadãos em uma única visão estratégica.

Os projetos da Sociedade da Informação foram desenvolvidos nos países da OECD por meio de uma série de eventos internacionais combinados com a atuação de comissões internas. O mais relevante para esse trabalho é a abordagem dinâmica da agenda para o país ao combinar tarefas para a educação (Estados), negócios (empresas) e universidades (pesquisa de ponta e formação de qualificados para a era do conhecimento).

Dentre os eventos internacionais que foram estruturando os projetos da Sociedade da Informação destacam-se os workshops da OECD ao longo dos anos 1990. Essas oficinas foram antecipando quais os investimentos, quais seriam os pontos críticos, como formar novas culturas para esse período. O trabalho anterior (Polizelli e Ozaki, 2008) destaca que uma das principais atribuições da Sociedade da Informação é construir as condições de infraestrutura e intelectuais para que os atores possam pôr em prática a agenda.

As agendas antecipavam cenários tecnológicos amplos, com diversas aplicações para famílias de produtos. Dentro desses estimulavam o investimento privado em algumas direções. Por exemplo: o e-Europe (agenda europeia para o período 2000-2010) e o Kisdi (agência coreana) previram com sucesso a convergência digital à possibilidade de melhor monitoramento das cadeias de negócio. O Soumu japonês incorporou o aprimoramento da gestão ambiental para a agenda u-Japan (ubiquidade para 2005-2010) e destaca essa relação no seu relatório de 2010.

Nesse ambiente, a maior parte dos projetos de tecnologia básica combinou a constituição de uma agenda com o controle da poluição de forma a planejar intervenções para se antecipar aos problemas ambientais mudando processos nas fábricas, substituindo o uso de materiais e o redesenho de produtos no mercado. Para esse fim, estimulou ampla divisão de tarefas entre instituições. Evoluiu para o conceito de que a prevenção da poluição deve ser dividida e paga por todos os membros da sociedade, segundo suas responsabilidades. Para os cidadãos, propôs a coleta seletiva doméstica para facilitar a prevenção, reduzir o volume de lixo, de áreas de disposição, reciclagem e ampliar o raio de controle. Experiências bem-sucedidas ocorreram nos países escandinavos, no Japão e em alguns estados norte-americanos (por exemplo, o estado da Califórnia).

Vários outros pontos sofrem modificações em relação à política anterior: o marketing ambiental é revisto e ganha maior amplitude. Nos países, ele integra as necessidades de preservação ambiental aos desejos dos consumidores. Agrega novos produtos de forma dinâmica e perceptível aos olhos destes. Algumas empresas começam a reempregar as matérias-primas por vários ciclos de vida (como o alumínio), pesquisam novos hábitos e comportamentos, repensam os produtos a serem ofertados (negociam estímulos com o Estado quando os investimentos forem elevados) e reorganizam permanentemente seus processos para reduzir consumo de energia, água e redução de gases que comprometem o efeito estufa.

Essa política lançou amplo programa de controle sobre as diferentes fontes de poluição, e, para tal fim, tirou proveito da integração das agências ambientais locais e nacionais obtida na década de 1980. Ao mesmo tempo, as agências de financiamento públicas e as de risco estimulavam pesquisas de novas matérias-primas e a substituição de fontes de energia, o que gerou a redução de custos e fortaleceu a indústria ambiental dentro de uma configuração tecnológica mais sofisticada e com maior escala de investimento e retorno nos países ricos.

Essa rede ocorre no momento em que os adeptos da globalização elaboravam um discurso de que as empresas tinham um papel de responsabilidade social a cumprir nesta área.[4] As empresas utilizam as tecnologias de informação para explorar melhor os papéis estratégicos da cadeia de suprimentos como um dos principais instrumentos na relação entre empresas para aprimorar a produtividade e reduzir a poluição. Esses esforços obtiveram progressos reais no final dos anos 1990 na substituição da política de fim de tubo. Porém, o problema da dificuldade de integrar tamanha diversidade de políticas não foi solucionado, contribuindo para a manutenção de uma cultura conservadora em diversas empresas. O discurso assume o viés da competência técnica: prevenir a poluição exige conhecimento técnico, capacidade de imposição das leis – *enforcement* – e maturidade de gestão.

Do ponto de vista das ferramentas ambientais, esse período nos anos 1990 apresentou inovações, como: a ISO 14000, metodologias de projetos ambientais, autorregulamentação de alguns setores, como a da indústria química. Contudo, muitas dessas propostas ainda não se concretizaram nos anos 1990. Elas ainda estão em processo de maturação em um cenário complexo, onde convivem empresas em diversos graus de adesão a algumas dessas propostas. Essas políticas contribuíram para a visão de rede e negociação que será uma das bases do paradigma de gestão do conhecimento. O problema de como lidar com a escala do consumo de massa e os problemas a ele relacionados permanecem. As informações e as metodologias estão relativamente disponíveis, mas a decisão política de fazer continua emperrada, principalmente porque os países ricos não assumiam compromissos com a redução de emissões, substituição de fontes energéticas poluidoras (como o carvão nos Estados Unidos e na China) e a generalização das melhores práticas ambientais discutidas aqui. O avanço continua a ser pontual em alguns países da Ásia preocupados com a eficiência energética e com a redução dos custos de disposição final em razão da escassez de áreas e pequeno território e ações dispersas pela Europa e pelos Estados Unidos.

---

[4] V. Holliday, Junior. C. O., et al. (2002), que discutem a atuação do Conselho Mundial para o Desenvolvimento Sustentável, entidade empresarial que se dedica a integrar a gestão ambiental ao cotidiano dos negócios.

O paradigma de gestão do conhecimento (2001-2020)

No novo século, a adoção da gestão de tecnologia da informação para a cadeia de suprimentos cresceu em todo o planeta e, por extensão, a gestão ambiental pode se aproximar da gestão do conhecimento e está gerando o terceiro paradigma de gestão ambiental que articula as soluções nessa área como ramo de conhecimento integrado de capital intelectual para a empresa, para os parceiros e para os colaboradores. A essas experiências some-se também do desenvolvimento simultâneo das redes de pesquisa e inovação da consolidação dos projetos da Sociedade da Informação que colaboraram com inovações em telecomunicações, novos materiais e principalmente novas metodologias de projetos. Essas experiências se combinam com as experiências das políticas ambientais anteriores que marcam a transição do modelo de administração (segundo paradigma) para o terceiro voltado para o conhecimento.

O meio ambiente significa atualmente para muitas empresas negócios com várias aplicações dentro da globalização dentro de uma perspectiva estratégica bem-definida: conquista de mercados em função das vantagens tangíveis e intangíveis. Dentro desse perfil de gestão, a alta administração envolve-se com as questões ambientais dentro e fora das organizações (práticas socioambientais). As tangíveis compreendem preço, qualidade, assistência técnica e confiabilidade. Nas intangíveis encontram-se os compromissos da empresa: visão ética, respeito às necessidades dos clientes, práticas sustentáveis desde o projeto, protótipo até a disposição final, abertura para auditorias ambientais e sociais.

A adesão da alta gestão difunde as práticas ambientais sustentáveis para a missão, os valores, a cultura organizacional, o planejamento estratégico, o orçamento, a comunicação, o marketing, a propaganda e o desenvolvimento de família de produtos. Dentro desse paradigma, observamos novas práticas de recursos humanos voltadas para o desenvolvimento de competências de longo prazo. Nessas empresas já é comum que as filiais de diversos países disputem a atração de projetos e de plantas de produção com base nos custos locais de formação de competências. Os sistemas de P&D inserem-se nesse esforço de gerar competências ao adotar parâmetros ambientais no planejamento e desenvolvimento de novos produtos e serviços dentro da cadeia de suprimentos da escala global da empresa.

Por exemplo, a área de telecomunicações muda seu enfoque em relação ao meio ambiente. O monitoramento de ações ambientais passa a ser um mercado disputado por ela. Não se trata mais de monitorar as emissões finais, mas de ver os impactos em diversas escalas, local, regional, continental. O emprego de tecnologia da informação e sensoriamento remoto via satélite permite vários mapas em escala, efeitos, variáveis rápidos e específicos para agricultura e indústria. O próprio conceito de efeito estufa está relacionado às simulações de supercomputadores e monitoramento por software. Nesse sentido, o emprego das Tecnologias de Informação e Comunicação aprimora a visão das causas, dos efeitos, permite hipóteses de trabalho, acelera reuniões inclusive com a comunidade afetada.

Novamente, reaparece a questão de como contabilizar os investimentos de tecnologia da informação na gestão ambiental. Sicsú (2002, p. 336 a 343) destaca que a indústria de telecomunicações é também um exemplo do crescimento das "indústrias do conhecimento" sobre as tradicionais: atingiu US$ 1,2 trilhão, superando a indústria do petróleo em US$ 510 bilhões. Considerando que esses números se referem apenas ao hardware, podemos imaginar os impactos sobre o software e outras aplicações derivadas da consolidação desse setor. Porém as vantagens do desenvolvimento desse setor não são lineares do ponto de vista ambiental, conforme demonstra a OECD (2001: 79) em um dos seus relatórios mais importantes *Environmental Outlook*.

> O desenvolvimento nas tecnologias da informática e de telecomunicações é um bom exemplo dos significativos efeitos ambientais causados pelas mudanças tecnológicas. Os efeitos estruturais esperados são positivos e negativos ao mesmo tempo. Os efeitos positivos provêm do fato de que as ICT [Information and Communication Technologies] e seus serviços estão fomentando o uso eficiente de energia e os *inputs* de recursos em muitos setores de manufatura e de serviços por meio do aprimoramento dos processos de informação, trabalho em redes extensivas e cooperação intrafirmas. Entretanto os possíveis impactos negativos incluem maior consumo de eletricidade e de papel para os equipamentos de ICT e o aumento da geração de resíduos devido ao curto ciclo de vida dos computadores e bens de consumo na sociedade em geral. Projetam-se efeitos de aprimoramento que ocorrerão sob a forma de melhorias no gerenciamento dos *inputs* referentes aos materiais relacionados ao ambiente. Os efeitos da informatização também são previstos como positivos, desde que elas possam ajudar as empresas

para monitorar os diferentes efeitos sobre o ambiente com um custo reduzido. Os avanços nas tecnologias da informação podem melhorar as formas como a informação é tratada, armazenada e difundida.

Os aspectos políticos também estão presentes na proposta da OECD que entende a gestão ambiental como parte relevante dos sistemas de competitividade e inovação. As agências de fomento passam a considerar os benefícios ambientais para o financiamento a juros baixos ou a fundo perdido. Essa organização na sua agenda para 2020 encara as estratégias ambientais dentro da perspectiva de explorar oportunidades para as exportações de serviços dos países desenvolvidos, com destaque para possíveis restrições ambientais para exportações de países não membros. Estabelece-se assim uma relação desigual entre redes de pesquisa com apoio massivo à análise de novas tecnologias por parte dos Estados mais ricos em oposição a poucas empresas isoladas dos países mais pobres. O aprimoramento de competitividade nos primeiros estimula redes de negócios e cooperação entre as indústrias-chave como um vasto mercado de consultoria e treinamento devido ao entrelaçamento de negócios com o risco das barreiras ambientais no comércio exterior para esses últimos.

A clareza desse cenário muda a visão de programas de desenvolvimento dos países em desenvolvimento. Não basta apenas propor estímulos para indústrias ou empresas específicas, o entendimento da estratégia das redes de negócio da economia intensivas em conhecimento é fundamental. Para estruturar redes é preciso organizar massivamente competências nos moldes dos projetos da Sociedade da Informação, particularmente as redes de interesses entre empresas governos e comunidades organizadas, reduzir barreiras estatais sob a forma de impostos excessivos, dificuldades e prazos para a importação de componentes impostos por barreiras burocráticas e fiscais. A sociedade do conhecimento é aberta para iniciativas: a globalização abre oportunidades rapidamente, mas também as descarta na mesma velocidade. Sem esse cuidado, os países em desenvolvimento tendem a ser dependentes das novas tecnologias dessa área gerada pelos países ricos e sofreriam os efeitos de enunciados de poder que os responsabilizariam pelos danos ambientais. Observam-se o crescimento de enunciados de "falta de competência técnica" para problemas ambientais específicos, como os relacionados ao desmatamento da floresta tropical. Ao mesmo tempo, problemas ambientais nesses países equivalentes não merecem o tratamento equivalente na grande imprensa desses países.

A gestão ambiental passa a ser sinônimo, nesse novo século, de oportunidades e desafios relacionados ao desenvolvimento econômico, à tecnologia da informação e à formação de competências em larga escala capazes de formular uma agenda socialmente visível e sustentavelmente praticada. Mantém com um novo olhar os temas tradicionais (espécies ameaçadas, desmatamento, crise ambiental etc.), produto dos embates nas políticas ambientais dos anos 1970 e 1980.

A partir dos anos 1990, o meio ambiente passa a ser um cenário mais amplo, reconhecido, com direitos de cidadania e não apenas dos consumidores. No entanto, os efeitos das omissões anteriores em relação ao consumo dos recursos naturais se fazem sentir. O terceiro paradigma pela sua abrangência, a integração com os sistemas produtivos e com as formas de disposição de resíduos que podem ser discutidos amplamente pelas ferramentas de internet possui as melhores condições para ser uma resposta efetiva à herança dos cenários anteriores, resta a vontade política de alguns países de pôr em prática as políticas sociais de compartilhar responsabilidades com ações dos principais atores envolvidos (Estado, empresas, educação e comunidades) com uma agenda clara para generalizar os resultados das melhores práticas já desenvolvidas. Não se trata apenas dos países ricos, os países em desenvolvimento também têm sua "lição de casa".

Para um país agrícola, seguem-se alguns exemplos de perguntas básicas para a elaboração de uma agenda própria a partir dos seus recursos, interesses e das possibilidades, porém integrada à filosofia do desenvolvimento sustentável. Como melhorar as práticas agrícolas reduzindo pesticidas? Como exportar produtos com selo de qualidade verde garantindo ausência de queimadas? Como recuperar cobertura vegetal e realizar pesquisas sobre novos medicamentos? Como investir com transparência na educação para gerar técnicos eticamente responsáveis e competentes? Como agregar valor e garantir renda para os setores agrícolas de forma sustentável? Como generalizar práticas sustentáveis para outros setores como a economia urbana? Como garantir o uso de produtos ambientalmente corretos em toda a cadeia de produção? Como economizar energia e preservar fontes de água?

Todas essas contribuições discutidas até aqui permitem a constituição do período de transição entre o modelo administrativo, por meio das Políticas de Gestão Ambientais – PAs, para o Paradigma Ambiental de Gestão do Conhecimento. Veja no Quadro 5.

Quadro 5 – Transição das políticas ambientais (anos 1970/1980) para o Paradigma Ambiental de Gestão do Conhecimento

	1970 Política ambiental de comando e controle	1980 Política ambiental de instrumentos de mercado	1990 Política ambiental de abordagens híbridas	2000-2020 Paradigma de gestão ambiental com base no conhecimento
1. Foco	• Controle da poluição nas indústrias.	• Ênfase no controle e início da prevenção.	• Transição para controle e prevenção integrados.	• Negócio sustentável e estímulo para os processos de inovação. • Limites dos recursos naturais.
2. Meios	• Extensa legislação sobre os limites de cada fonte poluidora. • Taxar apenas a empresa que polui (ligada ao conceito de externalidade).	• Uso de taxas e "tradeable permits" (permissões para poluir) para induzir uma abordagem de custos. • Poluidor paga pelos efeitos causados ao meio (produtores e consumidores). • Manutenção do conceito de externalidade.	• Regulação capaz de incorporar os diversos danos de diversas fontes causadas por um único produto. • A prevenção da poluição paga por todos os membros da sociedade segundo suas responsabilidades. • Crítica da abordagem da gestão ambiental com base local a partir da externalidade. • Período de transição com focos de resistência no Estado e nas empresas.	• Oportunidades na legislação necessidades das empresas e dos consumidores. • Aperfeiçoamento de processos. • Fortalecimento da marca de empresa. • Políticas efetivas de redução do passivo ambiental oculto (reativo às contingências ambientais potenciais) redução do risco e dos prêmios de seguro. • Cultura empresarial sistêmica e holística. • Superação da visão de gestão local do ambiente.

Continua

Continuação

	1970 Política ambiental de comando e controle	1980 Política ambiental de instrumentos de mercado	1990 Política ambiental de abordagens híbridas	2000-2020 Paradigma de gestão ambiental com base no conhecimento
3. Influências	• Visão da capacidade de regulação do Estado.	• Redução do Estado Previdência e do papel regulador do Estado.	• Revisão das políticas ambientais do Estado e o debate sobre a responsabilidade das empresas na globalização. • Responsabilidade ética e ambiental por parte das empresas.	• Sociedade da informação. • Mudança de cultura de Negócios. • Responsabilidade socioambiental.
4. Barreiras	• Legislação (limitar-se ao cumprimento de normas). • Pouca ou nenhuma Integração matriz e filial (multinacionais). • Pequena articulação da gestão ambiental com o negócio. • Visão de custos de curto prazo.	• Manutenção da legislação normativa. • Cultura conservadora nas empresas. • Pequena articulação da gestão ambiental com o negócio. • Pouca integração entre matriz e filial (multinacionais).	• Cultura conservadora nas empresas. • Problemas pontuais na Integração fornecedor-cliente na cadeia de produção. • Avanços parciais na Integração com os esforços públicos (ONGs e Estado). • Falta de profissionais com competências para a gestão ambiental em algumas empresas. • Preservar o saldo da balança comercial. • Preservar as patentes. • Problemas de integração entre matriz e filial (multinacionais).	• Acesso ao conhecimento. • Barreiras institucionais. • Avanços na integração matriz e filial (multinacionais). • Balança comercial. • Patentes.

Continua

Continuação

	1970 Política ambiental de comando e controle	1980 Política ambiental de instrumentos de mercado	1990 Política ambiental de abordagens híbridas	2000-2020 Paradigma de gestão ambiental com base no conhecimento
5. Políticas	• Gestão fim de tubo (tratar e dispor os poluentes sem interferir sobre os processos).	• Manutenção da gestão do fim de tubo. • Poucas permissões para poluir foram vendidas com poucos resultados mesmo na OECD.	• Início da revisão da gestão no fim do tubo. • Início da aplicação dos processos de inovação tecnológica sistêmica para a gestão ambiental. • Início de aproximação entre matriz e filial nos critérios ambientais (multinacionais).	• Continuação da revisão da gestão fim de tubo. • Aplicação dos processos de inovação sistêmica para a gestão ambiental. • Uso das telecomunicações para ampliar as políticas de prevenção através da cooperação intrafirmas e trabalho em rede.
6. Inovações	• Desenvolvimento da Indústria ambiental. • Origem das agências reguladoras de meio ambiente. • Questionamento da visão dúbia dos compromissos ambientais das empresas por parte dos movimentos sociais.	• Evolução da Indústria Ambiental na OECD. • Integração das agências reguladoras no plano nacional. • Primeiras agências nos países em desenvolvimento. • Surgimento do marketing ambiental para a diferenciação de produtos e melhoria de imagem. • Início do debate sobre certificações ambientais e selos verdes. • Questionamento da visão dúbia dos compromissos ambientais por parte dos movimentos sociais.	• Cinco pontos de gestão ambiental aproximam pessoas, empresas, ONGs e Estado aos processos de prevenção ambiental. • Modificação de processos nas empresas. • Modificações nas plantas e equipamentos. • Substituição de matérias-primas e fontes de energia. • Redesenho dos produtos. Início efetivo das práticas de marketing Ambiental. • Missão e cultura organizacional explícitas para o conjunto da cadeia de negócios.	• Envolvimento e responsabilidade da alta gestão para com os compromissos ambientais. • Uso de tecnologia para aproximar os envolvidos na gestão ambiental. • Articulação do Estado, empresas, consumidores e ONGs. • Integração entre as agências reguladoras de meio ambiente no plano internacional. • Marketing ambiental efetivo. • Articulação efetiva na cadeia de suprimentos.

Continua

Continuação

	1970 Política ambiental de comando e controle	1980 Política ambiental de instrumentos de mercado	1990 Política ambiental de abordagens híbridas	2000-2020 Paradigma de gestão ambiental com base no conhecimento
7. Problemas	• Ênfase na legislação reduziu o estímulo para inovações ambientais nas fábricas isoladamente.	• Pequeno número de permissões para poluir não gerou um mercado eficiente e reforçou uma visão conservadora das empresas. • Marketing ambiental como inovação, porém insuficiente para gerar e aproveitar as oportunidades.	• Pressupõe a integração entre as diversas políticas de gestão ambiental (ocorre lentamente e os resultados de início são pequenos).	• Dependência tecnológica repensada em função dos benefícios reais para a comunidade. • Direitos de patentes.
8. Ferramentas	• Relatório de impactos ambientais (licenciamento ambiental).	• Gestão de riscos. • Eficiência energética. • Recuperação Ecológica. • Redução da poluição.	• Certificações. • (Controles do esboço do projeto à disposição final). • Análise do ciclo de vida. • ISO 14000.	• Segurança e saúde durante o ciclo de vida e disposição final. • Controles do projeto à disposição final com abertura para o controle externo. • Eficiência no uso de água, energia e demais matérias-primas em todos os processos.
9. Perfil	• Limita-se a cumprir a lei.	• Pequenas alterações com poucos investimentos.	• Maiores investimentos com focos específicos, ainda existem dificuldades culturais para envolver todos os processos da empresa líder, parceiros e fornecedores.	• Pró-ativo, envolve toda a cadeia de negócios, antecipa soluções ambientais, desenvolve processos e produtos de maneira estratégica.

2

Conhecimento, Hierarquia e Poder

A nova paisagem

O capítulo discute como o redesenho do campo pode ser visto como um exemplo da estratégia que coordena a ruptura do paradigma anterior de uso comunal da terra rumo à economia de mercado. Aborda a substituição desse primeiro pelo modelo com base nos enunciados da racionalidade para ampliar os resultados da exploração de recursos naturais. Incluem-se aí o conhecimento ancestral de manejo da terra e os processos de trabalho que foram apropriados por um novo conjunto de saberes econômicos, técnicos e jurídicos voltado para o ordenamento e atendimento do mercado (nacional e colonial). Esse conjunto de saberes se integrou aos novos enunciados de poder em diversos planos na organização da sociedade: o fim das regulamentações feudais em relação ao trabalho artesanal, a urbanização forçada da população, o fim dos códigos comunais de uso dos recursos naturais com a introdução do regime de propriedade privada da terra e o redesenho das funções nas manufaturas com a perda da autonomia do tempo de trabalho que gerou a disciplina de tempos e movimentos no ambiente fabril. Discute ainda os impactos de distribuição da população como a emigração e os impactos sobre a urbanização, a privatização do acesso à água, a coleta de resíduos orgânicos e a origem de doenças.

O fim desses códigos comunais teve efeitos profundos no imaginário e no domínio das práticas ancestrais de preservação desses recursos legados para a comunidade que muitas vezes eram passadas sob a forma de mitos e costumes religiosos. Evidentemente, todas essas transformações sociais geraram múltiplas consequências sobre o ambiente que merecem ser vistas articuladamente.

A visão com base legal da propriedade de recursos naturais, além de sustentar a revisão do direito de todos aos recursos naturais, pôs fim a outras tradições como os julgamentos de animais e pragas. Segundo Ferry (1994), durante os séculos XIII e XVIII, tornou-se comum que os habitantes de uma aldeia recorressem ao juiz episcopal quando sofressem a ação de algum animal ou praga. Os camponeses solicitavam ao magistrado a abertura de um "processo" contra os insetos invasores e adoção das medidas cabíveis, por exemplo: a excomunhão.

Algumas sentenças foram, no mínimo, inesperadas, como demonstra a formulada pelo juiz de Saint Julien em 1545, a partir da atuação do advogado de defesa, conforme salienta Ferry (1994, p. 7):

> (...) argumentando no caso que os animais criados por Deus possuíam o mesmo direito que os homens a se alimentar de vegetais, recusava-se a excomungar os carunchos, limitando-se por um édito datado de 8 de maio de 1546, a prescrever numerosas preces públicas aos infelizes habitantes, intimados a arrepender-se sinceramente dos seus pecados e invocar a misericórdia divina.

Posteriormente, uma nova praga em 1587 levou a um novo julgamento. Como alternativa às habilidades de argumentação do advogado de defesa, os camponeses de Saint Julien chegaram a oferecer aos insetos uma região longe dos seus vinhedos que estavam ameaçados. O juiz autorizou o advogado a verificar se o local era adequado às necessidades daquelas "criaturas de Deus".

A introdução da propriedade privada dos recursos naturais e das leis de produção de mercado colocará fim a esse tipo de processo jurídico. Destaque-se que esses processos reconheciam o mesmo direito de sobrevivência das demais formas de vida. O questionamento dessas tradições reduz o espaço de sobrevivência para as criaturas que não estivessem em acordo com os "interesses legítimos do homem", leia-se nas entrelinhas das necessidades de expansão territorial da agricultura comercial e dos interesses de reprodução ampliada do capital. Outra consequência relevante da privatização da terra, a natureza passa a ser vista como um recurso a ser "aproveitado legalmente" pelos agricultores.

Uma das formas de facilitar a percepção da amplitude das ações desses mecanismos foi o redesenho da paisagem rural e urbana na Europa a partir do século XVI. Os novos padrões "estéticos" de manejo do campo também demonstram o entrelaçamento da questão social com os novos conceitos da gestão do ambiente que marcaram o desenvolvimento da sociedade nos séculos XVIII e XIX. As antigas formas de manejo voltado para o uso comunal da terra foram substituídas pelo discurso de gestão do intensivo do espaço, com grandes desmatamentos e a substituição de árvores nativas por novas culturas composta por plantas ornamentais com maior espaçamento. Substituem-se em muitos casos a vegetação, os seres nativos e os recursos naturais pela arborização e a jardinagem.

Aqui, cabe uma discussão muito relevante: justificava-se o ordenamento do espaço em função da lógica, da racionalidade e da produtividade. Porém, muito do conhecimento efetivo para obter resultados mensuráveis na agricultura e pecuária defendidos por esses enunciados ainda não havia sido efetivamente desenvolvido. As ciências agronômicas não haviam se desenvolvido na sua plenitude, os primeiros cursos na Europa aparecem na segunda metade do século XIX com destaque para a fundação do Instituto Nacional Agronômico de Versailles, na França (1848-1852). O conhecimento nessas instituições era fragmentado e não poderia dar bases objetivas ao discurso de aumento da produtividade nos termos propostos na época. Apenas com a inclusão da abordagem integrada na década de 1860 foi possível romper com a visão fragmentada da agronomia, para se obter a abordagem global que integra a população vegetal, o solo, o clima e as técnicas dos cultivos, subordinando as observações e os dados coletados a uma metodologia de pesquisa mais ampla. A estratégia de poder em curso era mais sofisticada, visava à percepção do sentido do trabalho no campo. A nova identidade do campo passava a ser muito mais voltada para a exibição da riqueza do que para o "rude" trabalho agrícola, conforme nos relata o historiador Thomas (1989, p. 242).

> Nos séculos XVI e XVII, muitas dessas reservas foram desativadas ou entregues ao gado, à medida que um mercado em expansão incentivava o uso mais lucrativo da terra. Mas as que resistiram foram se tornando cada vez mais ornamentais, **com os proprietários exibindo sua riqueza na reordenação da paisagem** e na conservação de bom solo arável em terreno de **prazer** provido de árvores. Foi neste período que surgiu um novo tipo de casa de campo. Muitos fidalgos deixaram de viver no centro da aldeia e se mudaram para o centro de um parque ajardinado, se necessário removendo e ocultando a aldeia, de forma a propiciar um senso de espaço e distanciamento.[1]

---

[1] Grifos nossos.

A constituição do jardim, dentro dos processos de revisão das antigas formas de manejo da terra, traz no seu interior questões de como justificar a gestão dos seres vivos a partir da exploração de novos ângulos da hierarquia fornecida pelo saber matemático e pela biologia. As formas geométricas, sobretudo as do estilo francês, refletem o desdobramento da ideia cartesiana, clássica e racionalista de que a natureza que se percebia pelos sentidos não seria a verdadeira. Somente se tem acesso a ela por meio da inteligência, ou seja, do refinamento que somente o ordenamento lógico, racional e, principalmente, o conhecimento matemático podem oferecer. Esse ordenamento nos revela a essência, ou seja, as relações mais apuradas, domesticadas e mais "verdadeiras" que norteariam a efetiva disposição e a gestão dos seres vivos, de acordo com Ferry, (1994, p. 133).

> O arquétipo dessa "visão clássica" e racionalista da natureza nos é dado, por certo, nos jardins à francesa. Eles baseiam-se inteiramente na ideia de que para se alcançar a verdadeira essência da natureza ou, melhor dizendo, a "natureza da natureza", é necessário recorrer ao artifício que consiste em "geometrizá-la". Pois é pela matemática, pelo uso da razão mais abstrata, que se aprende a verdade do real.

No entanto, ao mesmo tempo em que geometriza o espaço, essa proposta se omite sobre a expulsão e empobrecimento econômico e intelectual dos camponeses. A expulsão destes de suas terras se deu pela proibição de práticas como a caça, a pesca e a cultura para a subsistência. Toda a terra disponível deveria ser "aprimorada" pela capacidade da razão, do domínio técnico para ampliar seu resultado. As formas camponesas de manejo de solo e dos animais desprovidas de "conhecimento científico", ou seja, sem o ordenamento lógico, seriam suprimidas em razão de sua "inferioridade". Todo o conhecimento prático de manejo de árvores, de caça, de animais domésticos passa a ser continuamente desqualificado em diversos ramos do conhecimento. As prioridades passam a ser as da economia, das relações sobre o que deve ser produzido, quando deve ser produzido e para quem e com qual porcentagem de lucro. O manejo da terra orienta-se então por questões mais abstratas e não mais pelas necessidades de quem a habitava. Os camponeses perderam o direito de se reconhecer no mundo com suas limitações e condições de sobrevivência. O conceito de paisagem impõe-se ao mundo natural, com diversas consequências para o ambiente, muitas delas somente foram conhecidas recentemente.

Paisagem, teologia e produtividade

O redesenho da paisagem exige que se avance para outros campos, um deles a própria religião, mais particularmente a visão teológica das relações homem-natureza. No século XVI, o pecado original constituía-se no grande tema de pregações e debates nas igrejas. Esse tema considerava a natureza como propositalmente plena de obstáculos para o homem e sua arrogância mundana. Dentro dessa visão o homem não se diferenciava da natureza, ao contrário, ele estava sujeito às suas imposições, os quais refletiriam, em última instância, a superioridade da vontade divina sobre ambos. Não era possível avançar nas suas ordenações, nas suas causas e, portanto no seu domínio.

A partir do século XVII, sobretudo depois da reforma da Igreja Católica, na Inglaterra, passa a existir uma nova concepção da natureza: benéfica e harmônica para os "legítimos interesses" humanos. O problema residia na escolha dos critérios que definiam esses últimos. O mundo deixava de ser ameaçador para ser conquistado pela inteligência, pelo trabalho e, principalmente, pelo conhecimento. A natureza passava a ser vista como um "bem" colocado à engenhosidade e à inteligência e posto à disposição do homem, que, por sua iniciativa, poderia aprimorar seus frutos, torná-la mais produtiva por meio da sua propriedade. A natureza poderia ter capacidades infinitas, porém o acesso à sua propriedade seria restrito aos que poderiam extrair de cada lote de terra o seu melhor. Logo, seria necessário justificar pelo direito o acesso à posse com base no conhecimento específico.

A teologia proclamava o direito de acesso para os poucos cidadãos aos recursos naturais: somente para os merecedores. A Igreja Anglicana justificava a limitação do "mérito" de apropriação desses recursos somente para segmentos específicos da sociedade. Dito em outros termos, a natureza apropriada se converte em mais uma propriedade de direito do homem culto, instruído e intelectualmente refinado capaz de aprimorar as características dos demais seres. Os animais domésticos, pela capacidade humana de compreender, proteger e prover-lhes suas necessidades, viveriam melhores que abandonados à própria sorte, segundo relata Thomas (1989, p. 25).

> No século XVIII, insistia-se amplamente que a domesticação era *benéfica* para os animais; ela os civilizava e aumentava seu número: "nós multiplicamos a vida, a sensação e o prazer". Vacas e ovelhas passavam melhor sob os cuidados do homem que deixadas à mercê de predadores ferozes.

Nesse ponto, cabe sublinhar mais uma vez a sofisticada estratégia em curso. Com a justificativa teológica de que a natureza havia sido colocada à disposição do homem culto, trabalhador e dedicado à propriedade não se limitava apenas às terras e aos animais, ou seja, aos recursos mais diretamente visíveis. Um dos recursos naturais mais elementares à vida, a água e seu uso, foi considerado como recursos infinitos à disposição do homem; ou seja, dos que dispusessem de inteligência, formação e empenho para tal fim. Essa postura redesenhou a paisagem urbana e gerou várias contradições no processo de industrialização que se acelera a partir do século XVIII/XIX. Afinal, a água é fundamental para a sobrevivência da população, principalmente com o aumento da população operária nas cidades. Ao mesmo tempo, também contribui para a produção de bens industriais em diversos setores.

Água, doenças e a paisagem urbana

O fornecimento de água na Inglaterra foi considerado uma atividade privada até o século XIX,[2] obtida por meio de concessão. Em 1609, foi organizada em Londres a New River Company, para fornecer maior volume de água em função do esgotamento das fontes tradicionais, ou seja, os poços e as fontes de água fresca no interior da cidade. Essa companhia foi a primeira de uma série de empreendimentos particulares do país voltados para a exploração desse tipo de negócio nas grandes cidades europeias da época.

O relativo aumento da oferta de água agravou o já existente problema dos esgotos. O problema do lixo e dos esgotos já era antigo pela forma como era manejado. No século XVI, a cidade de Londres já dispunha de um sistema de coleta composto por carroças que recolhiam os esgotos e outros resíduos; os responsáveis pela sua coleta eram denominados raspadores. Entretanto, várias cidades enfrentaram dificuldades com esse sistema, sobretudo porque os arrendatários se limitavam a cumprir seus contratos de retirar "imundices" das cidades, depositando-as em locais muitas vezes inadequados, distantes a apenas alguns quilômetros das cidades. Ou seja, deslocava-se apenas a visão imediata do problema e não se tomavam medidas efetivas para resolvê-lo definitivamente. Pelo aqui exposto, percebe-se que o problema atual de disposição de resíduos possui uma longa história e que merecia ser mais conhecida.

---

[2] A partir de 1835, o ato das corporações municipais reduziu o número de concessões e passa a encarar o fornecimento de água dentro de uma política mais ampla de saúde pública.

Segundo Rosen (1994, p. 130), o suprimento de água para as cidades

> logo criou mais problemas: as fossas raramente eram limpas e seu conteúdo se infiltrava pelo solo, saturando grandes áreas do terreno e poluindo fontes e poços usados para o suprimento de água potável. Além disso, era ilusoriamente fácil eliminar a água do esgoto, permitindo-a alcançar os canais de escoamento existente sobre muitas cidades. Como esses canais se destinavam a carrear a água da chuva, a generalização dessa prática levou rios e lagos, no interior ou próximo das cidades maiores, a se converterem em esgotos a céu aberto (...).

Percebe-se aqui como o aumento das moléstias, doenças e, sobretudo, das febres, encontravam condições favoráveis de grande proliferação nesse ambiente urbano. Ao mesmo tempo, o crescimento das doenças revela a questão política implícita na sua abordagem. A doença não era vista apenas como um produto da gestão inadequada do ambiente pelas políticas em relação aos recursos naturais por parte das autoridades, ao contrário, o indivíduo doente e promíscuo por meio do contato com seus pares produzia as mazelas do ambiente. Dito em outros termos, elaborava-se um discurso de poder que invertia os fatos, ou seja, responsabilizava a pobreza e seus "vícios" pelas epidemias. Em outras palavras, mesmo os enunciados de poder geravam contradições e culpavam a massa de trabalhadores pelos "seus maus hábitos na vida privada".

Apenas no final do século XVIII, essa postura em relação às causas das doenças começaria a esboçar tímidas mudanças. Richard Mead, médico e higienista inglês, forneceu um exemplo ilustrativo ao afirmar que "se a imundice é a grande fonte de infecção, a limpeza é a maior fonte de prevenção". Portanto, seria necessário criar ações do Estado para promover o saneamento dos espaços públicos. Dessa forma, os doutores higienistas recebem as primeiras críticas com "bases científicas", pois sem descer às causas da imundice, as autoridades por eles influenciadas se limitaram a esboçar pequenas reformas, justificando medidas pontuais de organização de disposição de detritos, como as referentes à gestão dos maus odores, para quando muito "retardar a contaminação" dos habitantes das cidades.

Ainda, na direção formulada pelo Dr. Mead, em 1820, Jeremy Bentham propôs, no seu projeto de código constitucional, um ministério da saúde responsável pelo saneamento ambiental, pelas doenças e pela administração dos cuidados médicos. Começava-se a reconhecer lentamente que o "mau gerenciamento" do ambiente originava doenças e que a melhoria das condições de coleta de esgotos, associados à educação e à melhoria do padrão de vida da população, seriam os instrumentos mais baratos e eficientes para combater as febres e as pestes. Entretanto, essas medidas ainda teriam de esperar até o final do século XIX para que começassem a ser implantadas, com a elevação efetiva das condições de vida da maioria da população na Europa, a redução do crescimento da natalidade e maiores investimentos no saneamento básico por parte dos Estados.

As consequências mais visíveis da mudança de postura das políticas públicas em relação à origem das doenças foram as reformas urbanas que novamente nos mostram a conexão entre a gestão ambiental e a questão social, de acordo com Rosen (1994, p. 127).

> A partir de 1760, primeiro, Londres e, depois, outras comunidades desenvolveram efetivamente esquemas de melhoramentos públicos. Derrubaram-se prédios deteriorados, ou que impediam a circulação, drenaram-se, pavimentaram-se e iluminam-se ruas. Vias estreitas e tortuosas foram alargadas tornadas planas. Prédios de tijolos substituíram casas de madeira, desaparecendo, assim, alguns cortiços horríveis. À proporção que surgiam os novos quarteirões, com ruas largas e quadras abertas, a classe mais rica gravitava para esses bairros, **deixando para os pobres as regiões mais antigas e insalubres**.[3]

Nesse ambiente, o processo fabril propriamente dito se desenvolve com base na disponibilidade de novas tecnologias: o motor movido a vapor, os produtos têxteis, as estradas de ferro e as rotas de navegação melhor estruturadas. A orientação para o mercado atinge seu apogeu: desde as formas de produção de matérias-primas, sua circulação e até a produção de bens estão integrados em novo paradigma orientado pelas necessidades de acumulação. As indústrias aceleram os conflitos nas relações entre os segmentos da sociedade. Nessa direção não é suficiente quantificar apenas o crescimento das cidades, o valor da produção agrícola e as novas tecnologias do período, por exemplo, as possibilidades de incremento do trabalho permitidas pela energia do vapor. Acredito ser necessário avançar um pouco mais, ou seja, compreender as convergências, ainda relativamente pouco exploradas, entre a questão social e

---

[3] Grifos nossos.

as novas formas jurídicas, arquitetônicas, estéticas, médicas, de organização e gestão do ambiente implícita nessas transformações.

A paisagem urbana e os vínculos com o campo

A paisagem industrial não se limita ao espaço fabril de uma forma mais restrita, ela integra os cortiços, o risco de doenças, a longa jornada de trabalho, o preço dos alimentos, o conhecimento sobre o trabalho. A vida nas cidades está relacionada com a nova paisagem rural, o que acelera os conflitos entre os segmentos da sociedade de diversas formas. A apropriação não foi apenas material, ela foi também simbólica como reflete a origem do mercado de trabalho. Esse último foi constituído mediante a desapropriação dos camponeses de suas terras ancestrais e a ocupação dos bosques e das terras comuns pelos grandes proprietários rurais, muitas vezes com violência. Ao mesmo tempo, todas as técnicas de manejo, conhecimento foram sendo igualmente desapropriadas e propositalmente perdidas no caos dos bairros operários do ambiente urbano. Logo após, a apropriação simbólica ganha novos espaços de atuação: o Estado criava uma série de leis, destaque-se as Leis Contra a Vadiagem, para induzir a migração desses camponeses para as cidades onde venderiam sua força de trabalho a preços muito aviltados para as manufaturas e posteriormente para essas fábricas.

A supressão dos conventos após a reforma da Igreja Católica e, sobretudo, das terras por eles cultivadas, permitia expulsar uma massa de trabalhadores muito elevada. A restauração do século XVIII amplia ainda mais a ocupação das terras com a abolição final das regulamentações feudais. Os camponeses perdem definitivamente o direito assegurado por essas regulamentações de receber uma área do senhorio para seu uso de subsistência e são substituídos por pequenos arrendatários com contratos anuais. Desde o século XVI, diversas leis contra a vadiagem haviam sido impostas em praticamente toda a Europa ocidental. Na Inglaterra, em 1530, Henrique VIII chegou a determinar que apenas mendigos, velhos e incapacitados tivessem direitos a uma autorização especial para pedir esmolas nas cidades. Essa mesma lei estabelecia que os vagabundos "sadios" (ou seja, em condições de trabalhar) deveriam ser açoitados, encarcerados e postos à disposição para trabalhos forçados.

Na França, a desapropriação dos camponeses foi tão intensa que, no final do século XVII, várias áreas de Paris chegaram a organizar o "reinado dos vagabundos". Para recuperar a "ordem" logo no início do seu reinado, em 1777, Luiz XVI determinou que todo homem válido, sem profissão, deveria ser recrutado para as galés (trabalhos forçados nos insalubres navios da frota imperial). Para mais detalhes, recomenda-se a releitura com base das condições de vida e trabalho tratadas no Capítulo XXIV, da obra *Acumulação primitiva do capital*, de Karl Marx. Embora o autor seja mais conhecido pela sua participação política, nos seus textos encontramos referências sobre o ambiente expressos nos impactos da mudança das fontes de energia, migração, ocupação urbana e doenças.

A maior parte das terras, obtidas pela expulsão dos camponeses, foi convertida em pastagens para permitir a produção de lã, o novo e muito rentável negócio do período. Os impactos ambientais foram enormes, com a destruição de florestas e dos modos de vida camponeses a elas associadas, conforme nos relata Thomas (1989, p. 231).

> Nos tempos de Tudor e Stuart, as matas continuaram a dar lugar primeiramente a pastagem e ao cultivo, mas também ao atendimento da crescente demanda de material de construção e combustível industrial, seja para a manufatura do ferro, o fervimento do sal ou a produção de vidro e cerâmica. A extinção dos parques, o cercamento para fins agropecuários de áreas antes reservadas à caça, a apropriação privada de terras comunais, a administração pouco rigorosa das florestas reais e a inexorável redução do seu tamanho: tudo isso significou a eliminação de florestas e árvores.

Evidentemente, a extensão das desapropriações no campo teve consequências sobre as formas jurídicas de regulamentação de uso da terra, que também podem ser consideradas como elementos de reordenamento fundamentais do ambiente. Cabe destacar ainda que, apesar das mudanças no regime de propriedade de terra terem sido rápidas e intensas, as antigas concepções de propriedade ainda resistiram por algum tempo, por exemplo, em relação à caça. Recorremos ao conhecimento do historiador inglês Thomas (1989, p. 59).

> No século XVIII, o grande advogado Wilian Blackstone confirmava que todas as leis florestais e de caças "fundavam-se nas mesmas concepções **inaceitáveis de propriedade permanente sobre os animais selvagens**".
> Não surpreende, pois, que os caçadores furtivos não se mostrem arrependidos quando capturados: "os veados são animais selvagens", dizia um caçador condenado em 1722 [...] e **"os pobres, assim como os ricos**

deveriam poder usá-los". Os animais silvestres, os pássaros e os peixes eram um dom de Deus para todos os homens, "**propriedade de todos**".[4]

Outra forma de recuperar os impactos elevados ambientais desse período reside nas consequências desse processo de reordenamento do campo sobre a população humana. As alterações na composição da população rural, em algumas regiões da Inglaterra, foram tão intensas que o Estado chegou a realizar algumas intervenções para não correr o risco de ter sua produção de alimentos sensivelmente reduzida, o que poderia gerar maiores tensões políticas. O rei Henrique VII, em 1489, chegou a proibir a demolição das casas dos camponeses em lotes com mais de 20 acres de terra para evitar a diminuição da produção agrícola.

A violência dos processos de expulsão também contribuiu para as alterações na composição da população rural. Afinal, ainda no século XIX, campanhas de desapropriação dos camponeses de suas terras, com o uso do exército, estavam em curso na Grã-Bretanha, de acordo com Marx (1971, p. 846-847).

> No século XVIII, foi proibida a imigração dos gaélicos expulsos de suas terras, a fim de tangê-los compulsoriamente para Glasgow e para outras cidades industriais. Para ilustrar o método dominante do século XIX basta citar as "limpezas" levadas a cabo pela duquesa de Sutherland. Economicamente instruída, resolveu ao assumir a direção de seus domínios, empreender uma cura radical, transformando em pastagens todo o condado cuja população já fora reduzida antes, por processos semelhantes, a 15.000 habitantes. De 1814 a 1820, esses 15.000 habitantes, cerca de 3.000 famílias, foram sistematicamente enxotados e expulsos. Todas as suas aldeias foram destruídas e reduzidas a cinzas, todas as suas lavouras convertidas em pastagens. Soldados britânicos intervieram para executar a expulsão e entraram em choque com os nativos.

Outra prática relevante do Estado para o "gerenciamento" da questão social, no mesmo período, refere-se também a conivência em relação a prática de "recrutamento" de aprendizes nos asilos paroquiais dos pobres de Londres e Birminghan. Os aprendizes se constituíam, na maioria das vezes, em crianças sequestradas que chegavam a ser leiloadas e arrematadas publicamente para trabalhar em fábricas e outras instituições disciplinares. As crianças eram en-

---
[4] Grifos nossos.

tregues ao "mestre", que era responsável pela sua alimentação, vestimenta e pelo seu alojamento próximo à fábrica. A remuneração do mestre era calculada em função da quantidade de trabalho que era fornecida pelos jovens recrutas. O aumento dos suicídios infantis e os casos de tortura de crianças chegaram a tal ponto que, em 1815, as autoridades chegaram a propor mecanismos de proteção.

Esses bairros antigos que foram "deixados para os mais pobres" não estavam preparados para o grande numero de trabalhadores que se dirigiam para as cidades procurando emprego, produto da expulsão dos camponeses de suas terras para a reestruturação da agricultura inglesa, sobretudo nas primeiras décadas do século XIX. Para acomodar o elevado número de novos moradores dessas regiões da cidade, vários imóveis foram sublocados para diversas famílias simultaneamente, o que pressionou ainda mais a pequena estrutura de captação de água, esgotos e recolhimento de lixo.

O crescimento das doenças reflete as péssimas condições de vida dos operários ingleses e o elevado número de óbitos destes distritos na cidade de Londres no início do século pode ser considerado como importante e irrefutável prova desse fato. Podemos compreender o porquê da visão atormentada e pessimista dos habitantes, das autoridades sanitárias, dos sindicalistas e políticos sobre as condições de vida nesse período nas grandes cidades europeias e na Grã-Bretanha em particular.

Até mesmo Engels[5] (1975) surpreendeu-se com as péssimas condições de vida dos bairros operários, com ruas irregulares, cheias de detritos animais e humanos, com famílias inteiras residindo em quartos e porões com pouca capacidade de renovação de ar, sem água limpa e coleta de esgotos. Além disso, essa população estava submetida a longas jornadas de trabalho em ambientes insalubres e com máquinas que punham em risco sua integridade física.

As condições de vida no campo e na cidade retomam os resultados da separação entre o homem e a natureza, esta permite também compreender as novas formas de gestão política dos segmentos sociais, já com os reflexos ambientais. Essa separação não foi feita por meio de um único corte. Na realidade, foram criados diversos espaços de ruptura por enunciados de poder desde economia, direito, agricultura e medicina. Nesses diversos espaços a questão do conhecimento se colocou de fato como o principal diferencial de quem poderia se beneficiar da apropriação dos recursos naturais e quais setores

---

[5] Para uma análise mais detalhada, ver o capítulo "As grandes cidades" do livro de Engels: *Situação da classe trabalhadora na Inglaterra*.

seriam responsabilizados. As diferenças entre as casas dos bairros operários e as dos bairros elegantes de Londres demonstram isso.

Dito de outra forma, a diferenciação do homem sobre a natureza se converteu na propriedade do primeiro sobre a segunda em função das melhores "capacidades intelectuais" de que dispunha. Essa postura se consolida até mesmo na medicina, com o avanço da anatomia comparada, que se passa a constatar muitas semelhanças estruturais, sobretudo no cérebro, entre os seres humanos e algumas espécies de animais a partir do fim do século XVII. Porém, um novo problema começa a rondar os intelectuais e os segmentos mais abastados da sociedade: como explicar tantas desigualdades e as condições subumanas de vastos segmentos da sociedade?

Recorre-se mais uma vez ao historiador inglês Thomas. Percebe-se que a visão da superioridade do homem sobre a natureza se converte em uma noção relativa, ou seja, nem todos os homens estavam preparados para transformar o mundo. Muitos homens, especialmente os pobres, se distanciavam por vícios, preguiça ou falta de empenho, e também se distanciavam da cultura e do conhecimento, o que negava as suas capacidades humanas.

> "O ser humano bruto, sem artes e sem lei (...) mal pode ser distinguido da criação animal. A cultura era tão necessária ao homem como a domesticação às plantas e aos animais". Ainda mais bestiais eram os pobres – ignorantes, sem religião, esquálidos em suas condições de existência e, mais importante, não tendo elementos que se supunham caracterizavam o ser humano: alfabetização, cálculo numérico, boas maneiras e apurado senso do tempo. (...). Para outros observadores, os pobres eram a "parcela mais vil e grosseira da humanidade"; suas ocupações eram "bestiais"; e "labutavam como seus cavalos". (Thomas, 1989, p. 50-52).

O conhecimento, entendido na época como a cultura, a civilidade, os bons relacionamentos, os bons hábitos, bons odores pessoais e, especialmente, a boa origem, passam a ser a mais nova fronteira social que separava os "rudes" trabalhadores dos setores intelectualmente dominantes e lhes reservavam, "naturalmente", um lugar inferior na hierarquia das capacidades na sociedade. Nessa direção, valerá a pena investigarmos como o conhecimento, compreendido nos termos acima, e a institucionalização da ciência se integraram na transição do século XVIII para o século XIX e seus reflexos sobre a constituição do ambiente urbano e fabril.

Paisagem e o redesenho do intelecto

O século XVIII marca a uma mudança fundamental nos paradigmas do conhecimento. O mundo e a natureza passam de uma ordem imutável, com bases nos desígnios divinos, para uma série de relações entre seres e objetos que podem ser dispostos em determinada sequência hierárquica a fim de gerar melhores resultados a partir do controle do homem, mais precisamente, dos segmentos da sociedade detentores do saber. Desenvolveram-se classificações (hierarquias) em todos os ramos do conhecimento, com o objetivo de constituir leis gerais e racionais voltadas para mecanismos de controle. Esse apelo à racionalidade pretendia revisar não apenas às práticas tradicionais de relacionamento do homem com a natureza, mas se antecipar a todas as áreas confusas, inúteis e, sobretudo, perigosas do pensamento que pudessem gerar qualquer tipo de contestação por parte das multidões perigosas e das sociedades industriais deste período.

Não foi por acaso que Foucault (1983, p. 35) empregou a expressão "quadros vivos" para designar algumas das principais produções intelectuais da época voltadas para esse fim.

> A constituição de quadros foi um dos grandes problemas da tecnologia científica, política e econômica do século XVIII; arrumar jardins de plantas e de animais, construir ao mesmo tempo **classificações racionais dos seres vivos**; observar, controlar, regularizar a circulação das mercadorias e da moeda e estabelecer assim um quadro econômico que possa valer como princípio de enriquecimento; inspecionar os homens, constatar sua presença e sua ausência, e constituir em registro geral e permanente das forças armadas; repartir os doentes, dividir com cuidado o espaço hospitalar e fazer uma classificação sistemática das doenças: outras tantas operações conjuntas em que os dois constituintes – distribuição e análise, controle e inteligibilidade – são solidários. O quadro, no século XVIII, é ao mesmo tempo uma técnica de poder e um processo de saber.[6]

Essas classificações revelaram, mais uma vez, a convergência entre a questão social, os usos políticos do conhecimento científico disponível em um período histórico particular e seus reflexos no ordenamento do ambiente. Um dos aspectos mais visíveis dessa convergência foi a justificativa para a

---
[6] Grifos nossos.

hierarquia de uma espécie sobre as outras. As aparentes desigualdades entre as espécies eram utilizadas para explicar as diferenças sociais e, ao mesmo tempo, o ordenamento presente nas sociedades da natureza refletia universalmente as "hierarquias naturais". A disciplina das formigas foi um dos exemplos mais empregados. A comunidade rigidamente governada em que viviam, com funções bem divididas entre operárias, soldados e responsáveis pelos ovos, gerava bons resultados e deveria ser empregada para gerar uma nova moralidade nos caóticos ambientes das paisagens urbanas da Revolução Industrial.

A analogia entre o mundo animal e o humano se converte em mais uma forma de comparação "natural" para justificar a hierarquia, difundir "naturalmente" relações de mando no interior da sociedade, ao sobrepor determinadas funções e atividades de uma classe social em relação às outras. Os atributos "característicos" dos segmentos "inferiores" da sociedade seriam o trabalho rude e pouco elaborado. Já para os segmentos "superiores", detentores dos bons hábitos e do conhecimento, a direção, o trabalho seria mais refinado e culturalmente enriquecido, segundo Thomas (1989, p. 79).

> Essas classificações concorrentes[7] não rompiam, de forma alguma, com a antiga analogia entre os mundos humanos e da natureza. Todas elas tinham implicações hierárquicas inescapáveis; e havia **um óbvio paralelo entre as categorias descendentes da taxonomia científica e as unidades decrescentes da sociedade humana**. Aliás, o sistema lineliano, tal como vigorava na Inglaterra de fins do século XVIII, seguia esse padrão muito de perto. O "reino vegetal" era dividido em "tribos" e "nações", as últimas portando títulos mais sociológicos que botânicos: as gramíneas eram "plebeias" – "quanto mais forem tributadas e calcadas a nossos pés, mais elas se multiplicarão" –; os lírios eram "patrícios" – "distraem o olhar e enfeitam o reino vegetal com o esplendor das cortes" –; as turfeiras eram os "servos", que "coletam para o solo dedáleo"; os gladíolos eram "escravos" – "esquálidos, revivescentes, abstêmios, quase nus" – ; e os fungos eram "vagabundos" – "bárbaros, despidos, putrescentes, rapaces[8] e vorazes". A assimilação do mundo natural à sociedade humana dificilmente poderia ser mais completa.[9]

---

[7] O autor refere aos dois esquemas classificatórios que disputavam a hegemonia intelectual na Inglaterra: o sistema Lineano e o de Thon Ray.
[8] Aquele que rouba.
[9] Grifos nossos.

O desenvolvimento dos "quadros vivos" ou classificações atingiram também a anatomia e a medicina da época com os mesmos objetivos: identificar os tipos superiores e os inferiores. Evidentemente, os europeus civilizados e bem-educados apareciam em primeiro lugar e os africanos ocupariam as posições subalternas. Paradoxalmente, essas classificações racistas do período foram uma tentativa, entre as outras, de responder aos avanços da fisiologia que apontava serem poucas as diferenças estruturais entre homens e animais, conforme nos apresenta Thomas (1989, p. 63).

> Em 1799, o racismo inglês estava bem desenvolvido, pois foi este o ano em que o cirurgião de Manchester, Charles White, baseando-se nas pesquisas do anatomista holandês Peter Camper, analisou a "gradação regular desde o branco europeu até os seres brutos, passando pelas outras espécies humanas, do que parece possível inferir que, naqueles particulares em que a humanidade excede os seres brutos, os europeus excedem os africanos.

O desenvolvimento da ciência passou a ser sinônimo de enquadrar o mundo em uma hierarquia de relações, com o objetivo de identificar leis gerais para fornecer previsibilidade e controle ao conhecimento. Conhecer foi sinônimo de controlar, aprimorar e, principalmente, dominar. Como consequência, o mundo adquire linearidade, perdendo os seus "encantamentos" e as suas particularidades, torna-se juridicamente propriedade das habilidades da inteligência e de poder de alguns poucos. Na ausência dessa racionalidade, não haveria outra saída possível que não o caos. Em síntese: o homem por meio do conhecimento se apropria das leis que determinam seu lugar no mundo, conforme vemos em Prigogine e Stengers (1991, p. 22).

> Outro tema mistura seus ecos ao do desencanto; é o da dominação: o mundo desencantado é, ao mesmo tempo, um mundo manejável. Se a ciência concebe o mundo como submetido a um esquema teórico universal que reduz suas diversas riquezas às melancólicas aplicações de leis gerais, ela se dá da mesma forma como instrumento de controle e dominação.

As leis gerais, a ordem, a classificação e a sobreposição convertem-se em um sistema de interpretação geral do universo e validação dos meios de conhecimento disponíveis. Como consequência, as formas de controle e dominação se sofisticam a partir de uma vasta rede de inter-relações logicamente pensadas para o conjunto das atividades sociais. A ordem pressupõe que o conceito de evolução seja entendido como uma rota linear para as verdades estabelecidas, sem rupturas ou revoluções. Nesse sentido, cada evolução ou estágio anterior prepara o seguinte, segundo leis invariáveis e rumo a uma ordem preestabelecida.

Mais uma vez, podem-se recuperar as estratégias dos enunciados de poder. Muito do que se afirmava como conhecimento científico não passava de relações de aproximação, muitas vezes suposições. O racismo foi abalado profundamente pela genética no século XX e a teoria da evolução de Darwin. Muito do que se considera superioridade de uma espécie sobre a outra pode mudar se for considerada a eficiência da adaptação de uma espécie ao meio. Nesse período, a visão de relacionamento entre os seres era mecânica, entendido como o desenvolvimento linear, harmonioso e complementar das formas mais simples para as mais complexas. Essa visão de desenvolvimento reforça, mais uma vez, a perspectiva do ordenamento e sobreposição entre os seres como "natural" e "necessário".

Positivismo, divisão do trabalho e ambiente

Transposto para a sociedade, a metáfora da ordem revela seu potencial de controle e dominação social. Caberia ao homem rude e simples o papel de resignação no estágio social inferior em que estivesse "predestinado a ocupar", sobretudo se não fosse branco, rico e letrado, dentro da ordem natural. Devendo se submeter também ao equilíbrio que deve regulamentar as relações entre os seres e que determina o progresso. A visão de ordem de Comte (1978, p. 69) ilustra essas afirmações anteriores.

> (...) a ordem constituí sem cessar a condição fundamental do progresso e, reciprocamente, o progresso vem a ser meta necessária da ordem; como no **mecanismo animal**, o equilíbrio e a progressão são mutuamente indispensáveis, a título de fundamento ou destinação.[10]

Outra consequência desse processo de classificação e leis gerais foi justificar a progressiva especialização do conhecimento em ramos. Comte (1798-1857) criou uma doutrina a qual denominou Positivismo. Esse termo foi empregado

---
[10] Grifos nossos.

pelo autor para criticar o iluminismo, o qual seria dotado de características "negativas", pois questionava as instituições sociais vistas como limitadoras das liberdades humanas. Para o autor, algumas reformas poderiam ser introduzidas na sociedade comandadas pelos cientistas e industriais. Dessa forma, o progresso seria obtido de maneira suave consolidando a ordem já existente. Esse processo foi visto como inevitável por alguns autores e até mesmo benéfico por outros. Comte (1979, p. 11) considerava a divisão do trabalho intelectual como uma das características que havia permitido o crescimento do conhecimento no período moderno.

> Por uma lei cuja necessidade é evidente, cada ramo do sistema científico se separa insensivelmente do tronco, desde que cresça suficientemente para comportar uma cultura isolada, isto é, quando chega a ponto de poder ser a ocupação exclusiva da atividade permanente de algumas inteligências. É a essa repartição de diversas espécies de pesquisas entre diferentes ordens de sábios que devemos, evidentemente, o desenvolvimento tão notável que tomou fim, em nossos dias, cada classe distinta dos conhecimentos humanos e que torna manifesta a impossibilidade, entre os modernos, dessa universalidade de pesquisas especiais, tão fácil e tão comum nos tempos antigos. Numa palavra, a divisão do trabalho intelectual aperfeiçoada progressivamente é um dos atributos característicos mais importantes da filosofia positiva.

Entretanto, o próprio Comte já alertava para os excessos da divisão intelectual do trabalho e propunha a integração de duas classes de cientistas. Uma dedicada ao estudo dos princípios comuns entre as disciplinas, confrontando-os com o método positivo. Outra dedicada a ratificar os conhecimentos obtidos pela classe de cientistas anterior nas suas especialidades.

Positivismo e divisão do trabalho

Um dos reflexos mais relevantes desse paradigma emergente da divisão do conhecimento como elemento de progresso ocorreu por extensão com a divisão do trabalho na fábrica. A gestão dos espaços fabris reforçou ainda mais a abordagem com base na divisão de atividades, especialização de tarefas e controle sobre o trabalho. As tarefas foram classificadas e hierarquizadas em graus de importância, o que restringiu progressivamente o acesso ao conhecimento e a qualificação entre os trabalhadores nas oficinas. Esse ordenamento, na fábrica, se orientou também para permitir o acesso ao desempenho dos corpos por parte dos mecanismos de controle e poder em todas as etapas do processo de trabalho. O sistema de classificação de tarefas visava, além de permitir melhor rendimento, por meio da fiscalização das principais atividades, conseguir a visibilidade dos menores movimentos dos trabalhadores, para obter melhor aproveitamento futuro, e a exibição dos instrumentos de coerção, como nos códigos disciplinares presentes em várias fábricas que previam desde desconto de salários até punições para os mais "displicentes".

O potencial de gestão política do trabalho desse novo paradigma não se esgotou na elaboração da hierarquia de funções. Esses enunciados impunham uma perspectiva para os trabalhadores: a organização do trabalho adotada (disposição de máquinas, a escolha da fonte de energia, o ritmo de trabalho imposto e a própria administração do trabalho) representava a "melhor e a única opção possível" a ser tomada e não podia ser questionada. Por consequência, nem mesmo a menor contestação deveria sequer ser pensada. Dito de outra forma, a gestão do espaço fabril estaria dotada, pela pretensa racionalidade da capacidade de acumular conhecimentos por parte dos quadros dirigentes da empresa. **Representantes da visão** científica universal, de todos os instrumentos necessários para resolver qualquer problema. Cabendo aos trabalhadores obedecer, deixar-se observar e submeter-se aos aprimoramentos necessários ditados pela **direção.**

A ordem no interior das manufaturas e, posteriormente, das fábricas consolida um sistema de interpretação e "conhecimento" (classificação, hierarquia, evolução e progresso) que abrangia todo o universo, a partir de uma base pretensamente científica. Dentro dessa interpretação, as desigualdades sociais, produzidas pela própria divisão do trabalho, são apresentadas como "naturais" e reforçam habilmente o discurso sobre a necessidade de comando sobre o trabalho. A extensão do poder passa a ser definida pelo grau de sujeição que impõe ao trabalho, conforme pregava Adam Smith (1981, p. 19): "O poder que aquela posse (a da riqueza) traz imediatamente e diretamente é poder de compra; certo **comando** sobre todo o trabalho, ou sobre o **produto** do trabalho; que então esteja no mercado".[11]

---

[11] Grifos nossos.

Nesse ponto, destaques-se que o "fracionamento do conhecimento" na fábrica e nas instituições, até mesmo na universidade, não foi um produto aleatório da sociedade industrial. Em certa medida, esse fracionamento foi estimulado pela própria organização institucional da ciência por ramos e se consolidou como instrumento de poder, de controle sobre o trabalho, ao redor das instituições e da fábrica nos seus desdobramentos sobre o ambiente. A partir da Revolução Industrial, os espaços da produção passam a sofrer a divisão intensiva e institucional do conhecimento entre várias disciplinas, por exemplo: a engenharia, a medicina, o direito, a administração etc. Ao mesmo tempo, cada um dos novos setores do conhecimento, saberes, se limitava apenas a seu espaço de atuação com objetivos nitidamente disciplinares em relação aos trabalhadores.

A engenharia tendia a conceber o trabalho em função da regularidade dos fluxos e se orientava para obter a homogeneidade dos movimentos dos operários em função das necessidades de operação das máquinas, desconsiderando as consequências médicas sobre a saúde dos trabalhadores e o meio ambiente em torno da fábrica. A medicina no ambiente de trabalho se limitou ao Modelo Médico (MM)[12] que se orientava pelas seguintes características: individualizante, biologizante (desconsiderava as condições sociais de trabalho como contribuintes no processo que dava origem à enfermidade), evolucionista (dedicada apenas a estabelecer os passos biológicos e ecológicos que marcavam a disseminação da doença). Os reflexos do trabalho do ritmo, doenças pulmonares em função dos resíduos e gases lançados durante o processo produtivo não eram considerados nas análises médicas oficiais desse período, ou não tinham suficiente força para implementar mudanças nas condições de trabalho.

O direito também cumpriu importante papel disciplinar no ambiente fabril, penalizava desde as pequenas ilegalidades cometidas pelos trabalhadores, por exemplo: pequenos roubos, greves, "vagabundagem" até desordens e crimes violentos. Porém, por outro lado, os juristas não se manifestavam no século XIX em relação aos riscos que a organização do trabalho vigente impunha à saúde dos trabalhadores, aos habitantes próximos às fábricas que sofriam com seus efluentes e ao ambiente em geral. O silêncio em relação à questão ambiental

---

[12] BASAGLIA, Franco y otros. **La salud de los trabajadores**: aportes para una politica de salud. Cidad de Mexico: Editorial Noeva Imagem, 1978. Recomenda-se o prólogo, o item caracteres del Modelo Médico, p. 15 a 22.

converte-se também em objeto de estudo, pode ser considerado mais um elemento de articulação dos enunciados de poder. Afinal, não se criminalizava os efeitos contra a saúde dos trabalhadores exatamente em função de poderosos interesses que estavam em jogo.

O próprio termo administração, empregado a partir da II Revolução Industrial, é muito revelador dos sentidos disciplinares que a acumulação de conhecimento adquire no espaço fabril. Esse termo se originou de duas palavras latinas: *ad* (direção ou tendência para) e *minister* (subordinação ou obediência), significando aquele que realiza um trabalho sob o comando e direção de outrem. Sendo que a direção acumula de fato todas as informações e o conhecimento sobre o desempenho do pretérito do trabalho, ao mesmo tempo, em que planeja a sua rentabilidade futura.

O ambiente continua a ser pensado como um espaço de racionalidade e de justificativa do método. Questões mais imediatas que poderiam ser percebidas aí não o foram. A saúde no interior da fábrica estava relacionada com a saúde fora dela. O modelo médio e a preocupação com o ordenamento da ciência encobriram a percepção de que o crescimento das doenças estava ligado às emissões de enxofre devido à péssima qualidade do carvão consumido, má qualidade da água vendida, esgotos praticamente inexistentes e política de saúde mais "assistenciais" do que voltadas para a cura.

Divisão do trabalho, conhecimento e ambiente

Nos séculos XVIII e XIX, simultaneamente à introdução do maquinismo, a divisão do trabalho e, por extensão, o fracionamento do conhecimento do trabalho significava, sobremaneira, o triunfo de uma nova ordem: a do capitalismo sobre o Estatuto do Aprendizado, que era a base da organização do trabalho anterior. Esse estatuto significava o monopólio das profissões exercidas pelos *corps de métiers*, que determinavam o preço dos ofícios e, principalmente, restringia e determinava como deveria ser feito o aprendizado. A nova ordem, ao contrário, valorizava a subordinação do indivíduo ao processo de trabalho redesenhando para obter maior economia de tempo e movimento, além do próprio aprimoramento da divisão do trabalho. Não foi por acaso, que a questão da ruptura do Estatuto do Aprendizado e das formas de conhecimento e produção associadas, mereceu tanta discussão. Adam Smith, por exemplo, considerava-o uma usurpação da "liberdade natural" de estabelecer o preço de compra e de venda, o que limitava o próprio emprego do trabalhador pobre, que tivesse perdido sua ocupação.

A discussão sobre o ambiente estaria na melhor divisão do trabalho, na redução do consumo de matérias-primas. Como não havia o consumo de massa, o efeito sobre o ambiente foi mais relacionado com os efeitos do aumento da população.

Conhecimento, educação e trabalho

Por outro lado, o próprio Smith,[13] (1937, p. 739-740), questionava explicitamente alguns efeitos da excessiva divisão do trabalho sobre o conhecimento. Segundo ele, a divisão do trabalho permitiria: obter ganhos de destreza contínuos para o trabalhador que se dedicasse exclusivamente a uma função (as operações mais simples são mais fáceis de serem repetidas), economia de tempo (evitam-se os intervalos na passagem de uma tarefa para outra), facilitaria a introdução de máquinas. Recomendava que tal divisão deveria respeitar a natureza e o caráter humanos e, para tal fim, propunha o acesso ao conhecimento por meio da educação pública fornecida pelo Estado; a qual desempenharia papel fundamental para reduzir as crescentes tensões sociais da época e obter a obediência da população a seus superiores, ou seja, às autoridades e ao Estado.

> A mesma coisa pode ser dita a respeito da flagrante ignorância e estupidez, as quais a sociedade civilizada parece usar frequentemente para entorpecer as faculdades. O Homem sem uso adequado de suas faculdades é, se isso for possível, mais desprezível do que um covarde e parece mutilado e deformado na parte mais essencial do caráter da **natureza humana**. (...) O Estado, entretanto, não deixa de ter vantagens com a sua instrução. Quanto mais instruídos, menos propensos às ilusões do entusiasmo e da superstição, com as quais as nações ignorantes ocasionam as mais apavorantes desordens. Um povo instruído e inteligente é, em comparação, mais decente e ordeiro do que um estúpido e ignorante. Eles se sentem, mesmo cada um, individualmente, mais respeitáveis e com maior probabilidade de obter o respeito dos seus superiores legítimos, além de estarem mais dispostos **a respeitar os seus superiores**.[14]

---

[13] SMITH, Adam. **Uma investigação sobre a natureza e causa das riquezas das nações**. São Paulo: Hemus, livro I , capítulo 1, 1981,
[14] Grifos nossos.

A questão do monopólio do conhecimento e da aprendizagem no interior das fábricas reaparecerá, sob outro ângulo, na proposta de divisão do trabalho de Babbage,[15] em 1832. No seu livro, que adota o sugestivo título *On the economy of Marchinary and Manufatures*, o autor inicia sua justificativa do porquê cada trabalhador deveria restringir sua ocupação a ofícios específicos. A experiência prática de várias fábricas na época, segundo o autor, já havia demonstrado que, ao dividir o trabalho, diminuía também o tempo de aprendizagem para que o trabalhador conhecesse bem e o mais rapidamente seu ofício gerando benefícios para a empresa por meio da divisão do trabalho, como se vê no Quadro 1.

Quadro 1 – As principais vantagens da divisão do trabalho para Babbage

Para o autor as principais vantagens da divisão do trabalho seriam:
1. Redução do tempo de aprendizagem.
2. Economia dos materiais consumidos durante o período de aprendizagem.
3. Economia de tempo (ao passar de uma tarefa para outra).
4. Ganho de tempo (evitar uso de ferramentas diferentes).
5. Incentivo para o desenvolvimento de novas máquinas a partir da experiência adquirida na divisão do trabalho na fábrica (as máquinas foram sendo desenvolvidas a partir do aprimoramento dos movimentos dos operários).
6. O empresário compraria apenas a parcela de trabalho que necessitasse.
7. O trabalho mental permite estabelecer responsabilidades específicas e o aprimoramento dos mecanismos de controle.

Fonte: Síntese do autor: Babbage (1963).

Para Babbage, a gestão da aprendizagem e do conhecimento no espaço fabril é um dos pontos de partida para a divisão do trabalho. Como consequência, haveria a redução dos materiais empregados no processo de aprendizagem, o que contribuiria para a redução do custo de produção como um todo. Essa proposta antecipa, de certa forma, uma visão mais recente de redução de desperdício para a melhoria dos custos e da qualidade dos processos como um todo.

Esse autor, dentro da estratégia de gestão da aprendizagem, proporá também que a divisão do trabalho mental e intelectual adote os mesmos princípios dos demais ofícios, ou seja, concentrar-se sobre a única atividade, ganhar habilidades crescentes por meio da repetição frequente e assumir uma responsabilidade específica. A divisão do trabalho nas minas reflete um exemplo de

---

[15] BABBAGE, Charles. **On the economy of machinary and manufatures**. New York: Augustus M. M. Kelley Book Seller, 1963, p. 169 a 190.

aplicação desses princípios para o autor, a saber: cabe ao gerente a capacidade de decidir com base no seu conhecimento de como fazer; o guarda-livros tem sob sua responsabilidade a contabilidade; o engenheiro supervisiona a instalação de máquinas e seus operadores; o carpinteiro inspeciona as construções; o chefe dos ferreiros controla o uso das ferramentas; o almoxarife monitora o recebimento e a entrega dos materiais solicitados; o chefe dos mineiros é responsável pelas bombas de água e pelos suportes dos poços das minas etc. No seu conjunto, a especialização de tarefas aprimorava a produção como um todo, melhorava a aprendizagem dos ofícios e trazia reflexos positivos sobre as próprias condições de vida dos trabalhadores.

Em síntese: a partir de condições históricas vistas anteriormente o paradigma da divisão do conhecimento, especialização e controle do conhecimento se impôs progressivamente ao trabalho, na organização do espaço fabril e na apropriação privada do ambiente. Um dos reflexos mais imediatos serão os efeitos do consumo de energia e de algumas matérias-primas, como o carvão. A expansão desse novo paradigma de organização, controle de trabalho e do conhecimento permite recuperar como os aspectos políticos e institucionais estão intimamente entrelaçados às questões que são apresentadas como meramente "técnicas". A opção por determinadas fontes de energia e suas consequências parece um ponto de partida relevante.

Divisão do trabalho, conhecimento e energia

Calabi (1983) nos fornece um exemplo muito ilustrativo de antiguidade desse entrelaçamento ao relatar que o imperador Vespasiano (70-79 a.C.) recusou um modelo de aparelho de transporte, com base no uso interno de energia, que teria permitido economizar mão de obra. O motivo de recusa residia, segundo o imperador, no risco de que a plebe perderia uma das suas fontes de alimentação. Tal situação contribuiria para o aumento das tensões sociais, exatamente o que os romanos desejavam evitar.

Outro exemplo das influências políticas na opção da fonte de energia e seus reflexos sobre o trabalho também foi o Império Romano e o uso "social" dos moinhos hidráulicos. Embora tivessem o conhecimento de como melhorar o desempenho dos moinhos (substituindo as fontes de energia motriz de escrava pela hidráulica), os romanos deliberadamente se recusavam a implantar uma política de mecanização, preferiam a energia dos escravos. Dito de outra forma, a opção pelo escravismo inibia o desenvolvimento de outras técnicas produtivas mais avançadas e, por extensão, desconsiderava propositalmente aplicações alternativas de outros recursos, fontes de energia, já disponíveis. Apenas nos momentos críticos, como a guerra, havia a preocupação em melhorar o desempenho dos moinhos.

A Revolução Industrial potencializou ainda mais as influências políticas nas relações entre as fontes de energia e o trabalho. Na manufatura, o trabalhador possuía dupla função: executava um ofício do qual era o detentor do conhecimento e, ao mesmo tempo, era a fonte de energia motriz. Nos antigos teares, a força motriz era obtida pelo movimento dos pés do trabalhador. As primeiras máquinas-ferramenta, como a máquina de fiar de Wyatt (inventada em 1735), ainda mantinham o trabalhador como fonte de energia motriz.

Apenas com a segunda versão da máquina de Wyatt, foi instalado um motor que produzia a própria energia a partir do vapor, liberando as fábricas da "dependência" do trabalhador e de outras fontes de energia como a roda hidráulica, as quais limitavam geograficamente o local de instalação e o tamanho das primeiras fábricas.

A I Revolução Industrial, quando plenamente estabelecida, implantou mudanças radicais em dois campos simultaneamente: energia e organização do trabalho. As novas fontes permitem organizar os fluxos de trabalho em função da maior regularidade dos movimentos das máquinas devido ao emprego do vapor. O trabalhador, além de ser progressivamente submetido a longas jornadas de trabalho, teve de adaptar seu corpo, sua percepção e, sobretudo, seus conhecimentos ao ambiente fabril, entendido como o ritmo dos seus movimentos integrado aos das máquinas. Esse processo gerou novas situações de poder: à medida que as fontes de energia passam a ser exteriores ao homem, o ritmo de trabalho deve ser interiorizado cada vez mais pelos operários, por meio da disciplina.

Nesse sentido, o recurso aos estatutos disciplinares das empresas que estabeleciam punições em caso do não cumprimento de ordens foi se constituindo em modelos de "aprendizagem" às limitações que as primeiras máquinas a vapor apresentavam. De início, era necessária a construção de um forno e de uma caldeira, o que elevava consideravelmente os gastos de construção dos edifícios na época e causavam uma grande demanda nos transportes, gerados carvão e os demais insumos. Os trabalhadores suportavam longas jornadas de trabalho que muitas vezes tinham que ser alteradas ou prolongadas pelas dificuldades de abastecimento de carvão. Estas jornadas refletiam a precariedade das cidades da época, nas quais no início dos séculos XIX ainda eram realizados, no interior dos grandes centros por tração animal, o que impunha dificuldades logísticas nas caóticas cidades europeias do período, com suas estreitas vielas de acesso, mal iluminadas e pavimentadas. As ferrovias surgiram como uma solução para transportar economicamente as quantidades crescentes de carvão e outras matérias-primas para as indústrias e, ao mesmo tempo, produtos acabados, mas impuseram a mudança das fábricas para outras áreas da cidade ou mesmo para o campo.

Mas não era apenas no abastecimento externo e na entrega de produtos que havia desperdício de recursos. Vale destacar que os processos de produção internos, eram obtidos a partir da distribuição mecânica da energia do vapor gerado pelas caldeiras, por meio de várias roldanas consecutivas e em linha, que convertiam a força motriz do vapor em longos sistemas de transmissão de movimentos para as máquinas no interior da fábrica. Essa disposição linear das principais roldanas, localizadas a partir das fontes de força, sofria perda de aproximadamente 80%, em consequência da dissipação de energia, nos seus pontos mais distantes no interior de um mesmo edifício. Ou seja, o aproveitamento efetivo de energia era muito limitado, tal fato contribuía para insalubridade do ambiente fabril devido à acumulação de cinzas, resíduos, pouca iluminação, pequena ventilação e da própria pressão do trabalho que gerava frequentemente muitos acidentes com mutilações, além de doenças respiratórias.

Outro fator que complementa a visão do "desperdício" sistêmico de energia no interior das primeiras e relativamente pequenas unidades fabris refere-se ao fato de que as caldeiras tinham de ser abastecidas continuamente, para manter seu nível de pressão, enquanto o consumo poderia ser intermitente em virtude da variação dos pedidos. Vale dizer, que as caldeiras deveriam se manter aquecidas, consumindo carvão, até no inverno, mesmo que seu uso não se fizesse necessário.

O novo paradigma de produção envolveu também a nova organização espacial da população que passou a se concentrar cada vez mais nas cidades em busca de trabalho. O trabalhador urbano contribuiu para o aumento do consumo de energia (sob a forma de aquecimento, cozimento de alimentos), as primeiras redes de iluminação públicas (muitas delas com óleo de baleia) e transportes (ferrovias). A comercialização de energia (principalmente carvão e óleo de baleia) converte-se em um dos mais prósperos mercados da época e colabora para acelerar a poluição atmosférica das grandes cidades. Desde o século XIII, existem documentos mencionando problemas com a qualidade do ar londrino em razão do crescente consumo de carvão por parte da população trabalhadora. No século XVI, os nobres evitavam passar longos períodos na cidade em função dos ares fétidos da capital inglesa. Durante a Revolução Industrial, os efeitos mais visíveis da poluição do ar em decorrência da qualidade do carvão espalham-se por toda a Inglaterra, sob a forma do escurecimento de construções: muros, monumentos públicos e fachadas de edifícios. Juntem-se a estes efeitos os crescentes problemas documentados de saúde dos trabalhadores e das crianças.

Além da concentração populacional, os métodos da extração do carvão eram muito primitivos, contribuíam para ampliar visivelmente a emissão de poluentes, especialmente o enxofre, para um patamar até então desconhecido, conforme nos relata oportunamente Thomas (1989, p. 291).

> O carvão queimado em começos do período moderno continha o dobro do enxofre do produto usado hoje em dia e seus efeitos eram proporcionalmente letais. A fumaça escurecia o ar, sujava as roupas, acabava com as cortinas, matava as flores e árvores, e corroía a estrutura dos prédios. Nos meados do século XVIII as estátuas londrinas de alguns reis Stuart estavam tão negras que pareciam limpadores de chaminés ou africanos em vestes régias.

Destaque-se que, além dos gases gerados pela combustão do carvão, os odores causados pela fermentação da cerveja, tintura de roupas, fabricação de tijolos, tratamento de couros e outras peles, além outros ofícios fétidos, localizados no interior da cidade eram vistos pelas autoridades como focos de pestilência e precisavam ser disciplinados. A poluição no período não era mais percebida pelos "olfatos mais nobres" que fugiam para campo mais para escapar dos "odiosos ares da cidade" do que pelos seus efeitos na saúde da população.

As autoridades, posteriormente sob a influência dos higienistas franceses, enxergaram também as "ocupações indignas" e as misturas sociais perigosas como um foco de problemas relacionados à natureza das crises ambientais e sociais. A reorganização do campo e das cidades, que já havia desenvolvido uma série de enunciados de poder para a reorganização dos espaços urbanos habitados pelos trabalhadores, cria uma nova oportunidade: modelar a vida privada para o desenvolvimento de um novo projeto disciplinar do trabalho com "bases científicas" localizadas principalmente no saber médico com desdobramentos legais na gestão dos espaços sociais e instituições disciplinares voltadas para a exclusão da pobreza, o que será visto no capítulo a seguir.

Poder Higiênico e a Gestão dos Espaços Públicos e Privados

Higiene e ambiente

O movimento higiênico foi uma das primeiras propostas explícitas de gestão do ambiente com base no saber médico e biológico com desdobramentos na ordenação jurídico legal das profissões, do uso de solo, dos direitos de habitação e até da cobrança de impostos. Por trás do discurso ordenador encontravam-se as propostas implícitas dos enunciados voltados para a modelagem da percepção no interior das fábricas com base na divisão do conhecimento, e também para os diferentes níveis do cotidiano (família, escola, saúde, sexualidade etc.) responsáveis pela identidade dos trabalhadores. Para tal fim, esses processos utilizaram-se da concepção de gestão dos espaços urbanos com base nos princípios higiênicos e em uma visão pré-pasteuriana da ciência. Esse termo se refere a como o saber médico se organizava antes da descoberta dos micro-organismos e as doenças eram produto das relações descuidadas entre as pessoas, assim como dava sustentação para o jogo entre as "dimensões explícitas" (por exemplo: as legislações, os censos) e as "dimensões implícitas" (a necessidade de gestão pelas autoridades devido à inferioridade biológica do trabalho).

Esse jogo se sustentou até as descobertas de Pasteur em 1870, quando a ciência passou a identificar a existência dos micro-organismos e seus efeitos sobre as doenças. Até então, a chamada medicina higiênica responsabilizava a ação dos miasmas e os contatos impróprios pela transmissão de doenças. Estes, definidos superficialmente como doenças transmitidas pelo ar e contato físico, enfraqueciam o corpo, rompiam-lhe o equilíbrio e obstruíam a circulação do sangue. Logo, as regras que disciplinassem o contato entre as pessoas e que preservassem os sãos dos doentes deveriam ser obedecidas.

Para essa visão, por exemplo, a existência dos miasmas estava relacionada com o crescente acúmulo de detritos, dejetos, restos de animais e matérias orgânicas em decomposição nas ruas de Paris no século XVIII. Somavam-se a esses problemas os descuidos nas relações familiares e, principalmente, nas relações sexuais entre as populações "mais despreparadas", ou seja, as mais pobres. Portanto, não foi por mero acaso que, a partir de 1750, começou a ganhar corpo nessa cidade um movimento liderado por vários intelectuais contra os maus hábitos da população que foi chamado por eles "reeducação dos sentidos". Nota-se aqui, mais uma vez, o papel do homem culto, bem-educado que aliava a seus conhecimentos a prática de bons procedimentos morais, principalmente na vida familiar.

Essas práticas deveriam ser estendidas por meio dos bons exemplos para as camadas "incultas" e "brutas" da população nos decadentes bairros pobres. Os higienistas, como passaram a ser chamados esses intelectuais, desencadeiam uma campanha primeiro para reeducar a elite culta, bem nascida e letrada a reduzir a tolerância com os maus odores e hábitos pouco educados, incluindo aqui os palavrões e outras expressões corporais. Essa reeducação olfativa, que coincide com a ascensão da burguesia ao poder, e com a difusão de novos padrões de comportamento por meio de indicadores de prestígio social com o uso de perfumes artificiais para homens e mulheres da elite (o odor como elemento de inclusão e exclusão social), o uso de vapores aromáticos nas residências elegantes, jardins, banhos (ganha espaço nas residências mais nobre as banheiras finamente decoradas) etc. O espaço livre de miasmas passou a ser considerado elemento de prestígio, de conhecimento e de bons procedimentos morais.

De início, os higienistas atuaram sobre o espaço público propondo medidas de emergência, como destaque para o enterro dos cadáveres insepultos da igreja de Saint-Etienne de Dijon, em 1773. Seguiu-se a desinfecção realizada por Guyton de Morveau com ácido muriático para eliminar os terríveis odores que marcavam a região em torno dessa igreja, o que fornece uma ideia do cotidiano insalubre da cidade. Havia o hábito de enterrar nobres e alguns outros membros importantes no solo das igrejas. Esse hábito de origem medieval causava diversos problemas no reduzido espaço urbano de Paris, o que gerava grande número de cadáveres empilhados ou inadequadamente sepultados, e odores. Em 1780, o cemitério dos inocentes, que chegou a manter um grande número de cadáveres insepultos empilhados, é fechado. Em alguns momentos, o número de corpos era tanto que chegavam a quebrar os muros e cair nas ruas ao redor, gerando pânico aos moradores pelo odor e ameaça de miasmas.

O risco de doenças era elevado considerando os problemas de água e esgotos que aí se acumulavam. Para reduzir os riscos anteriormente sofridos pela população, surgem nos cemitérios as campas individuais, amplia-se a prática dos caixões próprios e as sepulturas reservadas para as famílias em áreas destinadas aos cemitérios públicos. Os matadouros são retirados do centro de Paris e transferidos para a região mais afastada de La Villette, para evitar cenas constrangedoras da visão de sangue, miúdos e restos de corpos de animais em decomposição.

A cidade precisava ser repensada, novos hábitos foram difundidos. Propostas de redesenho de Paris começam a ser discutidas. O traçado da cidade não deve ser deixado para a multidão inculta e ameaçadora, mas para oficiais preparados, ou seja, médicos, juristas e engenheiros. Mas a cidade é também vista como um foco de pestilência pela teoria dos miasmas em função dos diversos ofícios populares que abriga. Os odores fétidos marcavam fortemente determinadas profissões como o açougueiro, o limpador e o curtidor de peles. Segundo os médicos higienistas, certa quantidade das partículas dessas matérias-primas, que eram por eles manipuladas, penetrava no corpo desses profissionais e, posteriormente, seria expulsa nos suores e odores que passariam a "identificá-los". Além de identificá-los, esses odores seriam portadores de miasmas e colaborariam para difundir as doenças entre seus clientes e as pessoas com quem entrassem em contato, incluindo sua família. Portanto, essas profissões precisavam ser difundidas ao máximo pelo tecido urbano, se possível suprimidas.

Apesar da aceitação generalizada dos impactos dessa teoria, nenhum estudo experimental foi feito durante esse período. Muito do que se afirmava estava baseado apenas na "coerência da argumentação" e não na experimentação. Apenas no final do século XIX, sob a influência de Pasteur, os primeiros estudos experimentais dentro de uma nova visão de ciclo de ciência de teoria e prática foram finalmente realizados. Mesmo assim, a reação a qualquer questionamento à teoria dos miasmas era refutada com todo vigor pelos adeptos da medicina higiênica. A ideia de que a pobreza gerava doenças formada por Engles e os sindicalistas era questionada como uma visão política, ideológica e não médica do problema.

Os bairros pobres e sua população devido à sua concentração, à fome (havia problema de alimentação para grande parte da população) e aos problemas de saúde também não poderiam ser abandonados ao caos que essa multidão imprimia às cidades. Logo suas ocupações passam a ser consideradas fonte de miasmas e começam a sofrer a ação dos discursos higiênicos. A prefeitura organiza mapas das principais áreas críticas e ações a serem recomendadas. A ação da disciplina volta-se para a casa operária, seus hábitos cotidianos, enfim, para a vida privada do trabalho, conforme ilustra a pesquisa de Rago (1987, p. 163).

> Na moradia operária, a burguesia industrial, os higienistas e os poderes públicos visualizavam a possibilidade de instaurar uma nova gestão da vida do trabalhador pobre e controlar a totalidade de seus atos, ao reorganizar a fina rede de relações cotidianas que se estabelecem no bairro, na vida, na casa, e, dentro da casa, em cada compartimento. Destilando o gosto pela intimidade confortável do lar, a invasão da habitação popular pelo olhar vigilante e pelo olfato atento do poder, assinala a intenção de instaurar a família nuclear moderna, privativa e higiênica, nos setores sociais oprimidos.

Em virtude dessa concepção, os poderes públicos induzem a arquitetura das casas a várias transformações nesse período: residências passam a ser construídas para favorecer a aeração, porões são abandonados para a habitação, muros são rebaixados para permitir a dissolução dos vapores fétidos, e quartos são divididos entre esposos, filhos e demais parentes. Adota-se a cama individual, as latrinas passam a ser de uso privativo de cada família, pavimenta-se o chão das residências. Uma residência para cada família com contatos codificados pelos bons hábitos. Criam-se novos referenciais de moral, quartos são reservados para a vida íntima e familiar distante dos espaços públicos. Ao mesmo tempo, difunde-se a ideia de que ruas largas, ventiladas e arborizadas contribuiriam para a melhoria da saúde.

Nos bairros mais elegantes, reformam-se os esgotos, e em algumas casas, canalizam-se as águas. Nestas, são construídas salas de banho com fina decoração. Adota-se um discurso preventivo: o mau odor deve ser combatido antes de gerar uma enxurrada de excrementos, ou seja, bons hábitos individuais e familiares garantem a saúde e o contato sadio entre os indivíduos. Resta apenas tornar esse discurso uma prática voltada para o conjunto e não apenas para alguns grupos privilegiados. No final do século XIX, a adoção dessas práticas em escala mais ampla teria reduzido impactos ambientais. A visão de ambiente parecia se orientar mais para os espaços de exercício do poder do que para a resolução dos problemas do ambiente urbano.

Nesse ponto, começa a ficar mais clara a opção política dos higienistas. À casa higiênica, contrapõe-se o cortiço e o contato "irrestrito" e perigoso dos seus membros. Nos bairros pobres, marcados pela sua existência em grande número de moradores, as condições ambientais facilitam o contato entre os indivíduos sadios e os degenerados. Portanto, será necessário ampliar o controle sobre todos os indivíduos dentro de suas próprias casas, e surge assim o conceito de higiene moral. Esta será vista como um desdobramento necessário da higiene dos corpos e dos sentidos. Um dos instrumentos para essa nova moral será o confinamento da mulher ao lar, à família, com o objetivo de matar pela raiz um dos principais vetores difusores de doenças: a prostituição, bem como os vícios a ela associados, como o alcoolismo e doenças sexuais. A base desse discurso é: mulher honesta garante um lar sadio, filhos "mentalmente equilibrados" e um marido feliz apto para as responsabilidades do trabalho e "consciente" das suas responsabilidades familiares e, portanto, muito mais dedicado às suas ocupações.

Política de gestão ou polícia higiênica

Porém, a difusão dessa moral não se deu apenas "pedagogicamente". A partir de 1750, foi constituída uma Polícia Higiênica[1] com autoridade para realizar "visitas sanitárias" aos cortiços e remover qualquer objeto ou prática que pudesse pôr em risco a saúde pública. Determinadas profissões foram proibidas nos centros das cidades, e mendigos chegaram a ser expulsos do centro destas. Ao mesmo tempo, as estatísticas demografias contribuíam para aprimorar o controle sobre os trabalhadores e setores populares ao fornecer indicadores de seu crescimento populacional, nível de vida, causa de morte, suicídios, ocupações, doenças, educação e outros em mapas detalhados de ocupação do solo urbano. Incluem-se aí também as estatísticas sobre criminalidade e loucura. Esses mapas serão a base das ações do poder público para as políticas de encarceramento, isolamento em hospícios e de alguns setores da economia, como o da construção civil, a disposição de fábricas e outros negócios. Algumas empresas negociam a redução de impostos em troca de compromissos de melhoria de lançamento de efluentes e oferta de emprego para bairros "potencialmente perigosos" ou "carentes de ocupações".

---

[1] No Brasil, a reforma do Rio de Janeiro, conduzida pelo prefeito Passos Guimarães (1903-1906), reproduziu essa proposta política no Código de Postura Municipal. Em São Paulo, igualmente, vários documentos demonstram a incorporação dessas propostas políticas com o Código de Postura Municipal de 1886.

A própria linguagem também foi alvo da revolução olfativa e higiênica, opera-se uma reforma que lhe retira as palavras mais nauseabundas e as comparações mais chulas e grosseiras referentes às diversas comparações com os aspectos das necessidades fisiológicas humanas e dos seus odores. O palavrão em público passa a ser considerado falta de educação, de erudição e de mecanismos de compreensão sofisticados como convém à elite da sociedade. Em outras palavras, seu emprego comprometia a rede de relacionamentos típica dos mais privilegiados.

A Revolução Francesa e o Consulado Napoleônico (período em que o poder foi dividido entre três mandatários) também sofreram influências higiênicas e elaboraram progressivamente um código de higiene entre 1790 e 1791, em que são publicadas duas leis referentes à regulamentação das artes industriais e a salubridade com efeitos reduzidos. As preocupações com o registro e os mapas sofisticam-se ainda mais. Em 1802, foi criado o Conselho de Salubridade do Departamento do Rio Sena. Em 1804, o ministro do interior solicita a um conselho de físicos (médicos) e matemáticos que elaborasse uma classificação dos estabelecimentos insalubres e perigosos para melhorar a qualidade da água e dos ares da cidade. Em 1806, por determinação da prefeitura, os empresários que desejassem abrir uma empresa deveriam submeter seu plano primeiro a seus oficiais. O próprio Napoleão ordenou que os dejetos da fábrica de Grenelle não fossem lançados ao rio. Em 1810, o chefe de polícia de Paris dedicou-se a estabelecer um recenseamento exaustivo das indústrias parisienses a fim de propor métodos para a redução de dejetos.

Apesar de todos esses censos e relatórios, a preocupação no novo Estado se dirigia de fato mais tarde para "proteger" os patrões contra os "abusos" dos proprietários de imóveis e petições das vizinhanças, claro, as populações mais pobres. Curiosamente nesses casos, o problema dos odores e dos seus efeitos insalubres não foi tão rapidamente objeto de preocupação e ação por parte dos oficiais da prefeitura e do movimento higienista. Os trabalhadores deveriam contentar com o possível, ou seja, com seus míseros salários. Com Napoleão, o projeto do antigo regime de transportar as fábricas para o campo, a fim de melhorar as condições de vida na cidade, foi definitivamente sepultado. Convém recordar que no Consulado, o centro do poder passou para os industriais, financistas e comerciantes. Abandonaram-se os ideais de "liberdade, igualdade, fraternidade" da época da Revolução Francesa por meio da censura à imprensa e da ação violenta dos órgãos policiais. A oposição foi sendo dilascerada e preparou a ascensão de Napoleão como imperador. As demandas referentes a odores e saúde foram seputadas em razão do uso do Código Napoleônico.

A adoção deste, entendido como um código civil com ênfase nos direitos da propriedade privada, dificultava um pouco mais qualquer intervenção em relação a problemas que exigissem mudanças nas empresas. Elas eram vistas como uma ameaça ao direito de propriedade. Note-se que os sindicatos já eram proibidos de fazer greve desde a lei Le Chapelier de 14 de junho de 1791, com penas que incluíam desde a prisão até a morte.

Ainda em 1810, a prefeitura decreta que as manufaturas que provocam odores incômodos precisariam de autorização especial de funcionamento. Grande parte dos projetos fora aprovada segundo critérios civis, ou seja, tamanho do prédio, engenharia de construção, pilares, telhados, vigas de sustentação, disposição de máquinas, combustíveis etc. O maior problema residia em como descobrir a probabilidade de cheiros fétidos.

Segundo Corbin (1986), esse fato merece destaque, pois apenas os cheiros fétidos foram considerados incômodos, enquanto a fumaça, os gases, a poeira e o barulho não eram "percebidos" pelas autoridades como danosos à saúde, sobretudo a dos bairros dos trabalhadores. A poeira e a fumaça demoravam a ser percebidas, somente com o início da operação da manufatura era possível ver como os resíduos e outros efluentes lançados eram danosos à saúde. Esse fato, ligado às exigências da própria medicina legal, que compunha as exigências do ritual de direito previsto no Código, tornava difícil "provar tecnicamente" seus efeitos perante os tribunais.

A queda de Napoleão não alterou a legislação que previa o estabelecimento de controles à instalação das fábricas com o objetivo de controlar suas disposições no espaço urbano. Esse controle foi usado muito mais como justificativa para a especulação do valor dos terrenos urbanos disponíveis para a construção de fábricas. Para o controle dos lotes adequados, são estabelecidos os Conselhos de Salubridade entre 1822 e 1830. Nesse período, a restauração pós-napoleônica reafirma seu compromisso com os princípios higiênicos por meio da publicação dos Anais de Higiene Pública e de Medicina Legal.

A atuação desses conselhos foi muito relevante do ponto de vista das justificativas com a tolerância com as regulamentações ambientais. Embora defendessem explicitamente a preocupação com a saúde dos trabalhadores, mantinham-se omissos (atitudes implícitas) perante as ações de propaganda que eram feitas por empresários para justificar seus empreendimentos. Muitas vezes, para obter a aceitação da vizinhança de uma nova fábrica, os próprios membros do Conselho recorriam aos discursos sobre as vantagens do progresso técnico, as possibilidades das inovações futuras que deveriam ser consideradas em cada autorização, além das necessidades econômicas e da "preservação do emprego dos mais necessitados". Mais uma vez o discurso sobre a vantagem das técnicas se impõe aos riscos presentes. Com isso, várias das "novas indústrias" que contribuíam para o "odor de Paris" puderam funcionar normalmente, apesar dos eventuais protestos e riscos documentados causados à saúde de alguns moradores.

Entretanto, a casa operária não mereceu tanta "tolerância" por parte das autoridades. A epidemia de cólera de 1832 volta a responsabilizar os bairros pobres, retoma a discussão sobre a necessidade de aeração das casas populares e de pôr fim à sua "promiscuidade". Denúncias sobre a necessidade de conter a "maré de excrementos", produzida pelos bairros pobres que ameaçam a cidade, são divulgadas pelos jornais. A polícia higiênica e outros órgãos com apoio legal intervêm para organizar o acesso dos coletores às matérias fétidas e ao lixo crescente. Bairros são ocupados e casas invadidas para garantir a coleta de material fétido. Alguns populares são recrutados à força para esse tipo de serviço desagradável. Ameaças de multas e outras punições são impostas aos trabalhadores. As inspeções sanitárias às residências também verificam fugitivos e outros tipos perigosos de "anormais".

Debate-se novamente sobre a necessidade de regulamentar em detalhes a construção e a habitação de residências insalubres.[2] Essa lei prescrevia exame do estado das latrinas, respeito da aeração, especialização dos cômodos e restrição de circulação entre os quartos dos pais, filhos e agregados. Destaque-se que nos bairros pobres as precárias condições de construção não permitiam sequer a especialização dos cômodos, ou seja, quartos separados para filhos e pais. Logo, a ênfase da polícia higiênica recaiu sobre os bairros mais pobres. Em contraposição, as fábricas poluidoras e o lixo dos bairros ricos e de outras atividades passam sem maiores questionamentos pelo Conselho e seus mapas.

A legislação revela, mais uma vez, a orientação política das aplicações disciplinares do "conhecimento médico" dos higienistas. Não se trata de resolver efetivamente a questão da pobreza, mas sim de gerenciar alguns dos

---

[2] Essa lei influenciou o Código de Postura da cidade de São Paulo de 1886. Esse preconizava, entre outras medidas, a construção de uma latrina para cada duas habitações e um tanque para cada grupo de seis pessoas.

seus riscos mais imediatos para os mais ricos, regulamentando o contato entre indivíduos sãos, mentalmente inclusive, e degenerados no ambiente. Essa perspectiva norteará a construção e operação de fábricas, escolas, hospitais, presídios e hospícios. Aproximam-se os capatazes das fábricas da polícia civil e dos hospícios para identificar os anormais, sejam eles ladrões ou loucos. As grandes fábricas possuíam redes de contato com as delegacias de Paris e ajudavam nos censos com relatórios sobre os seus trabalhadores. Recuperam-se aqui fragmentos dos enunciados já vistos anteriormente sobre a necessidade de aperfeiçoar a natureza. O homem culto consegue aprimorar as deficiências entre os seres pelo seu empenho, incluindo seus pares.

Os enunciados de poder ao transpor essas imagens de superioridade e hierarquia para as relações sociais, implicitamente justificam que é necessário ordenar com cuidado ainda maior, pois existem indivíduos com práticas danosas de higiene moral consolidadas. Logo, os degenerados, devem ser identificados, isolados, confinados, enfim, administrados para garantir a sobrevivência da sociedade. Identificar os degenerados significa ampliar o censo sobre o conjunto dos cidadãos, justifica ampliar os mapas disponíveis como novos critérios de normalidade: classificar, hierarquizar e disciplinar para a vida em sociedade. Os que apresentassem traços de anormalidade seriam encaminhados aos hospícios ou diretamente para a polícia. Segundo esse discurso, o Estado garantia a igualdade de direitos, porém as "diferenças biológicas se impunham naturalmente".

Higienistas e medicina ovariana

Outra influência do pensamento higiênico refere-se às diferenças biológicas entre homens e mulheres relacionadas pela medicina ovariana. Essa teoria constrói uma pequena sociedade doméstica que reproduz de outra forma os critérios de hierarquia e controle com base na biologia. Essa teoria partia do pressuposto de que cada corpo detém uma quantidade de energia própria em função da demanda dos diferentes órgãos e funções, conforme nos relata Spink (1994, p. 99).

> Tendo por base essa lei, o primeiro postulado da teoria ovariana é que a atividade reprodutiva é central na vida das mulheres. Isso implicava em um desequilíbrio permanente do corpo feminino, que ficava,

então, à mercê dos órgãos reprodutores. Como a reprodução era vista como o principal objetivo da vida das mulheres, estas deveriam, como consequência lógica, conservar suas energias, preservado-as para a atividade reprodutiva e diminuindo ou mesmo abdicando de qualquer outra atividade, especialmente a intelectual. Era comum afirmar que "um desenvolvimento muito grande do cérebro podia atrofiar o útero.

A medicina ovariana teve reflexos na divisão social do trabalho; ela estimula o abandono das atividades públicas por parte da mulher, especialmente o trabalho remunerado fora do lar. Reproduz-se a divisão dos espaços sociais: a mulher (esposa, virtuosa e honesta) na segurança do ambiente privado e o homem (trabalhador, detentor de algum conhecimento profissional e provedor do lar) no espaço público. A higiene moral garantiria o controle dos "baixos instintos" (sexualidade), a saúde mental e intelectual do casal, contribuindo para a saúde dos filhos.

Portanto, consolida-se a partir do saber médico o paradigma da divisão, especialização e controle nas residências dos indivíduos e, principalmente, nas dos trabalhadores. Todos os meios foram utilizados, desde a pouca educação formal, escolas para moças (preparavam para as atividades do casamento), sermões dominicais e a imprensa. As escolas para meninos são incorporadas a esse esforço, as aulas de religião discutem a importância da castidade, da moral e da família. Os clubes privados adotam várias formas de aproximação respeitosa entre os jovens para estruturar novas famílias dentro de uma visão moralmente aceitável.

A reeducação olfativa sofistica e cria uma vasta teia de mecanismos disciplinares que atingem todo o cotidiano das famílias. Esses enunciados adquirem "vida própria", tamanho o número de configurações que se interpenetram como defesa para o seu questionamento e, ao mesmo tempo, demandaram esforço intelectual para a sua superação. A reeducação do corpo, da sensualidade, da sexualidade e até da subjetividade do trabalho persiste, mesmo quando o problema que a havia gerado não mais se colocava. O problema do "odor de Paris" continua apesar das campanhas dos higienistas. Em 1880, a Comissão de Higiene do Rio Sena reúne-se mais uma vez, para discutir o odor insuportável da cidade. Mesmo após a revolução pasteuriana, que permitia localizar na inexistência de uma rede eficiente de água, captação e tratamento de esgotos a principal causa dos vapores fétidos que atormentavam os parisienses, a atuação das autoridades ainda não se dava no sentido de resolver efetivamente o problema.

Os interesses do Estado e dos setores sociais beneficiados pareciam se dirigir mais para a manutenção dos "eficientes" mecanismos de gestão da pobreza desenvolvidos pelos higienistas. Estes foram tão eficientes que chegaram a ser incorporados até por vários dos sindicalistas da I Internacional.

Movimento sindical e princípios higienistas

O desenvolvimento do capitalismo, a partir da segunda metade do século XIX, colocava questões tão amplas que superavam as fronteiras nacionais, tais como: crédito internacional, crises econômicas internacionais e bancárias, intercâmbio entre sociedades de socorros mútuos (organizações de assistência médica e pensões criadas pelos operários), impostos diretos e indiretos, educação profissional, migração e salários, exercícios permanentes e produção. Por esse motivo, a partir de 1861, os sindicatos e outras entidades operárias da Europa e dos Estados Unidos começam a organizar um congresso internacional para orientar uma atuação comum por intermédio de uma entidade operária com visão e estrutura internacionais. A partir do Congresso de Genebra (1866), foram realizados outros cinco, a saber: Lousane (1867), Bruxelas (1868), Basileia (1869), Londres (1871) e Haia (1872).

No primeiro congresso da internacional (Genebra 1866), os sindicalistas Chemalé, Fribourg, Perrachon e Carméliant propuseram a seguinte emenda ao artigo IV do programa com nítidas influências higienistas, de acordo com as atas desse congresso coletadas por Freymond (1973, p. 105-106):

> Desde o ponto de vista físico, moral e social, o trabalho das mulheres e das crianças deve ser energicamente condenado a princípio como uma das causas mais ativas da degeneração da espécie humana e como um dos mais poderosos meios de desmoralização levados a cabo e pela classe capitalista. A mulher [complementam] não foi feita para trabalhar; seu lugar é no centro da família; é a educadora natural da criança; somente ela pode preparar a existência cívica, dedicada e livre. Essa questão deve integrar-se à ordem do dia do próximo congresso; a estatística nos dará documentos bastante poderosos para que possamos condenar o trabalho da mulher nas manufaturas.

A proximidade com a abordagem higiênica é incontestável, o lugar da mulher é dentro do lar, protegida, cuidando dos filhos e evitando doenças. A família passa a ser a principal estratégia para evitar o contágio e a desagregação social que a acompanharia. A degradação parte do pressuposto que, ao retirá-la do lar, permite o assédio no local do trabalho e a prostituição. A intervenção do delegado Butter (Magdebourg) demonstra que essa abordagem era compartilhada por vários sindicalistas, em função da compilação de atas dos congressos da internacional realizada por Freymond (1973, p. 141): "O orador sustenta que toda mulher honrada encontrará sempre um marido, que é o único remédio contra a prostituição. No interesse dos dois sexos e da humanidade se deve assegurar à mulher uma posição honrosa".

A delegação francesa, por meio de Chemalé, Tolain e Fribourg, avançou ainda mais na direção da medicina ovariana, conforme Freymond (1973, p. 141).

> Desde o ponto de vista fisiológico, moral e social o trabalho das mulheres deve ser condenado energicamente como princípio de **degeneração da raça** e como um dos agentes de desmoralização da classe capitalista. A mulher, dizem, recebeu **da natureza** suas funções determinadas; seu lugar está na família. A ela corresponde cuidar dos filhos na sua primeira idade. Só a mãe é capaz de cumprir essa tarefa. Citam estatísticas que constatam a mortalidade das crianças abandonadas nas maternidade. Só a mãe é capaz de dar à criança uma educação moral, de fazer do menino um homem honrado. Por outra parte, a mulher é o vínculo **que retém o homem** à **casa**, quem lhe dá o costume da ordem e da moralidade, quem frutifica os seus costumes. Estas são as suas funções, este é o trabalho que incumbe à mulher; impor-lhe outra coisa é mau.[3]

No congresso de Lausane (1876), o quinto ponto de pauta novamente confere à mulher o lar e os filhos como seu papel fundamental. A intervenção de Cuendet-Kunz não deixa lugar a dúvidas, conforme nos alerta Freymond (1973, p. 313-314).

> A mulher, por sua constituição física e moral, está dirigida para as funções minuciosas e acolhedoras do lar doméstico: este é o seu lugar. Não consideramos conveniente para a sociedade dar-lhe outro objetivo. (...) A mãe, a esposa, e primeira educadora da criança, com a condição de que o pai atue de maneira dirigente. (...) Uma boa educação deve produzir uma vontade viril, energética e livre, uma inteligência desperta, despojada de prejuízos, um coração inclinado

---
[3] Grifos nossos.

aos sentimentos de afetuosidade, justiça e fraternidade. A educação familiar deve ser objeto da mais terna dedicação por parte dos pais.

No mesmo Congresso, a Sessão Belga da Internacional recorre ao "conhecimento médico" do higienista Michelet, um dos principais criadores da medicina ovariana, para justificar a vocação biológica da mulher para a maternidade, de acordo com Freymond (1973, p. 319).

> Desde o ponto de vista orgânico, não diremos **exatamente**, como disse Michelet, que a mulher é uma **enferma perpétua**; mas também é certo que algumas particularidades devidas a seu organismo (o brusco começo da puberdade, a crise clínica da menstruação, moléstia geral que acompanha a gravidez, a amamentação, os delírios, a adolescência, a frigidez e logo a menopausa), torna difícil fixar o limite entre a idade fisiológica e a idade patológica, e evitar que a mulher se entregue a todo trabalho duro e prolongado como são os industriais. Mas essas mesmas funções que dificultam o trabalho da mulher são as mesmas que a capacitam para a maternidade.[4]

Para justificar mais uma vez a fragilidade da mulher os sindicalistas recorrem aos boletins da Academia de Medicina de Paris, um dos principais redutos dos higienistas. Em um dos artigos desse boletim, recuperados por Freymond (1973,p. 325), além dos riscos à saúde da mulher, a dinâmica dos movimentos da fábrica contribuía para *excitar sexualmente* as operárias.

> (...) outras trabalhadoras da fábrica contribuíam para excitar sexualmente as operárias. (...) outras trabalhadoras da minha fábrica estão doentes igual a mim e pela mesma causa: o contínuo movimento das pernas, as sacudidas e os balanços de todo o corpo as esgotam e produzem, igual para mim, dores nas costas, estômago e, sobretudo, hemorragias brancas... Muitas delas experimentam frequentemente uma tão forte excitação sexual que tem de parar imediatamente o seu trabalho e refrescarem-se com água fria.[5]

No mesmo Congresso, segundo a Comissão Belga, para colocar a mulher no seu devido lugar, o lar, seria necessário melhorar os salários do trabalhador. Nesse sentido, a saída da mulher do mercado de trabalho seria benéfica ao homem, à medida que ela concorria com os operários ao aceitar trabalhar

---

[4] Grifos nossos.
[5] Seleção de trechos feita pelo autor.

por um pagamento menor. Nesse ponto, pode-se observar a ação política dos enunciados de poder implícitos na medicina ovariana, e sua relação com uma visão posteriormente denominada de economista (a melhoria de salários como prioridade política).

A atuação desses discursos contribui para que os sindicalistas belgas percam de vista a questão política, ou seja, adotem uma visão econômica no mínimo muito "ingênua" de que, para elevar os salários, basta reduzir a oferta de mão de obra. Em decorrência, assistimos mais uma vez a transposição para o cotidiano do paradigma da visão, especialização e controle do trabalho que já havia triunfado na fábrica. Em outras palavras, a medicina ovariana expulsa a mulher da fábrica, alegando especificidades biológicas do seu corpo, reservando-lhe apenas o casamento e a moralidade para mantê-la dentro das fronteiras da honestidade. Ao mesmo tempo, a "crença" no aumento de salários dos trabalhadores fortaleceria o equilíbrio de todo edifício social e aumentando sua tolerância com os efeitos ambientais da industrialização. A assimilação dos objetivos disciplinares pelos sindicalistas me parece evidente.

A influência dos higienistas não se limitou à saúde, à questão urbana e à visão médica, penetrou no direito e, principalmente na economia, como veremos a seguir no economista Marshall (1982, p. 217) que coloca os princípios eugênicos voltados à melhoria da raça como uma das condições para o progresso.

> Assim, o progresso pode ser apressado pelo pensamento e pelo trabalho; pela aplicação de **princípios eugênicos à melhoria da raça**, suprida de contingentes populacionais pelas camadas mais altas antes do que pelas mais baixas, e por uma **educação apropriada às faculdades de ambos os sexos**. Mas, por mais que seja estimulado, o progresso deve ser gradual e relativamente lento. Deve ser lento em relação ao poder crescente do homem sobre a técnica e as forças da natureza, um poder que cada vez exige mais coragem e cautela, maiores recursos e maior constância, maior perspicácia e visão mais ampla. E também não deve ser demasiado lento, de modo a poder acompanhar a rápida sucessão de novos sistemas propostos para a rápida reorganização da sociedade sobre novas bases. De fato, nosso recente domínio sobre a Natureza, ao mesmo tempo em que permite que se estabeleçam organizações industriais muito maiores do que era fisicamente possível alguns poucos anos atrás, aumenta as responsabilidades dos que advogam novos rumos para a estrutura social e industrial. Pois, embora

as instalações possam ser transformadas rapidamente, se elas pretendem permanecer, é preciso que sejam adequadas ao homem: não podem manter sua estabilidade, se modificam mais rapidamente do que ele.[6]

Higienistas e pasteurianos

No final do século XIX, o questionamento aos fundamentos do paradigma higienista parte da própria ciência. Louis Pasteur desenvolve uma nova abordagem para os problemas de saúde, retira a metáfora da ameaça das permanentes más condições da cidade e substitui pela prevenção e gestão dos vetores da doença, o que dará origem a uma revolução. Cabe destacar aqui o papel dessa revolução da microbiologia em dois níveis para o questionamento do paradigma higiênico. No primeiro, a visão experimental que identifica a ação de micro-organismos na transmissão de doenças e não apenas conceitos vagos como normalidade, contato e moral. Do ponto de vista da ciência, abandona-se uma abordagem "espontânea" que deixava diversas variáveis em aberto. O exemplo mais relevante reside em quais efeitos concretos as partículas fétidas absorvidas impunham a esses trabalhadores. Os higienistas não sabiam como concretamente se dava a infecção no caso dos miasmas que eles próprios defendiam. Em termos práticos, eles supunham com uma argumentação aparentemente coerente. A revolução de Pasteur integra a visão experimental com hipóteses, testes e acompanhamentos e não deixa espaço para suposições. Se a doença é causada por micro-organismos, pode-se identificar concretamente quais (bactérias, vírus, germes e outros), como eles infectam os vetores de transmissão (outro seres vivos até chegar ao homem) e as medidas a serem adotadas (desde a vacinação, produção de remédios e hospitalização). Esse ciclo se encerra com a valorização da pesquisa em laboratório com testes que confirmam as hipóteses e ampliam o conhecimento disponível sobre as infecções.

Dentre os feitos dessa revolução, destaque-se a reprodução em laboratório de germes e outros micro-organismos para se contrapor à teoria da geração espontânea. Esse pesquisador desenvolveu as técnicas de eliminação de micro-organismos, denominada pasteurização, para prolongar a preservação de alimentos por meio do emprego de variações de temperaturas. Desenvolveu vacinas e, exatamente, para garantir a sua produção em larga escala foi criado o Instituto Pasteur.

---

[6] Grifos nossos.

O segundo questionamento é organizacional, envolveu a integração de diversos ramos do conhecimento de forma dinâmica, antecipou formas mais recentes de gestão de organizações. Reuniu de forma inovadora química e biologia e estabeleceu relações destas com os seres vivos. As áreas de pesquisa em laboratório trocavam informações e a especialização superava a visão positivista de divisão do conhecimento. Embora o volume de trabalho e de conhecimento fora exigindo a progressiva especialização do trabalho, com profissionais responsáveis pelas amostras, procedimentos, documentação e arquivo, não se perdia de vista o entendimento das diferentes formas de doença presentes em cada caso prático. Para a pesquisa em laboratório, diferentes áreas são incorporadas; para a raiva, por exemplo, foram agregados: veterinários, farmacêuticos, biólogos e médicos. Novas técnicas de preservação de amostras vivas e documentação foram desenvolvidas com a participação de profissionais de diversas áreas.

Do ponto de vista organizacional, o instituto foi de início dividido em três grandes serviços: serviço de pesquisa, laboratórios de produção e escola de especialização. O serviço de pesquisa desdobrava-se em raiva, microbiologia geral, microbiologia técnica, microbiologia aplicada, microbiologia morfológica e microbiologia comparada. A organização institucional refletia a visão de que todas as variáveis da doença deveriam ser conhecidas, identificadas patologicamente e tratadas. O maior impacto organizacional reside no fato que o instituto nasceu voltado para o círculo: conhecimento, prática e correções, ao contrário dos higienistas.

No instituto, praticava-se a liberdade de pesquisa combinada com as atividades de formação e de pesquisa para o desenvolvimento de produtos. O cotidiano do instituto não se limitava ao cumprimento do estatuto e de normas burocráticas, como no caso dos higienistas, pois o conhecimento era um desafio permanente que estava sujeito a mudanças por fatos novos e pela capacidade de interpretação renovada que a integração multidisciplinar propunha. O instituto antecipou muito do que se propõe hoje como gestão do conhecimento.

Após essas duas críticas, pode-se dizer que a revolução pasteuriana permitiu desnudar como os enunciados de poder foram bem constituídos durante o paradigma higienista. Mesmo quando demonstrou a existência de micro-organismos, questionando os fundamentos dos miasmas e da exclusão social, os fundamentos dos enunciados de inferioridade biológica da pobreza se reconstruíam em outros pontos. A pobreza continuará a ser responsabilizada por uma série de problemas urbanos na própria França, como a prostituição, a violência e a loucura. Dito de outra forma, esses enunciados só foram derrotados definitivamente por um novo paradigma: o da II Revolução Industrial no qual o esforço estava não mais em estigmatizar o trabalho nos países centrais, mas convertê-lo em consumidor. A casa insalubre e pobre deve ser aos poucos substituída pela classe média com conforto, saúde, bens de consumo duráveis e segurança. A partir daí são feitos progressivamente os investimentos em rede de esgotos, escolas e hospitais nesses países.

Um novo paradigma se fez necessário

O poder higiênico foi um retrato da I Revolução Industrial e de algumas de suas consequências mais relevantes como a urbanização, redesenho do campo e a constituição de um movimento operário. Nessa direção, os higienistas podem ser considerados como os fundadores de uma nova tecnologia política de gestão dos corpos por meio do resedenho em detalhes do espaço do campo, das cidades, da percepção do papel dos seres, da justificativa da propriedade privada e da moralidade. Esse jogo de luz sobre determinados objetos também permite por um esforço intelectual multidisciplinar retirar da sombra outros enunciados que recuperam um vasto cenário que perpassava a disciplina na nos locais de trabalho, a higiene moral no lar (especialmente o operário) e tolerabilidade aos efeitos do progresso técnico no ordenamento do ambiente (atuação dos conselhos de salubridade).

Na última década do século XIX, a redução da natalidade contribui para o melhor planejamento das cidades. A pobreza e seus efeitos em larga escala deixam de ser necessários para o processo de acumulação. Eles já haviam cumprido seu papel, a reprodução de capital seria feita em outra proporção, mais ampla e com produtos mais sofisticados. As inovações tecnológicas exigiam não mais a destreza manual, mas a formação intelectual. Nascerá em breve a figura do operário especializado com maiores salários e poder de consumo. Organizações voltadas para o conhecimento como Instituto Pasteur estruturam-se por meio da valorização do trabalho intelectual, autonomia de pesquisa. Não é a única. Thomas Edison organizará seu laboratório de pesquisa em moldes semelhantes, um pouco mais centralizado na sua figura devido aos interesses de lucro.

No final do século XIX, o poder higiênico será substituído pela administração, reflexo das mudanças introduzidas pelas indústrias automobilísticas, químicas e farmacêuticas com alterações relevantes na organização do trabalho e gestão do ambiente. Outros enunciados de poder com base na produtividade foram então desenvolvidos e merecem serem entendidos a seguir. O administrador e o engenheiro de produtos de consumo de massas (cujo ápice estará no automóvel) criarão um novo conjunto de profissões voltadas para os discursos do crescimento econômico, o bem-estar e as inovações tecnológicas.

Administração, Recursos Naturais e Ambiente Fabril

O ambiente e a II Revolução Industrial

O final do século XIX marca um período de grandes transformações econômicas, tecnológicas e culturais conhecido por II Revolução Industrial e com ele a constituição da administração de empresas como área de conhecimento e profissão. Essas transformações marcam superação do antigo padrão tecnológico baseado nas articulações ferro, carvão, máquina a vapor e ferrovia, (hegemonia inglesa) em função de um novo padrão com base no aço, eletricidade, petróleo e automóvel (sob licença dos Estados Unidos). Esse período foi marcado pela grande recessão passada (1873-1896) e pela reorganização da economia mundial com base nos trustes e cartéis como instrumentos reguladores dos preços e mercados. Sua ação contribuiu para a concentração técnica e financeira, com os bancos atuando fortemente na constituição de grandes conglomerados.

A concentração técnica e financeira permitia inovar e ampliar as instalações produtivas em níveis jamais vistos, elevando ainda mais a composição do capital fixo (máquinas e equipamentos) em relação ao capital variável (trabalho). As indústrias do antigo paradigma sofriam com a crise, enquanto as novas tiravam proveito. As indústrias do segmento mecânico ligadas à produção de carruagens e máquinas a vapor entravam em crise, enquanto as do mesmo setor ligadas à indústria automobilística, máquinas-ferramenta cresciam.

O grande desafio para o capitalismo passava a ser como intensificar a produtividade do trabalho para tirar proveito de toda a capacidade de escala que o novo parque produtivo permitia e para acelerar a reprodução de capital para cobrir os investimentos. Portanto, a iniciativa da organização do trabalho com base nas tarefas específicas para explorar as possibilidades abertas pela inovação tecnológica com maiores máquinas e eletricidade passa ser prioridade absoluta e dentro de uma corrida entre os principais países no final do século XIX, no sentido de que constituiria um novo método de ampliar a produtividade nos negócios. As novas fábricas são proporcionalmente maiores, com novos equipamentos, a energia elétrica permitia a produção homogênea entre todas as máquinas. Na primeira Revolução Industrial, a energia a vapor era transmitida por um sistema de engrenagens e chegava desigualmente até as máquinas, que, além de menores, possuíam movimentos desiguais. Se o potencial da nova revolução era grande, restava repensar as formas de gestão do trabalho para que cada tarefa fosse planejada em função do melhor uso dos equipamentos.

A corrida por novos métodos de gestão envolvia alguns países europeus como a Inglaterra (com grande mercado consumidor nas suas colônias, porém perdendo a capacidade de inovação em decorrência de medidas burocráticas), a Alemanha (unificada em 1871, com mercado interno crescente e estímulos governamentais para o seu crescimento), a França (em uma situação próxima da Inglaterra, porém com relativa capacidade de inovação), o Japão (no período das luzes com investimentos em educação, grandes conglomerados e apetite colonial) e os Estados Unidos (incorporando novos territórios do Atlântico ao Pacífico, recursos naturais e crescimento industrial). Para esses países, ficava claro que uma nova maneira de tirar proveito mais rapidamente do progresso técnico precisava ser desenvolvida. Os Estados Unidos respondem a esse desafio com a constituição da uma nova disciplina: a administração de empresas. De início, compreendida como um conjunto prático de experiências em indústrias de ponta, como a siderúrgica e automobilística, para depois ser transformada em profissão e posteriormente em curso universitário.

Coube a essa nova ciência a missão de elevar a produtividade para responder à demanda projetada que levou fábricas maiores que acumulavam mais atividades e ao aumento do investimento de capital em instalações e equipamentos. A equação básica de reprodução do capital havia mudado: maior produção requer maior investimento que deve ser amortizado em maiores prazos, o que exigia maior controle sobre cada atividade. Não bastava aumentar os fluxos de matérias-primas e produtos semiacabados na fábrica, era necessário também melhorar sua lucratividade. A solução encontrada foi conhecer cada movimento do trabalhador, das máquinas sob sua responsabilidade, quantificar seus desempenhos para executar mudanças profundas nos conceitos de organização da produção.

Como consequência, novas relações entre hierarquia, chefia e o emprego de tecnologias foram criadas com base na relação entre controle de movimentos e retorno do capital. Muitas dessas mudanças foram obtidas ao integrar inovações técnica como a energia elétrica, máquinas-ferramenta, ensaios de materiais com a divisão de tarefas, a supervisão voltada para descrever em detalhes o que deveria ser feito em cada posto de trabalho e o treinamento dos operários ditos especializados para assimilar a nova cultura de produção. Como resultado, criou-se máquinas maiores, as linhas de montagem até novas indústrias como a automobilística.

Mas as mudanças não foram apenas tecnológicas ou gerenciais, a nova cultura fabril significa rever as influências do discurso médico higienista, marcado pela defesa da hierarquia social dos mais preparados e a exclusão do trabalho a partir de "justificativas biológicas". O novo paradigma com base na administração rompe com a visão genérica de inferioridade para certos grupos sociais (trabalhadores), relaciona as desigualdades sociais como produto dos diferentes desempenhos individuais, acenando com a generalização do acesso ao consumo. Para o novo paradigma, o trabalhador deixa de ser sinônimo de exclusão política para se converter em forma específica de inclusão econômica: a do consumidor na sociedade.

Como decorrência, o controle das expectativas e dos conflitos sociais passará a ser feito por meios politicamente mais sutis, ou seja, substitui-se a polícia higiênica por formas mais elaboradas como expectativas de ascensão social, acesso a padrões mais elevados de consumo, educação, meio ambiente e saúde. Se forem considerados alguns indicadores relativos à moradia, à água, ao esgoto e à alimentação, o novo paradigma melhorou em parte as condições de vida nos países centrais e de alguns dos problemas ambientais percebidos na época, por exemplo: o saneamento que reduziu os chamados "odores urbanos". A vacinação torna-se uma política de massa e retira outro problema ambiental do cotidiano – a ameaça de pestes. Porém, os problemas ambientais serão deslocados para os reflexos do consumo, em particular à disposição dos bens duráveis.

Portanto, a principal inovação do novo paradigma em relação ao anterior reside na atuação em duas frentes: o aprimoramento da produção na fábrica (por meio da sofisticação dos mecanismos de divisão de tarefas, especialização, introdução de inovações tecnológicas efetivas e controle do trabalho para elevar seu desempenho) e a constituição de novos padrões de consumo de massa. A primeira estabelece os vínculos entre o conhecimento e a inclusão, ou seja, para aprimorar a produção, é necessário incluir habilidades do trabalho no cotidiano dos detalhes da produção. Os padrões de consumo de massa colocarão rapidamente problemas inéditos para a administração, além das bases econômicas para o repasse de salários, a reestruturação das cidades para o trânsito de veículos, sistema de crédito de massa e locais para a disposição de resíduos.

Mundo selvagem, Taylorismo e Fordismo

Mas a discussão sobre ambiente não estava limitada a questões urbanas em particular nos Estados Unidos. Nesse país, essa discussão possuía ampla história com base na *wilderness* (aqui traduzida como "mundo selvagem"). Os primeiros avanços da história natural nos Estados Unidos no século XIX passaram a valorizar e a entender a organização da natureza, principalmente em relação aos complexos encadeamentos que se desenvolveram em milhares de anos para dar formato à paisagem atual. Essa política levou à constituição de uma série de parques nacionais e outras medidas de preservação.

Desde o início da valorização do mundo selvagem, a questão da propriedade de terras e do conhecimento se manifesta. Segundo Merchant (2002, p. 126), uma das formas de assegurar a propriedade estava relacionada com escolas que supervisionavam o acesso de formas mais adequadas de manejo para os agricultores, muitos deles sem experiência. A lei *Morrill* (1862) criava escolas superiores em cada Estado para tal fim com dotação e terras. Essas terras doadas permitiam maior controle sobre o domínio público ou terras devolutas (sem títulos de propriedade), obtidas no processo de expansão para o oeste.

A lei *Hatch* (1887) criou estações de agricultura experimental com programas em solos, patologias, entomologia e nutrição. A preocupação com o conhecimento necessário gerou relatórios e leis sobre o acesso à água. Em 1878, o Relatório Sobre Regiões Áridas dos Estados Unidos identificou problemas para a agricultura nas diferenças de acesso à água entre o oeste (mais árido) e o leste (com maior pluviosidade e acesso a fontes naturais). Várias disputas sobre o direito do uso de água nos tribunais levaram à lei *Reclamation* em 1902, que empregava o uso de terras públicas para favorecer a irrigação. Esse debate foi sintetizado posteriormente na expressão direito de uso, mas não de alteração das fontes de água. Regulamentar o acesso à água e aos recursos naturais a ela associados foi fundamental para o desenvolvimento da agricultura em larga escala que abasteceria as cidades e permitiria a percepção para o trabalhador da melhoria das suas condições de vida, um dos pontos fundamentais do fordismo. A escala permitirá também a mecanização agrícola no século XX que contribuirá para o crescimento da indústria automobilística. Essas leis já trazem dentro de si a preocupação com evitar o desperdício de recursos naturais.

Duas correntes disputavam a liderança de como manejar os recursos naturais presentes no final do século IX. De um lado, Thoreau e Marsh, que propunham a constituição de "áreas naturais" que deveriam ser mantidas intactas. Essa proposta chamada preservacionismo tentava dar uma resposta à lei *Homestead* que permitia que qualquer cidadão norte-americano pudesse requerer a propriedade de 160 acres de terra devoluta (sem titulação no caso de tê-la cultivado). Essa lei pretendia estimular a migração para o oeste dos Estados Unidos e por fim a vazios populacionais. No entanto, os reflexos na estrutura de propriedade e no ambiente foram tais que o Censo de 1890 já apontava o esgotamento dessas novas áreas para a agricultura. Os métodos de exploração foram primitivos, muitos dos imigrantes não dispunham do conhecimento necessário. Essa situação influenciou na criação dos parques nacionais, em particular o de Yellowstone em 1872. Pela lei, qualquer tipo de ocupação seria considerado infração.

Do outro lado, os conservacionistas, que, baseados em Pinchot, argumentavam que seria possível explorar os recursos naturais dentro de uma abordagem de longo prazo. Diegues (1994, p. 24) destaca que este defendia suas ideias com base em três princípios: uso dos recursos naturais pela geração presente, a prevenção do desperdício e o desenvolvimento dos recursos naturais para muitos e não apenas para poucos. Para diversos autores, essa proposta de redução de desperdícios antecede o conceito de desenvolvimento sustentável. O segundo ponto especificamente será encontrado nos clássicos de administração de maneira recorrente: reduzir o desperdício como estratégia de redução de custos e como estímulo para aprimorar o planejamento. Esse debate de reduzir esse desperdício gerou diversas associações de preservação de recursos e paisagens que se mantiveram na virada do século e desempenharam papel importante na observação dos efeitos do novo modelo industrial sobre a cidade e o campo.

Ambiente em Taylor e Ford

Para explorar melhor as influências descritas anteriormente, vale a pena retomar desde o início o papel do conhecimento, que reaparece por meio de metáforas e imagens com base em modelos científicos de organização, baseado nas metáforas da engenharia e na biologia. Os modelos mecânicos da engenharia do trabalho (Ford e Taylor) e os modelos biológicos voltados para a cooperação do corpo social (Fayol) são exemplos relevantes. Para estes, todos os esforços deveriam ser dirigidos para proporcionar economia de tempo e recursos relacionando atividades com seus movimentos previsíveis e determinados. Como consequência, a administração apresenta-se como a proposta da racionalidade nas organizações que permitiria a redução dos desperdícios em geral, incluindo-se aí o trabalho. Ao reduzir os desperdícios de recursos naturais da matéria-prima até as etapas da produção fabril, têm início as relações entre administração e ambiente. Essas relações contribuiriam também para elevar a eficiência das plantas industriais que gerariam maiores lucros rateados por patrões e empregados, ao mesmo tempo que geraria amplo mercado de consumo.

Desperdício e ambiente em Taylor

A preocupação do autor com o desperdício, o conhecimento e o papel do trabalho alarga a referência que temos atualmente da sua contribuição para a administração. Os avanços no escopo da nova ciência ampliam a atuação e a responsabilidade das empresas, mas também geram problemas políticos, os quais serão vistos a seguir. Logo na introdução de uma das suas principais obras, Taylor (1985, p. 25-26) faz menção à necessidade de controle do desperdício e à melhoria do esforço humano como condição para o aprimoramento da eficiência nacional na gestão dos recursos naturais que se aproximam de uma visão mais contemporânea de gestão ambiental.

> Observamos o desmatamento de nossas florestas, o desperdício de nossas forças hidráulicas, a erosão de nosso solo, arrastado para o mar pelas enxurradas e o próximo esgotamento de nossas jazidas de carvão e ferro. Mas por menos visíveis e menos tangíveis, estimamos superficialmente os maiores desgastes que ocorrem todos os dias, em função do esforço humano e **decorrentes de nossos atos errôneos, mal dirigidos ou ineficientes** os quais Mr. Roosevelt considera como expressivos da falta de "eficiência nacional".[1]

---

[1] Grifos nossos.

Theodor Roosevelt, presidente reeleito dos Estados Unidos (1901 a 1908) implantou várias políticas de preservação florestal (execução da lei de Reservas Florestais votada pelo Congresso dos Estados Unidos em 1891) sob influência do debate entre preservacionistas e conservacionistas. As colocações de Taylor refletem sem dúvida as preocupações do período sobre os efeitos do desmatamento os recursos naturais que apareciam na imprensa e nos relatórios federais. Já em 1890, era possível perceber os efeitos da colonização a tal ponto que o relatório do Census Bureau recomendava que não fossem abertas novas áreas para a expansão agrícola. O debate como utilizar/preservar a natureza já havia obtido espaço desde 1864, por exemplo, nas obras de Thoreau (que criticou a destruição das florestas para fins comerciais por parte dos colonos, das mineradoras e das madeireiras na expansão para o oeste que, além de destruir a cobertura, comprometia a recuperação devido à erosão) e Marsh (que defendia a ideia de que a destruição do mundo natural seria a destruição do próprio homem). Nessa mesma década, são divulgados estudos sobre a pequena adequação para a agricultura de algumas áreas do oeste, devido a inadequação das terras e pouca água.

Segundo Bueno e Helene (1991, p. 8 a 13), mais que um debate acadêmico, o que estava ocorrendo traduzia o que os trabalhos mais recentes apontam: o pico do desmatamento temperado (Estados Unidos/Europa) ocorreu entre 1860 e 1890, portanto no período de transição para a II Revolução Industrial. Um detalhe muito importante: o desmatamento tropical *atual* libera para a atmosfera 2,4 Gt de carbono por ano, dos quais 83% do consumo de produtos florestais refere-se ao uso não comercial (principalmente lenha). A propósito, o CO_2 é responsável por 50% do efeito estufa. Esses dados demonstram que os países pobres não podem ser unicamente responsabilizados pelos efeitos do desmatamento à medida que a quantidade emitida de carbono atingiu 110 bilhões de toneladas (Gt), ou seja, uma média de 3,7 Gt por ano.

Mesmo para a época, a visão de Taylor sobre o tema não é isolada, reflete um debate intenso sobre o uso de recursos naturais e apresenta uma solução para reduzir esses impactos dentro da empresa. O autor estabelece vínculos diretos entre o consumo de recursos naturais e as formas de gestão, ou seja, por meio do emprego do sistema de administração seria possível reduzir o desperdício que afetava a todos os ramos da economia e os gastos desnecessários de recursos naturais com seus custos e impactos futuros. A gestão do ambiente, entendida como o combate a qualquer forma de esbanjamento, passa a ser cotidiana e ligada diretamente aos interesses econômicos da empresa. Portanto, substituiu-se o apelo genérico ao progresso técnico futuro como a solução para os problemas ambientais como os difundidos pelo Conselho de Salubridade de Paris, e suas excessivas e inoperantes regulamentações estatais da época, por um modelo de resultados mais imediatos na gestão dos recursos pelas empresas. A empresa em última instância gerencia recursos naturais e pela revisão das formas de trabalho poderá gerenciá-los melhor.

Pode-se compreender melhor o contexto e o sentido de outra observação de Taylor (1985, p. 25) que toma por base Roosevelt e afirma: "a conservação de nossos recursos naturais é apenas fase preliminar do problema mais amplo de eficiência nacional". Para aumentar a "eficiência nacional" seria necessário aumentar a eficiência de cada empresa em particular, e a melhor e mais rápida forma de obter tal intento seria aproximar os interesses de patrões e empregados pela "prosperidade recíproca para patrões e empregados". A prosperidade recíproca elevaria rapidamente o mercado, a quantidade de produtos e, por extensão, o próprio nível de emprego. As vantagens da difusão da administração científica para Taylor (1985, p. 127) atingiram o conjunto da economia.

> A adoção generalizada da administração científica poderá, no futuro, prontamente dobrar a produtividade do homem médio, empregado no trabalho industrial. Avalia-se o que isso significa para todos: aumento das coisas necessárias e de luxo, seu uso em todo o país, encurtamento do período de trabalho quando isso for desejável, crescentes oportunidades de educação, cultura e recreação que tal movimento implica. Enquanto todo o mundo aproveita com esse aumento de produção, o industrial e o operário verão com mais interesse os benefícios locais que advirão a ele e às populações vizinhas.

Resolvida a contradição entre consumo de recursos naturais e trabalho, os enunciados de poder ganham espaço de atuação. Heloani (1994, p. 18), ao analisar o autor anterior, identifica formas de assimilação e controles sociais expressas no que denomina discurso da reciprocidade. Esse último presente na prosperidade recíproca traz embutida uma série de mecanismos disciplinares, à medida que, para elevar a produtividade, será necessário aumentar o ritmo de trabalho segundo as potencialidades de cada trabalhador com o conjunto da produção por meio da função do planejamento da administração. Dito em outros termos, Taylor retoma e aperfeiçoa o paradigma da divisão, especialização e controle do trabalho desenvolvidos na I Revolução Industrial com base em justificativas mais "científicas", ou seja, ao determinar corretamente o ritmo e as tarefas que o indivíduo pode suportar, obtém a redução do desperdício e do consumo desnecessário de energia, matérias-primas e outros recursos naturais.

Para obter a adesão do trabalhador à sua visão de mundo, a primeira providência do método taylorista será atuar sobre as formas de acesso ao saberes tácitos, aqueles desenvolvidos no cotidiano pelos trabalhadores, na fábrica. Para tal fim, dedica-se a separar o trabalho intelectual (planejamento e desenvolvimento das leis gerais da produção executada pela gerência e pela direção) e o trabalho manual (realizado por trabalhadores sem "tempo, educação e interesse" necessários para aprimorar progressivamente as maneiras pelas quais o trabalho é feito e aprimorar sua produtividade).

Logo, o conhecimento deve ser progressivamente aprimorado pela organização que se encarrega de transformá-lo em novos processos produtivos, em tese com benefícios recíprocos para o capital e o trabalho. A gestão do conhecimento assim obtido é fundamental dentro da perspectiva da administração para aprimorar as relações entre o controle sobre o corpo do trabalho e a redução do desperdício. Estrutura-se o ambiente fabril, que passa a ser entendido como o estudo e a disposição racional de máquinas, ferramentas, fluxos de matérias-primas, produtos acabados e, sobretudo, a gestão científica sobre o corpo do trabalhador. Essa ação será ampliada ao abranger o estudo da fisiologia, a mudança das atitudes mentais, o conhecimento da personalidade do trabalhador por parte dos gerentes e o estímulo à ambição.

Cada tarefa pensada por Taylor constitui-se na expressão particular da racionalidade administrativa, devendo estar expressas nos tempos médios para a sua realização, no seu papel no conjunto e no respeito à saúde do trabalhador obtido pelo estudo da fisiologia[2] (conhecer o máximo de trabalho que um homem pode suportar). Dessa forma, Taylor pretendia acrescentar mais uma justificativa para a cronoanálise, entendido como o estudo intensivo do emprego do tempo por trabalhador e a conversão em uma tabela de tempos médios.

O estudo da fisiologia tem uma história que antecede a Taylor, embora a ele sejam atribuídos os benefícios de incorporá-la à administração. As preocupações com o efeito das profissões sobre a saúde dos trabalhadores nos Estados Unidos

---

[2] Cf. ROSEN, George. **Uma história da saúde pública**. São Paulo, Hucitec/Editora da Unesp, 1994, especialmente o capítulo Industrialismo e o movimento sanitário (1830-1875), p.182 a 213.

datam dos escritos de Benjamin Franklin. Os higienistas norte-americanos, entre 1837 e 1870, desenvolveram vários estudos sobre o reflexo de problemas de saúde causados pelo ambiente de trabalho, vejamos alguns exemplos: a cólica por chumbo, enfermidades típicas dos mineiros, higiene das máquinas de costura, poeira e seus reflexos no ambiente de trabalho. Sob influência desses estudos, o estado do Massachusetts regulamentou em um código de leis os dispositivos de segurança nas caldeiras a vapor, a obrigatoriedade de remoção de poeira das fábricas têxteis, a iluminação, o aquecimento e a ventilação das fábricas já em 1859. Antecipando as medidas de respeito à fisiologia do trabalho adotadas posteriormente por Taylor.

Ao mesmo tempo, os higienistas atuavam sobre a questão urbana nos Estados Unidos. Já em 1796, a Sociedade Médica do Estado de Nova York publicava um relatório que recomendava medidas relativas ao saneamento ambiental, por exemplo: desobstrução das valas de drenagem de água, regras para o estabelecimento de matadouros e de fábrica de sabão para evitar a poluição. Não foi possível implantar essas propostas em razão da inexistência de um órgão de saúde nos governos municipais. Reproduzindo o modelo europeu, um órgão de administração de saúde na cidade de Nova York somente passou a existir a partir de 1804 e os inspetores sanitários formaram uma divisão do departamento de polícia de 1810 a 1838.

A imigração e o crescimento da população agravaram os problemas sanitários. Uma das primeiras medidas dos higienistas foi organizar o controle estatístico sobre os nascimentos, casamentos e mortes em 1850, nos moldes já adotados em Paris. A partir das metodologias criadas nesse período, a cidade de Nova York organiza o primeiro inquérito sanitário da cidade (1864) que atribuía a mortalidade às condições sanitárias, deficiência de luz, ventilação imperfeita nas residências e nos locais de trabalho. Em 1866, a cidade organiza o Departamento Metropolitano de Saúde nos moldes do Conseil de Salubrité de Paris voltada para acumular informações por meio de censos.

Descobre-se também nos Estados Unidos a inter-relação entre a higiene no lar e no trabalho. A literatura sobre a saúde industrial cresceu durante 1880 e, sobretudo, a partir de 1890. Esse período coincide com os estudos e o desenvolvimento das propostas de administração científica. Poderíamos dizer que, em certo sentido, a preocupação com a fisiologia por parte de Taylor reflete as diversas preocupações já existentes na época nos Estados Unidos com a saúde no ambiente de trabalho. Nesse sentido, a principal inovação introduzida seria incorporar essas preocupações no gerenciamento cotidiano da fábrica, por meio do estudo de tempos e movimentos. Dessa forma, Taylor sofistica, em termos de exercício de poder, sua proposta administrativa que passa a incorporar a preservação dos trabalhadores ao lado da maximização do lucro.

O estudo da fisiologia permitiu que a administração alterasse o discurso em relação ao trabalho feminino, o que gerou mais uma crítica à medicina ovariana do período higienista. O trabalho feminino não será mais explicitamente encarado como "inferior" devido às influências da medicina ovariana, ele deve se enquadrar na proposta do estudo de tempos e movimentos de Taylor. Cada tarefa teria seus movimentos estudados. O recrutamento das operárias passaria a estar subordinado às exigências do cargo. Muitas vezes, algumas dessas exigências ultrapassavam a questão fisiológica propriamente dita e incorporavam a ambição como requisito. A experiência realizada por Taylor na fábrica de bicicletas revela como foram combinadas as exigências fisiológicas com o estímulo à ambição pelas inspetoras, comenta Heloani (1994, p. 28).

> O método antigo desordenado foi substituído por melhor planejamento do dia de trabalho. Instituiu-se preciso registro diário da qualidade e quantidade do trabalho produzido, a fim de evitar as prevenções pessoais por parte dos chefes e controlar a absoluta imparcialidade de cada inspetor. Em espaço relativamente curto de tempo, esse registro permitiu ao chefe **incitar a ambição de todas as inspetoras**, aumentando o ordenamento daquelas que realizavam grande quantidade de trabalho de boa qualidade, enquanto, ao mesmo tempo, abaixava o salário daquelas que trabalhava sem **interesse** ou despedia as outras que se revelavam incorrigivelmente **lentas** ou desleixadas.[3]

O mesmo autor recupera uma das articulações fundamentais dos enunciados de poder: o apelo ao economicismo entendido como o aumento de salários em troca da submissão do trabalhador aos mecanismos de controle e gestão do corpo no ambiente de trabalho. Mais que isso, a proposta de Taylor parece se orientar para que os operários o assimilem como sua principal reivindicação: os salários poderiam crescer significativamente à medida que a produção fosse aprimorada. Logo, o principal desafio para a administração seria obter o

---

[3] Grifos nossos.

engajamento continuo dos trabalhadores aos métodos de trabalho e redução de desperdício (visão de Taylor da gestão dos recursos naturais e do ambiente). Como contrapartida, o consumo fora da fábrica recompensa os trabalhadores fiéis. O aumento da produção racional foi uma das primeiras preocupações dos clássicos, o consumo de massa foi crescendo de uma maneira inédita com consequências geográficas e urbanas.

Tal proposta pretendia conciliar o novo modelo de organização da produção e o consumo em dois momentos. Em primeiro lugar, constitui uma relação entre a "melhoria" da organização da produção (progresso técnico) e o aumento dos padrões de consumo ("coisas necessárias e de luxo"). Em segundo, estabelece vínculos entre a administração do trabalho e o meio ambiente, na medida em que a primeira deveria levar a um processo crescente de aprendizagem e a uma redução sistemática do desperdício que contribuiria para reduzir a demanda desnecessária dos recursos naturais.

Porém, o cotidiano foi muito diferente do que propunha Taylor. No início do século XX, se, por um lado, esse método aumentou a produção e o salário somente de algumas categorias profissionais, também contribuiu para o desemprego de outras. A gestão do desperdício de recursos naturais limitou-se a algumas etapas da produção e não foi incluída no ciclo de consumo e disposição de final de resíduos, logo o aumento do padrão de vida da população significou o aumento da oferta de bens duráveis e de luxo que sofriam "obsolescência programada" em virtude dos novos lançamentos e geravam um volume crescente de produtos vistos como superados e, portanto, ampliou as áreas de disposição e lixo. A indústria automobilística ampliou o problema com o lançamento dos gases dos carros mais potentes e com o ciclo de renovação com base no carro do ano.

As metáforas ambientais de Fayol

Outro autor relevante para a administração, Fayol, retoma a questão de como maximizar o desempenho administrativo por meio das metáforas que comparam o desempenho social com as visões biológicas de organização da vida. Na sua abordagem, os termos mecânicos, por exemplo, "máquina administrativa" e "engrenagem administrativa", não seriam suficientes para assegurar a capacidade de transmitir movimentos (ideias) para o conjunto da empresa, um novo modelo se impunha para aprimorar a integração de esforços necessária para o mundo em transformação. O modelo biológico, para Fayol (1994, p. 84 e 85), pela sua capacidade de articulação de esforços, de "capilaridade" e de evolução seria o mais adequado como veremos a seguir.

> A vida vegetal tem sido, também, objeto de inúmeras aproximações com a vida social. Do ponto de vista do desenvolvimento, do tenro e único caule da arvorezinha brotam ramos que se multiplicam e se cobrem de folhas. E a seiva leva a vida a todos os galhos, mesmo aos mais frágeis, como a ordem superior leva a atividade até as extremidades mais ínfimas e as mais afastadas do corpo social.
> As árvores "não crescem até o céu", os corpos sociais têm também seus limites. Tratar-se-á de insuficiente força de ascensão da seiva no primeiro caso e de insuficiente capacidade administrativa no segundo? Mas certa força, certo poder que a árvore, pelo seu desenvolvimento, sozinha não consegue alcançar, pode ser consequência do agrupamento, da justaposição, da *floresta*. Isto é o que a empresa obtém por intermédio dos convênios, escritórios comerciais, trustes, federações. Cada unidade, conservando ampla autonomia, presta à comunidade um concurso que lhe é largamente compensador.

Nessa imagem, Fayol antecipa a visão ecológica, na qual cada ser ao se adaptar contribui para o ambiente de forma sistêmica. A experiência de gestão de minas na Europa não foi tão eficiente na organização do trabalho e na prevenção da saúde dos mineiros como autor afirma. O ambiente não se beneficiou, como esperavam Taylor e Fayol, pela redução do desperdício ou pela visão articulada da gestão na empresa com a exploração dos recursos naturais. Apesar do discurso, as empresas não adotavam mecanismos de integração entre as empresas de matérias-primas e as produtoras de bens. Ao contrário a opção pelo ganho de escala dos engenheiros levou à concentração geográfica de plantas industriais, o que demandava grandes sistemas de produção, transmissão de energia, transportes, consumo de combustíveis, concentração urbana e mercado de consumo de massa sem instrumentos de regulação ambiental. Afinal, se foram constituídos mecanismos de regulação em relação aos salários, por que eles não foram estendidos até as questões ambientais? Não se trata apenas de questões tecnológicas, não é necessário o emprego de tecnologias sofisticadas para perceber os efeitos da poluição, mas ações de colaboração entre os envolvidos.

Fordismo: consumo de massa, progresso e organização do trabalho

A preocupação de Ford com o desperdício e a escassez futura de recursos naturais chama a atenção pelo fato da polêmica que cerca a indústria automobilística e os problemas ambientais nos dias de hoje. Essa preocupação está inserida no desenvolvimento da sua proposta de gestão, o que faz que esse texto retome o contexto do seu desenvolvimento. As primeiras décadas do século XX foram marcadas pela consolidação do novo modelo voltado para equacionar a organização da produção em função do consumo de massa. Essa equação exigiu articulações novas e, sobretudo, complementares entre a gestão dos trabalhadores e o desenvolvimento técnico. Nesse sentido, as novas propostas administrativas se voltaram para incorporar o saber operário no planejamento e desenvolvimento de novas máquinas que permitiam agilizar a produção, reduzir tempos ociosos, diminuir o retrabalho, enfim, comprimir custos em todo o processo produtivo para tornar os preços dos produtos e sua manutenção no pós-venda acessível a um número cada vez maior de consumidores.

O exemplo da atuação de Ford, nesse período, nos parece ilustrativo. As inovações técnicas introduzidas atuaram em dois sentidos: padronização de medidas de peças e a introdução da linha de montagem. Antes de Ford, os carros eram produzidos por encomenda, de maneira artesanal, ou seja, grande parte do tempo dos trabalhadores era dedicada ao ajuste entre as diversas peças, de diferentes origens, que compunham o veículo. Como consequência, os carros eram caros e tinham uma manutenção difícil para o consumidor comum. Ford decidiu inovar exatamente nesse ponto, adotou um sistema padronizado de medidas para todas as peças no conjunto da produção para reduzir o tempo de montagem na fábrica, facilitar o ajuste delas entre si e a fácil substituição no caso de defeitos. Dessa forma, seria possível obter ganhos constantes de produtividade na fábrica e um carro fácil de ser reparado pelo comprador médio que não precisaria mais de um mecânico profissional para realizar consertos.

Ao mesmo tempo, Ford decidiu implantar um novo sistema de abastecimento de peças para incrementar ainda a produtividade já obtida, ao reduzir os deslocamentos do trabalhador no interior da fábrica. Essas duas inovações conjuntamente permitiram a redução do ciclo de tarefa médio de um montador de 514 minutos (8,56 horas) para 2,3 minutos no período de 1908 a 1913. Durante esse período, o conteúdo de cada posto de trabalho e das tarefas a ele associadas foram mudando substancialmente. No início, o trabalhador montava cada carro sozinho e tinha domínio das diversas formas de conhecimento[4] que cada parte da montagem exigia. O novo sistema determinava uma única tarefa para cada operador, normalmente instalar uma peça ou componente (apertando porcas e parafusos). Portanto, Ford acelerou a divisão do trabalho no chão de fábrica, valorizou a especialização, a rigidez e a repetição de movimentos como os atributos necessários da força de trabalho. Como consequência, reduziu--se sensivelmente o nível de conhecimento exigido para o recrutamento de trabalhadores. O trabalhador qualificado foi substituído pelo imigrante. Em algumas fábricas de Ford, chegaram-se a falar cinquenta línguas diferentes, o que atesta a profundidade e a capacidade de gerir a força de trabalho das modificações introduzidas pelo novo sistema de produção.

Nesse sentido, podemos dizer que Ford deu continuidade ao paradigma da divisão, especialização e controle que marcou o desenvolvimento do ambiente fabril no século XIX, vistos em Taylor. A diferença reside, dentre outros aspectos, nos novos recursos energéticos e tecnológicos que foram postos a sua disposição pela II Revolução Industrial. Esses recursos, convertidos em máquinas e equipamentos se dedicam a gerir com mais detalhes o novo perfil da força de trabalho concebido por Ford.

O empresário norte-americano não se contentou com o sucesso da primeira linha de montagem desenvolvida em 1908. Projetou uma nova, chamada linha de montagem móvel, onde o carro era movimentado em relação ao trabalhador na sua nova fábrica de Highland Park, em Detroit, no ano de 1913. Na linha anterior (Ford T, 1908) um sistema de esteiras de peças abasteceria o trabalhador na área de montagem que tinha de andar apenas 1 ou 2 metros para obter as peças que necessitassem. Na nova linha, ao deslocar o carro como um todo, o trabalhador ficava parado e economizava o tempo de seu deslocamento. Essa nova linha permitia acelerar ainda mais o ritmo de trabalho. Como resultado, o ciclo de trabalho foi reduzido de 2,3 minutos para 1,19 minuto. O tempo de produção de um veículo seria reduzido em 88% e o preço cairia em mais dois terços para o consumidor em 1920.

A redução de custos e a consequente criação de um mercado de massas permitiram a constituição de um instrumento de poder: elevar os salários dos trabalhadores e transformá-los em consumidores. Para Ford, o aumento de salários eleva a capacidade de compra, que aumenta o consumo, bem como

---

[4] WOMACK, James P. et al. **A máquina que mudou o mundo**. Rio de Janeiro: Campus, 1992, recomendamos o item *Produção em massa*, p. 14 a 30.

os lucros, permite novos investimentos, gera mais empregos e, por extensão, mais uma vez o consumo. A relação capital trabalho seria então marcada pela complementaridade de interesses. Vista por outro ângulo, a incorporação dos trabalhadores ao mercado de consumo fez que os seus padrões de vida fossem integrados à própria lógica da acumulação capitalista.

A renda dos trabalhadores passava a ser vista como um instrumento de extensão de mercado e não apenas como despesas, dentro de certos limites. Logo, induz os trabalhadores a renunciar às suas reivindicações de intervenção no processo produtivo em troca do aumento de salários. Essa estratégia refletia uma mudança fundamental no paradigma de acumulação: os lucros não provinham mais do diferencial dos baixos salários em relação ao preço final, mas da intensificação do processo de trabalho na fábrica e na velocidade de reposição dos novos produtos no mercado. Podem-se compreender aqui as contribuições da Escola de Regulação apresentadas no Capítulo 1.

Dessa forma, o repasse da produtividade aos salários se generalizou progressivamente para a economia, conforme ressalta Heloani (1994, p. 48).

> O aumento geral da produtividade, ao ser repassado para os salários, permitiria o aumento de consumo e do investimento. Desse modo, o Fordismo transcende um método de gestão microeconômico e se converte em um processo de regulação da economia. Com o passar do tempo, a transposição da produtividade para os salários se generaliza na economia e pode ser antecipada pelos empresários, o que permite encorajar investimentos e elevar ainda mais a produtividade.

Para se converter efetivamente em um processo de regulação para o conjunto da economia, o modelo de gestão fordista na fábrica integrou-se progressivamente ao Estado Previdência (desenvolvimento por Roosevelt para retirar o país dos efeitos recessivos da crise de 1929). A política adotada pelo presidente norte-americano orientava-se para utilizar a capacidade do Estado de criar empregos a fim de gerar uma demanda suplementar de produtos e reativar a economia. Durante os anos 1930, a partir da sua própria experiência de como superar a crise econômica, o Estado desenvolveu uma série de mecanismos de crédito e aprendeu a utilizar sua estrutura de compras para induzir as empresas a investir, a atingir determinadas especificações tecnológicas de produção (especialmente na indústria bélica) e, posteriormente, a se enquadrar em uma política mais geral para assegurar o crescimento do consumo e o "desenvolvimento".

Dentro dessas estratégias mais gerais destaca-se a relativa liberdade sindical e os vários mecanismos de negociação criados na sociedade norte-americana. O repasse da produtividade aos salários para o conjunto da sociedade pressupôs instituições (organizações governamentais e públicas) capazes de mediar os conflitos decorrentes de interesses muito diferentes entre o capital e o trabalho. A regulação do conflito, por extensão, se fazia também em decorrência do apelo ao crescimento da economia e das vantagens que ele traria para ambas as partes.

Para elevar a produção e, ao mesmo tempo, a produtividade, o fordismo apelou para grandes plantas industriais, com elevada proporção de capital fixo (máquinas e equipamentos), em proporção ao capital variável (salários). Em outras palavras, a administração adota como principal estratégia obter ganhos de escala crescentes para reduzir custos e, ao fazê-lo, incorpora conjuntos mecânicos cada vez mais rígidos, com maior divisão do trabalho e fracionamento do conhecimento.

Fordismo, escala e meio ambiente

O novo paradigma adota um contrato de trabalho baseado na especialização de tarefas crescentes e na subordinação da fisiologia do trabalhador a movimentos cada vez mais rápidos e específicos. Os equipamentos incorporam essa estratégia e foram desenvolvidos para potencializar a repetição dos movimentos padronizados por parte dos trabalhadores. Como consequência, a rigidez dos grandes conjuntos mecânicos e da divisão do trabalho reduz a capacidade de introduzir inovações na planta e no produto. Os modelos desenvolvidos teriam de ser mantidos por longo tempo para amortizar os crescentes investimentos, ou seja, o ciclo de vida de um produto passava a depender diretamente do emprego do equipamento. A não flexibilidade do equipamento limitava suas aplicações e sua rigidez dificultava qualquer alteração, pois tempo demandado implicaria na perda de rentabilidade, conforme assinalado por Lipietz e Leborgne (1988, p. 16).

> Com efeito, no modelo fordista clássico, a produção de massa é ao mesmo tempo uma necessidade micro e macroeconômica. A rentabilização de grandes conjuntos mecânicos rígidos requer uma produção contínua em longas séries do mesmo produto e, portanto, um mercado de massa.

A rigidez do processo produtivo como um todo passou a exigir progressivamente escalas crescentes de recursos: estoques proporcionalmente maiores, suprimentos adicionais (matérias-primas), peças, ferramentas e máquinas, trabalhadores (horas extras), além da perda de eficiência (que se manifesta no crescente retrabalho de peças e produtos com defeitos). O consumo crescente desses recursos ambientais demonstra as diversas consequências da pouca versatilidade das linhas e que, muitas vezes eram interrompidas para reparos de emergência. Os efeitos de todos os impactos anteriores sobre o ambiente começam a se tornar mais complexos. As fábricas passam a consumir mais matérias-primas, combustíveis e energia em escala crescente e os trabalhadores sofrem os efeitos da monotonia do trabalho sobre a sua saúde,[5] doenças como a inflamação de músculos por atividades repetitivas começam a se tornar relativamente mais frequentes.

Outro reflexo sobre o ambiente pode ser recuperado nas novas contradições entre a produção e as exigências do consumo, ou seja: à medida que o novo paradigma se desenvolve a partir de grandes conjuntos industriais rígidos, aumenta a pressão pela flexibilidade no consumo (velocidade de reposição de novos produtos).

Em outras palavras, para manter a operacionalidade do sistema, tornou-se obrigatório aumentar a velocidade de lançamento de novos modelos (produtos supérfluos ou de luxo), o que ampliou a pressão para novos locais de disposição. Poderíamos caracterizar esse período como marcado pela disciplina na fábrica, obtida pela redução dos tempos médios de cada tarefa e aceleração das cadências, em oposição à realização no consumo de massa fora dos portões da fábrica. Portanto, como podemos observar, a discussão sobre a alienação do trabalho a partir dos anos 1950 (trabalho sem sentido, monotonia, falta de interesse) reflete algumas das principais estratégias de acumulação do capital.

Outro desdobramento relevante dessas contradições: podem-se entender alguns dos principais motivos que sustentam a resistência dos chamados "países ricos", especialmente os Estados Unidos, em modificar seus elevados padrões de consumo. Esses padrões refletem complexas opções políticas de acumulação que articulam estruturas estatais e privadas extremamente complexas, como: a organização e administração da produção, mecanismos institucionais de regulação da economia, relativa "liberdade sindical" (desde os anos 1930, o

---

[5] Segundo Bresciani (1991, p. 104 e 105), desde 1911 a AFL (American Federation of Labor) já alertava para os riscos da aceleração do ritmo de trabalho para o trabalhador.

sindicato dos trabalhadores da indústria automobilística adotou como política a preservação dos seus empregos em troca da não interferência nos sistemas produtivos), educação e formação de mão de obra.

Em função desses poderosos interesses, as ações corretivas tornaram-se muito limitadas no momento em que os primeiros efeitos do novo paradigma passaram a interferir no meio ambiente como um todo. Como resposta a essas ações pontuais, vários grupos voltados à preservação se reestruturam nos Estados Unidos para preservar paisagens, regiões e pequenas comunidades dos efeitos danosos da urbanização. Porém não puderam evitar que o aumento da produção de veículos exigisse investimentos proporcionalmente crescentes em novas estradas, avenidas e estacionamentos. Bairros inteiros foram demolidos nas grandes cidades para permitir os fluxos de trânsito.

A concentração industrial necessária para os ganhos de escala nas fábricas gerou também fortes impactos populacionais, o que exigiu uma corrida para obter fontes de água, energia (carvão e eletricidade), redes de esgoto etc. A concentração urbana também aumentou significativamente a poluição do ar e agravou o problema do lixo. Os reflexos sobre o ambiente, que o modelo de consumo do novo paradigma exigia, transcendiam as fronteiras nacionais. Para assegurar os baixos custos da produção industrial, foi necessário garantir o acesso a fontes de energia e matérias-primas baratas, como o petróleo.[6]

Indústria do petróleo e meio ambiente

O desenvolvimento da indústria petrolífera sofreu fortes influências nos Estados Unidos do movimento de concentração antes da indústria automobilística. Em 1845, Thomas Kier descobre petróleo na cidade de Titusville, na Pensilvânia. De início, pensou-se em utilizá-lo como remédio da mesma forma que os índios. Porém, com seu refino, o petróleo poderia ter outra aplicação muito mais rentável: fonte de iluminação. O crescimento das cidades tornava os sistemas anteriores de iluminação pública ineficientes com base no óleo de baleia.

Esse processo de concentração urbano já reflete problemas de má gestão e desperdício de recursos naturais, sendo denunciado pelos preservacionistas e conservacionistas em diversos momentos. Dentro em breve notavam-se os

---

[6] CF. SÉDILLOT, René. **História del petróleo.** Bogotá, Pluma, 1987; e FERRARI, Juan Carlos. **La energia e las crises del poder imperial.** Buenos Aires: Siglo Veinteuno, 1975.

efeitos dos derramamentos de óleo, dos resíduos das primeiras refinarias. Desde 1864, encontramos registros na imprensa norte-americana sobre danos causados à natureza devido ao refino de petróleo. Do ponto de vista econômico, o setor foi marcado por um impressionante processo de concentração industrial. Dos inúmeros produtores do início do mercado, apenas quatro ou cinco grandes empresas sobreviveram, com destaque para a Standard Oil Company de John Rockfeller.

Esse empresário percebeu a concentração em trustes e cartéis do setor e direcionou seus esforços para aproveitar a interface financeira dos seus negócios, ou seja, comprar, vender e transportar, deixando os riscos da perfuração para terceiros. Além da compreensão da importância do círculo financeiro (guerra de preços) para o novo negócio, Rockfeller utilizou métodos "duros" para obter o monopólio do mercado, por exemplo: a guerra dos oleodutos em 1875. Desenvolvidos para evitar as perdas de óleo durante o transporte, anteriormente utilizavam-se barris, os oleodutos permitiram o funcionamento mais regular e contínuo das refinarias.

Portanto, a empresa que controlasse os oleodutos controlaria o refino e distribuição de petróleo. John Rockfeller não teve dúvidas, contratou vários pistoleiros e destruiu os oleodutos já instalados pelos produtores independentes. Os efeitos dos vazamentos de óleo foram minimizados pelas autoridades que consideraram o conflito como de "interesse privado", porém os efeitos dos vazamentos foram graves para a poluição de fontes de água, pastos e outros recursos naturais. Novamente, várias denúncias foram efetuadas por entidades preservacionistas e conservacionistas, porém a omissão das autoridades foi eficiente apenas para gerar forte concentração nos negócios. Como consequência, em 1879, a Standard Oil controlava 75% das refinarias e 90% dos oleodutos. Apenas na Europa, onde um poderoso *lobby* da indústria de carvão atuava, a empresa teve dificuldades para se estabelecer. Na Inglaterra, esse *lobby* adiou o emprego de petróleo até nos navios de guerra, o que teve sérias consequências sobre o desempenho militar da frota imperial.

Logo após o desenvolvimento dos oleodutos como instrumento de abastecimento regular, as refinarias adotaram novos métodos de gerência para a economia de mão de obra (taylorismo e fordismo). Os sindicatos denunciavam a insalubridade no interior das refinarias e nas regiões a seu redor. Mais uma vez as denúncias não foram levadas a sério pelas autoridades, preocupadas com o possível crescimento da influência sindical.

O processo de concentração e os meios pouco éticos para chegar até ele não foram exclusivo dos Estados Unidos. A Rússia, que passou a ocupar a segunda posição em volume de produção, viveu processo de guerra de dutos e outros meios de sabotagem semelhante. Após 1856, com o repasse do monopólio do Estado para particularidades, a produção cresceu com métodos de concorrência no mínimo selvagens, por exemplo: incendiar poços dos concorrentes. Em 1887, a cidade de Baku foi coberta por uma nuvem de nafta que causou problemas respiratórios muito sérios nos homens e até nos animais utilizados para transportar os barris de petróleo.

No final do século XIX, quando a indústria automobilística se consolida, a Europa e os Estados Unidos dirigem-se para garantir o acesso às fontes de petróleo do Oriente Médio. Em 1890, o Deutsche Bank financia a ferrovia Berlim-Bagdá e obtém o direito de explorar minerais e, posteriormente (1904), o direito de explorar petróleo. Em 1914, no período imediatamente anterior a I Guerra Mundial, um acordo dividiu a exploração de petróleo no Oriente Médio entre a Anglo Persian, Royal Dutch Shell e o Deutsche Bank.

Por esse motivo, os padrões de consumo desenvolvidos no chamado Primeiro Mundo estão intimamente relacionados com a divisão internacional do conhecimento que marcam as polêmicas entre consumo e responsabilidade dentro de suas fronteiras e com os países em desenvolvimento. Como consequência, as intervenções militares nos países detentores de matérias-primas estratégicas, principalmente por parte dos Estados Unidos, Inglaterra e França, começam a se fazer presentes desde a I Guerra Mundial, com o objetivo de assegurar o desenvolvimento de suas indústrias. A visão do petróleo como instrumento de segurança nacional será reforçada ainda a partir do desenvolvimento do ciclo de produto da indústria petroquímica nesses países.

A gestão dos desperdícios nas fábricas Ford

Henry Ford adota programas de redução de desperdícios (resíduos) muito próximos das propostas de Taylor nas suas fábricas, o que reproduz algumas das propostas dos movimentos preservacionistas, porém as ações ocorrem dentro de uma visão mais "comprometida com resultados mais específicos" no interior da empresa com interesse em redução de custos.

Podem-se identificar quatro instrumentos que foram utilizados na empresa: as varreduras para a redução de detritos (que geraram a redução de custos), as políticas de recuperação de papel e outros materiais, novas formas de questão de florestas e a preocupação com o uso de energia (processamento do carvão). As varreduras (inventários) estavam ligadas à proposta de economia e aprimoramento que atualmente se aproximam de algumas das práticas de gerenciamento de qualidade, ou seja, seria necessário repensar periodicamente como se produziam os carros para retirar os gastos inúteis e melhorar a qualidade do produto como um todo. Mais recentemente, denominam-se a essas varreduras de curva de aprendizagem. Com o tempo, é possível reduzir a quantidade de recursos e tempos de cada tarefa ou repensar a sua sequência. Veja como essa proposta se refletia em números e na postura empresarial para Ford (1964, p. 110).

> Uns exemplos ainda de economia. Nossas varreduras produzem 600.000 dólares por ano e fazemos constantemente estudos sobre **a utilização dos detritos**. Numa operação de recortagem sobravam discos de lata de seis polegadas de diâmetro que iam para o lixo. Essa perda incomodava nossos homens, que, afinal, acharam meio de suprimi-la. Viram que os discos eram das dimensões das chapeletas do radiador, embora mais finas. Experimentaram cortar os discos de duas folhas juntas e assim obtê-las da espessura requerida e ainda mais resistentes. Sobravam 150.000 destes discos por dia e com o novo sistema já aproveitamos 20.000 e esperamos descobrir aplicação para o restante.[7]

A recuperação do papel e de outros materiais está ligada ao que o próprio autor denomina "a lição do desperdício", ou seja, que ela não pode ser avaliada apenas pelos aspectos materiais, pelo volume de matérias-primas e resíduos que se economiza diretamente, mas pela oportunidade para se refletir sobre a utilidade dos processos e a capacidade de gestão desses por parte do empresário. Um dos exemplos identificados por Ford (1964, p. 262) foram suas ações em relação ao aproveitamento do papel e dos cavacos da carpintaria.

> A grande quantidade de papel e trapos que se juntava em nossas usinas, bem como o cavaco das seções de carpintaria, preocupava. Pensamos em transformar tudo em papel, mas disseram-nos que

---
[7] Grifos nossos.

só a madeira mole dá papel. Não obstante, montamos um moinho para reduzir os resíduos da carpintaria à pasta e obtivemos bons resultados. Nossa fábrica de papel utiliza hoje 20 toneladas de detritos por dia, produzindo 14 de papelão macio e 8 de papelão rígido – um papelão, impermeável, criado pelos nossos laboratórios, e tão resistente que uma tira de 10 polegadas suporta o peso de um Ford.

A preocupação com uso de madeira e papel atinge também à questão mais sofisticada: como gerenciar as florestas. O diagnóstico parte dos desperdícios dos métodos de exploração existentes, devido ao corte incorreto nas serrarias. O tamanho excessivo, o não aproveitamento dos cavacos (como combustível), a displicência em relação às folhas secas nos campos (causa de incêndio) e a falta de coordenação entre a produção das serrarias e ao consumo das fábricas geravam não apenas custos, mas o risco futuro de comprometimento das espécies vegetais, para Ford (1964, p. 279).

> A economia da madeira tem de fazer-se tanto na mata como na oficina. Nós empregamos hoje, nos carros, menos madeira do que antes. Substituímos pelo aço sempre que é possível, só com o fim de economizá-la. Nossas reservas de ferro são inesgotáveis, **enquanto as de madeira só poderão durar 50 anos**. Com a adoção do nosso sistema essa reserva durará um século.[8]

As medidas propostas por Ford não se limitavam à exploração da madeira virgem, envolviam também seu reaproveitamento após diversos usos. Os caixotes que embalavam peças e equipamentos deveriam ser abertos sem que suas tampas fossem quebradas ou danificadas, a fim de permitir várias reutilizações. Quando uma peça maior sofria qualquer dano, era processada em tamanho menor para outras finalidades.

As propostas de gerenciamento do desperdício no interior das indústrias Ford adquirem um aspecto mais geral ao avançarem na cadeia de produção e de consumo, como ilustra o exemplo do consumo de carvão dado por Ford (1964, p. 310).

> Seu baixo custo mostra a relação que pode ter uma indústria com a região onde funciona. Em qualquer grande centro fabril é possível que a hulha empregada nas fábricas possa também utilizar-se para o uso doméstico. Quer dizer que cada pedaço de carvão pode ser

---

[8] Grifo nosso.

utilizado duas vezes, uma na fábrica, outra nos bares. Um vagão de hulha que chega a uma fábrica poderá ser utilizado para todas as suas necessidades; os corpos químicos, gases, alcatrão etc. podem ser extraídos e o coque restante pode ser entregue ao uso doméstico.

Novamente, recorrendo a uma gestão de energia mais competente, fruto das "novas capacidades" que seriam desenvolvidas, Ford (1964, p. 197 a 198) tenta antecipar os novos tempos a partir de um novo "espírito de utilidade".

> Há muita coisa em via de transformação. Estamos aprendendo a **ser senhores e não escravos da natureza**. Mas apesar disso dependemos ainda, largamente, dos recursos naturais e penso que nunca os podemos dispensar. Extraímos carvão e minérios, cortamos árvores. Depois empregamos o carvão e os metais e ei-los destruídos; as árvores não se formam de novo dentro de uma vida humana. Precisamos senhorear o calor que existe em torno de nós e libertar-nos do carvão – e já o obtemos por meio da eletricidade gerada pelas quedas d'água. Melhoraremos esse método. E como a química progride, pressinto que encontraremos meios de transformar as substâncias vegetais em matérias mais resistentes que os minerais – o emprego do algodão apenas se inicia. Melhor madeira também haveremos de obter, melhor que a que cresce naturalmente. O verdadeiro espírito de utilidade o conseguirá. Mas cumpre que cada um de nós realize sinceramente sua parte de cooperação.[9]

Ford sublinhava que não se trata apenas de reduzir o consumo de madeira a fim de prolongar sua existência por mais cinquenta anos, mas de repensar o estilo de desenvolvimento e consumo como um todo para evitar problemas que na época não foram sequer percebidos. Justificava a necessidade de ampliar seu método de economia de tempo e recursos. Apesar desse alerta, que não bastava aprimorar processos produtivos na fábrica, se eles não fossem reproduzidos na administração de componentes e das matérias-primas que empregava, pouco foi feito em relação a seus fornecedores.

Deve-se recordar aqui que o empresário adotava uma política muito rígida nas negociações com fornecedores, existem poucos registros de negociações como estes que incorporassem acréscimos de preços em função das melhorias no uso de recursos naturais. Clamava pelo verdadeiro espírito de utilidade, mas

---
[9] Grifo nosso.

não foi capaz de desenvolvê-lo, pois este exigirá a dura experiência dos impactos da escala de consumo e a revisão do paradigma que ele próprio propôs. Integrar fornecedores e o ciclo do consumo de massa é uma tendência muito recente estimulada pela ISO 14000 (série de recomendações para planejar os riscos de impactos desde a primeira ideia até a disposição final).

Encarar e compartilhar as responsabilidades ambientais marcará um período de aprendizagem mais longo do que previam esses pioneiros e que marcou com avanços e retrocessos o restante do século XX. Se olhar o planeta como um todo, diversas particularidades desse processo histórico podem ser percebidas. Uma delas refere-se ao Brasil que teve uma história de desenvolvimento das disciplinas muito diferente e que se manifesta em uma forma muito particular de assimilação do taylorismo e fordismo vista a seguir.

Natureza, Higienistas, Disciplina e Ambiente Fabril no Brasil

Particularidades brasileiras

A breve inserção neste capítulo sobre particularidades históricas e sociais do Brasil é conveniente após o breve resgate das influências dos enunciados de poder sobre o ambiente. No país, a pesquisa demonstra a ausência de instituições disciplinares típicas para a sua divulgação, conforme proposto por Foucault, até a proclamação da república (1889). As escolas eram em pequeno número voltadas para a educação religiosa, oratória e "bons costumes" sob o controle dos jesuítas no período colonial. Outra instituição disciplinar, o exército, não se aproximava da abordagem europeia de movimentos cronometrados das colunas de soldados, bem orientados, com tempos de deslocamento e disparo estudados e comandos por oficiais bem treinados com uma visão de engenharia para a gestão das características técnicas dos equipamentos. Na Guerra do Paraguai, que ocorreu de 1864 a 1870 e envolveu Argentina, Brasil e Uruguai, destacam-se as referências a falta de adestramento, uniformes e armas que causaram pesadas baixas ao exército brasileiro na primeira fase da guerra até aproximadamente 1868. As manufaturas foram proibidas até a vinda da família real, por isso o papel das fábricas como indutoras do melhor uso do tempo não aconteceu da mesma forma que os processos comentados por Foucault. Por essa razão, o campo e as cidades no Brasil têm uma paisagem muito diferente da dos países europeus. A monocultura do açúcar centralizava as atividades e grande parte dos alimentos não produzidos nas fazendas de engenho eram importados sob regime de monopólio. Isso não permitiu a formação de jardins e outras paisagens voltadas para a ideologia da razão.

Os recursos naturais estavam "disponíveis" para ser apropriados o mais rapidamente possível e não "aprimorados" como na Europa. Com exceção da cana-de-açúcar, as culturas de milho e mandioca foram mantidas como realizadas pelos índios. A perspectiva do jardim com formas geométricas claras não foi pensada para o Brasil que detinha uma floresta tropical densa e muito mais povoada por insetos do que a europeia. A grande busca econômica do período colonial era a mineração, de preferência o ouro. Essa visão economicista mais imediata se apropria da economia nos ciclos econômicos posteriores e chegará até a industrialização.

Mesmo assim, podem-se encontrar exemplos de superação individual como os estudantes brasileiros que se dirigiam a Portugal para aprender sobre novas técnicas de manejo da natureza para a agricultura.

O debate sobre a natureza no Brasil colônia

A preocupação com os recursos naturais datam do período colonial com objetivos bem específicos, identificá-los e explorá-los para beneficiar a metrópole. A princípio, a coleta de informações era feita de maneira não sistemática no início do século XVI, evoluindo para uma proposta mais atenta no final do século XVIII. Essa mudança corresponde à reformulação do ensino superior em Portugal, que introduziu a visão iluminista voltada para contabilizar os recursos vegetais e animais no império colonial, para poder transformá-los em recursos para o tesouro real. No fim desse último século, um dos principais recursos que financiava o império português estava em decadência e novas fontes de renda se faziam necessárias. A introdução do ideário iluminista coincide também com a administração de Marques de Pombal e seu desejo de mudanças nas formas de administração do Estado.

Somente com a vinda da família real para o Brasil, em 1808, tem início o desenvolvimento de uma abordagem mais próxima das práticas de ciência na Europa. O trabalho de Prestes (2000) destaca a figura do naturalista Manuel Arruda da Câmara – um dos primeiros brasileiros nomeado para o cargo de naturalista-viajante responsável por estudos de fisiologia, classificação e história geográfica para o império. Esses estudos coincidiam com os interesses de vários estudantes brasileiros nesse período que pretendiam melhorar a agricultura.

A adoção dessa perspectiva está relacionada com a reforma da Universidade de Coimbra, em 1772, e a contratação do professor Vandelli, da Universidade de Pádua. Vandelli propunha ações de estímulo aos vínculos entre o estudo de história natural e aplicações econômicas para o comércio e a indústria.

Propôs também que os formados fossem empregados no Estado para essas funções, dentre as quais a de naturalista-viajante.

Ainda no período colonial, destaca-se o interesse e o apoio de Maurício de Nassau para a vinda de estudiosos a fim de poder conhecer melhor a colônia e a mudança nos métodos de exploração de cana-de-açúcar, outras culturas e até na agricultura de subsistência. Esse primeiro período é denominado ciclo dos cronistas e das missões e incorporava também preocupações referentes ao tamanho das populações, distribuição, composição (brancos em relação a índios e negros). Havia motivos bem concretos para essa preocupação, desde a guerra, coleta de impostos e riscos de pestes e doenças que aqui foram tratados nos mesmos moldes de exclusão dos países europeus.

Mas o grande debate ocorreu em relação à visão renascentista dominante na época. Os europeus se deparam com uma grande diversidade, em primeiro lugar em relação a seus países de origem e, posteriormente, nas regiões tropicais. O espanto dos primeiros viajantes, que muitas vezes não estavam preocupados com uma visão científica, estava em como entender a ordem que estava oculta na vida tropical. Para a visão renascentista, a preocupação residia na ordem presente nos sinais ocultos que a vida ao redor do homem enviava. Ainda dentro dessa perspectiva, o cotidiano dos animais e de outros seres vivos desempenharia funções de utilidade para os seres humanos e por meio delas a ordem poderia ser conhecida. A floresta tropical majestosa parecia ser independente dos humanos e um enigma para os europeus recém-chegados.

Ao mesmo tempo na Europa a revolução científica estava mudando seus principais paradigmas. Valorizava-se o observável, a finalidade não pode ser mais presumida em função dos benéficos para o homem, mas pela sua morfologia e suas características. Os seres devem ser entendidos como uma unidade. A pesquisa não deveria se limitar às classificações, estas são redesenhadas para permitir uma visão mais ampla, refletindo inclusive particularidades e rejeitando um modelo único imposto pela transposição mecânica das ciências exatas para as da vida.

Não foi apenas a diversidade da floresta tropical que chamou a atenção na Europa. A colonização da América do norte e, posteriormente, da Oceania revelou diversidades e novas formas de organização de espécies que não podiam ser compreendidas pela ordem vigente. Ainda segundo Prestes (2000, p. 50) delineiam-se duas visões sobre o mundo natural. A primeira concebe a vida como um produto de uma natureza estável e a outra com base em uma natureza em mutação que precisa da fisiologia, da taxonomia e da história geográfica para reconstruir seus movimentos. A teoria da evolução recolocará o debate ao redor da história evolutiva dos seres vivos na natureza em contextos específicos.

A nova ciência reforçava o domínio material e a submissão dos recursos naturais ao homem. Essa visão justificava uma exploração ainda maior dos recursos das colônias para a metrópole. Cabe destacar que a colonização mudou a paisagem de diversas regiões. Novas plantas (como a cana-de-açúcar), novos animais (cavalos, burros) e até doenças foram impostos pelas metrópoles às suas colônias. O emprego dos jardins botânicos foi um instrumento para aclimatar novas espécies e construir um grande volume de conhecimento sobre o tema. Manuel Arruda da Câmara proporá a constituição de jardins botânicos nas principais cidades brasileiras dentro de uma vertente econômica dos fisiocratas franceses que consideravam a agricultura com a base da economia.

A economia colonial leva as metrópoles a encarar os jardins botânicos dentro de uma visão de ervas medicinais, acesso a matérias-primas, pigmentos e, principalmente orientações para a agricultura comercial.

Propriedade da terra e recursos naturais

Apesar de todo o debate sobre a natureza, o acesso privado à propriedade da terra no Brasil não podia transpor mecanicamente o ideário europeu sobre esse tema, como abordado no Capítulo 2. A terra era para se apropriar e usar rapidamente, pois o discurso da colonização era: domínio grande e recursos inesgotáveis. Porém, no Brasil, a propriedade era fruto de uma sesmaria, ou seja, doação ou benefício que dependiam do rei. Não havia cartórios civis para o registro de compra e venda de terras. No período colonial, as terras seriam distribuídas principalmente entre os que prestaram serviços militares, de administração dos interesses do Estado e os detentores de plantel de escravos (condição para exercer qualquer atividade econômica na colônia).

Se no cotidiano o Estado parecia indiferente aos problemas da rápida exploração dos recursos naturais, preocupações sobre o corte indevido de árvores aparecem nas Ordenações Filipinas, que também estabeleciam aos corregedores a autonomia para a construção de chafarizes e poços. Esse mesmo código proíbe, no seu sétimo livro, o lançamento de qualquer detrito que possa matar os peixes ou sujar as águas. Ainda, referentes às propostas de cuidados em relação aos recursos florestais no período colonial, o intendente-geral José Bonifácio de Andrade e Silva chega a propor o reflorestamento da costa do Brasil antes da vida da família real.

Outro fato que distanciava o Brasil da Europa refere-se a como constituir a figura do homem culto. As academias que reuniam os bem formados e letrados para a discussão de temas científicos foram proibidas pelo receio de se transformarem em foco de conspiração, como na Inconfidência Mineira (1789). O equivalente ao homem culto e bem formado no Brasil dependia do acesso e do relacionamento com as autoridades coloniais corretas.

Não se desenvolveu o conjunto de valores com base no desempenho dos corpos, no conhecimento, na observação meticulosa do trabalho e, por fim, na gestão voltada para o "aprimoramento dos sentidos". Muito ao contrário, ocupar-se de atividades materiais era considerado "coisa de escravo". Dos modelos disciplinares europeus, destacam-se as semelhanças com o medo da formação de grandes massas, de turbas de revoltosos e da rebelião de escravos. Dentre os medos encontram-se as pestes e os modelos de exclusão à elas associadas: a expulsão dos doentes para regiões onde deveriam morrer em paz. Em outras palavras, esta era a visão medieval do hospital pré-medicalização discutido no Capítulo 3.

A floresta tropical era vista como ameaçadora por algumas tribos indígenas e assim continuou com o homem branco. Dentre as ameaças destaca-se o emprego de emboscadas feitas por índios e negros rebelados dos quilombos. O melhor a fazer é derrubá-la, substituindo-a por uma paisagem não tão ameaçadora: cultura de cana, agricultura de subsistência. Enquanto o campo na Europa expulsava a população camponesa para as cidades e sofria um redesenho radical, no Brasil o campo recebia a grande massa de escravos nos ciclos da cana e da mineração, e sofria uma apropriação mais imediata. As cidades desempenhavam papel administrativo no início da colonização.

Cidades e disciplinas

As cidades eram relativamente pequenas, com habitações precárias, a vida econômica acontecia no campo. Recorde-se de que as primeiras cidades tiveram origem em feitorias fortes que excluíam diretamente parte da população (índios e escravos) de algumas atividades urbanas. O primeiro processo de urbanização da terra teve início com o ciclo do ouro, com impactos sobre a região de Minas Gerais. As cidades, nesse período, são ocupadas por edifícios administrativos com funcionários do rei (cada distrito possuía um guarda-mor com escrivão, tesoureiro e oficiais), sesmeiros que receberam do rei o direito de explorar lavras, comerciantes e algumas profissões. Como a exploração exigia trabalho de escravos, estes ficavam muitas vezes próximos às lavras, não havia motivo para frequentarem a vila. A dedicação à exploração do ouro fazia que os alimentos viessem de longe. Plantar nessas regiões foi desestimulado ao extremo pelo Estado. Esse fato gerava um custo de vida muito alto. O objetivo dessa carestia era estimular ao máximo a ambição por mais ouro, já que, como nada se produzia, tudo se tornava mais caro. Evidentemente, os preços impactavam os mais pobres e geravam becos de miséria ao redor da vila.

A política agrícola no período da mineração reproduzia as tensões geradas no ciclo da cana-de-açúcar pela visão imediata de exploração da terra. A escravidão e a ausência de um mercado consumidor local inibiam a agricultura para a produção de sobrevivência ou exportação. Como tal, os impactos ambientais foram notáveis; além do mais, as terras eram doadas também por sesmarias, o que estimulava uma visão muito imediatista e predatória.

Com o ciclo da mineração, ao lado da "cidade oficial" surgem habitações de ofícios não tão valorizadas, como alfaiates, reparos, ferreiros, tabernas, comércio e outros, que empregavam familiares e alguns poucos escravos. O aumento de preços devido à escassez de gêneros fazia crescer a pobreza, gerava uma situação de crise, agravando as condições de vida da população. Outros problemas se faziam sentir, um deles será a falta de água dependente das fontes e chafarizes. Essas fontes sofriam com problemas de má conservação, falta de chuvas e entupimentos. Além disso, a água era empregada na extração do ouro pela grande maioria dos exploradores. Estes não detinham grande volume de recursos para instalar lavras e extrair com técnica mais apurada, com melhor equipamento e com maior profundidade nas encostas das montanhas. A maioria garimpava com a bateia o cascalho dos rios e córregos, repassando resíduos para os fluxos de água a seguir. A atividade de mineração era predatória e contribuía para a erosão, assoreamento do leito dos rios e enchentes que até hoje acontecem. Paradoxalmente, a escassez de água comprometia diversas ocupações urbanas, manufaturas como têxteis exigiriam profunda reestruturação do abastecimento de água e de energia para serem implantadas (não havia carvão mineral). Desse ângulo, a proibição de fábricas com base legal era até relativamente desnecessária.

O problema da água era comum às cidades brasileiras. Em São Paulo, o primeiro grande chafariz para uso público foi construído no Largo da Misericórdia em 1792, e contava apenas com quatro torneiras de bronze com águas captadas do córrego do Anhangabaú, atualmente canalizado sob a avenida deste no centro de São Paulo. Essas fontes eram vigiadas por soldados para evitar as disputas na coleta de água que a população necessitava. A escassez de fontes de água locais marca o crescimento da cidade, que as contaminava com efluentes de matadouros, curtumes, lavagens de roupas e esgoto orgânico. As poucas fontes geravam amplo comércio de água feitas por ambulantes. Outro chafariz importante foi o Largo da Memória, igualmente no atual centro de São Paulo, que indicava o início do caminho para Sorocaba, era usado por viajantes, animais e escravos.

A própria origem da cidade está ligada ao acesso a água. A cidade cortada por diversos rios permitiu rotas de viagem para o interior utilizadas pelos bandeirantes. Significava também áreas sujeitas às inundações que foram dando origem às habitações mais precárias para os homens livres, pobres, escravos alforriados e outros recém-chegados. Em outras cidades encontramos situações próximas nas quais os espaços mais elevados, com maior visibilidade, são ocupados pela elite, enquanto outros mais baixos são deixadas para ocupações mais precárias, o que revela a dicotomia entre os espaços de inclusão (aqui denominados cidades oficiais) e os espaços de exclusão (habitações e bairros precários).

O crescimento do Rio de Janeiro seguia a mesma tendência, com a economia da cidade sendo gerada ao redor das atividades administrativas, do porto e da sua alfândega. Sua história está ligada também à concepção de defesa com a organização de uma "vila oficial" com prédios, igrejas e quartéis ligados à administração colonial, e os "becos" e demais áreas baixas deixados para as ocupações de menor prestígio e escravos. A cidade dispunha de um aqueduto que permitia água de melhor qualidade. A vinda da família real pouco altera essa dicotomia de exclusão com fronteiras inclusive físicas. Os muros das famílias bem relacionadas e dos prédios públicos restringiam o espaço de atuação de negros e homens livres. O jardim botânico e novos prédios administrativos não alteram a forma como as relações de exclusão definem o ambiente urbano. Apesar desse cotidiano, no plano do ideário diversas iniciativas são tomadas como a criação do Instituto Histórico e Geográfico Brasileiro – IHGB –, também criado por D. João VI. Nesse, será editada a *Revista Trimestral do IHGB*, que receberá diversas contribuições sobre as regiões brasileiras que permitiram avançar no conhecimento sobre as paisagens do interior do país e as possibilidades de exploração. Com base nesse conhecimento acumulado originalmente pelo IHGB, Dom Pedro II estimulará a criação dos institutos agronômicos pelo Brasil com a proposta de estimular a educação dos agricultores nos moldes das experiências norte-americanas, discutido no Capítulo 4.

Mesmo com a independência, o Distrito Federal organizava-se muito mais como um espaço de exclusão do que como espaço público. As residências valorizavam o lado privado, daí a cultura da demarcação, de controle sobre a vida pessoal. As residências combinavam o lado mais contemporâneo com bibliotecas e, ao mesmo tempo, dependências para escravos e porões para os agregados. Apenas com a república, o fim da escravidão, a cidade cresceu e a arquitetura começa a se transformar.

Saber médico, higienistas e meio ambiente no Brasil

As instituições disciplinares propostas pelos higienistas chegam ao Brasil no momento em que elas estavam sendo substituídas por um novo paradigma de gestão na Europa. A revolução pasteuriana começava a chegar ao Brasil por meio das vacinas e tratamentos que identificavam alguns males como causados por micro-organismos. Um exemplo é o desenvolvimento do saber médico no Brasil, que influencia as instituições disciplinares[1] criadas pela jovem república no final do século XIX. Por trás dessas instituições localizava-se um projeto de exercício do poder em relação aos segmentos populares e marginalizados, por meio da limitação do seu espaço de atuação, a partir de características biológicas e raciais.

O saber médico, no Brasil do meio do século XIX, incorporou vários dos pressupostos higienistas franceses que localizavam nos becos de miséria, existentes nos grandes aglomerados urbanos (com destaque para Rio de Janeiro, São Paulo e Salvador), as condições para a proliferação dos miasmas. É conveniente recordar aqui que a ocupação de morros teve início muitas vezes pelas ações do próprio Estado. Por exemplo, a promessa de terras aos soldados negros e mulatos para garantir seu envolvimento na Guerra do Paraguai. Após essa guerra, muitos deles se dirigem ao Rio de Janeiro e acabam "se acomodando" nos morros da cidade. Rapidamente, a população descobre que essa ocupação

---

[1] O disciplinamento do espaço se deu também juridicamente por meio dos códigos de postura municipais como o de São Paulo (1866) e o da constituição planejada de bairros residenciais, por exemplo, Higienópolis (cidade da higiene) em 1896.

põe em risco os "ocupantes" e seu entorno. Os códigos de postura incluem áreas em que as construções deveriam ser evitadas e medidas de preservação, tais como recuperar a floresta de algumas regiões da cidade deveriam ser tomadas, para evitar desabamentos.

Repetia aqui o discurso sobre ruas tortuosas que limitavam a circulação do ar, espaços fechados que concentravam os "maus odores" e o pequeno espaço reservado para o convívio familiar sadio, que gerava as oportunidades para "contados promíscuos" entre os membros das diversas famílias e difundia a anormalidade social. Os poucos esgotos retirados em barris eram feitos por escravos denominados tigres. Os cuidados com os esgotos e as doenças eram poucos, quando existiam formalmente sob a responsabilidade de uma autoridade ou comissão.

A reforma urbana de Passos Guimarães

A partir da necessidade de ordem urbana, os higienistas brasileiros construíram o projeto de organização do espaço urbano e, por extensão, do ambiente em algumas cidades. O saber higiênico forneceu os pressupostos para as primeiras propostas de regulamentação de cortiços que abrigavam a maior parte da população do Distrito Federal, com fortes impactos sociais.

Progressivamente, essas regulamentações foram atingindo vários momentos do cotidiano da população, como ilustra a Reforma de 1903 na cidade do Rio de Janeiro, que chegou a regulamentar desde a circulação de vacas, o exercício de profissões (como a dos leiteiros e açougueiros) até as visitas domiciliares (a limpeza pública podia inspecionar todas as habitações e retirar legalmente os detritos que poderiam pôr em risco a saúde pública).

Ao mesmo tempo, o prefeito Passos Guimarães dedicou-se a abrir avenidas e incorporar à cidade do Rio de Janeiro o modelo francês de espaços amplos de circulação (para garantir a aeração das construções), arborizados e iluminados. O território disciplinado foi obtido pela expulsão da população pobre (basicamente trabalhadores) das áreas centrais, e tornou-se nobres pela especulação imobiliária.

A reforma que orienta as avenidas centrais, como no padrão urbanístico da reforma de Paris, é realizada por Haussmann entre 1851 e 1870. O administrador francês via a cidade como um enclave medieval de ruas estreitas, muros e locais ocultos. Propôs a abertura de amplas avenidas, praças, *boulevards* e outras formas geométricas que domesticavam a cidade. Chamava a atenção a combinação do embelezamento estético e as intenções estratégicas de evitar barricadas e manifestações da plebe.

O Rio de Janeiro era marcado por constantes ameaças de conflitos e, nesse período, assistiu à revolta da vacina em 1904 em razão de uma lei que permitia que as brigadas sanitárias criadas por Oswaldo Cruz (também chamada brigadas mata mosquitos), acompanhadas por policiais, pudessem invadir as residências e aplicar a vacina à força na população. Naquele período, a população não conhecia os benefícios de prevenção da vacina. Note-se, aqui, as semelhanças dessa brigada com a polícia higiênica e seus métodos repressivos.

Os jornais e os manifestantes diziam que havia abusos das brigadas contra a população mais pobre nessas "visitas". Havia também boatos de que a injeção deveria ser aplicada nas regiões íntimas, o que deixou maridos enfurecidos. Na realidade, o período escolhido visava impedir o ciclo de reprodução do vírus entre os seres humanos. A violência foi tal que o estado de sítio foi implantado e alguns dos manifestantes enviados para o distante Acre, na região amazônica.

Com o advento da eletricidade, a chegada do encanamento de água no final do século XIX, a cidade começa enfim a mudar aos poucos. Nessas condições, elabora-se um novo traçado de avenidas e ruas e consolida-se a reforma urbana de Pereira Passos. A população mais pobre é expulsa para os subúrbios cada vez mais distantes. A especulação imobiliária cresce nas áreas mais ricas e criam-se novas formas de ruptura na cidade. As casas se modernizam ao longo do século XX, os "tigres" que removiam os esgotos são agora desnecessários. As diferenças deslocam-se para condições de vida, acesso a serviços de saúde, educação, lazer e sanidade mental.

Psiquiatria e discurso higiênico
O Alienista, de Machado de Assis

O papel disciplinar da psiquiatria higiênica no Brasil é maior do que se pensa. Uma maneira inovadora é recuperar essas influências em outras áreas, como a literatura. No conto de Machado de Assis, o alienista encontra-se em uma crítica muito elaborada aos excessos do saber médico. O conto se passa propositadamente em uma pequena cidade, chamada Itaguaí, que garante ampla visibilidade ao projeto disciplinador do médico alienista Simão Bacamarte muito conceituado em Portugal e na Espanha. No início, Machado já explora a valorização ao estrangeiro em detrimento do local.

Esse doutor se dedica à psiquiatria e classifica a loucura em graus. Nessa cidade, funda um hospício – Casa Verde – para poder testar suas teorias. A ironia de Machado é profunda: aos detentores do conhecimento faltam o saber ético e o respeito aos mais simples. A pequena cidade é um laboratório frio para suas teorias que precisam ser testadas em pessoas ingênuas. O alienista assume o papel de gestor da higiene moral, pessoas são internadas por condutas que considera seu único juízo sinônimo de anormalidade. O jovem e inexperiente Costa realizou empréstimos descuidados. Sua prima, que intercedeu a seu favor, também foi isolada. O poeta Brito, amante das metáforas, pela maneira como se referiu ao Marquês de Pombal, também foi isolado. Sua esposa também foi segregada porque não sabia qual colar usar para ir a uma festa. Uma forma muito irônica de criticar a "fidelidade" de alguns intelectuais a seus paradigmas em detrimento daqueles que deveriam ser as pessoas mais próximas. Se ele trata a esposa dessa forma, pode-se imaginar o que fará com os desconhecidos a quem pode imputar todo o acervo de suas teorias sobre normalidade e anormalidade.

Se de início a vila de Itaguaí apoiou a atuação do alienista, desconhecia sua atuação autoritária e centralizadora. Essa atuação causa uma revolta popular bem ao estilo do império, a Rebelião das Canjicas. Logo após, o líder vitorioso barbeiro Porfírio recompõe-se com o alienista e mais uma intervenção militar prende os revoltosos no hospício e reabilita Simão Bacamarte.

A situação chega ao absurdo e Machado utiliza a literatura para propôr uma situação paradoxal. A maior parte da população estava internada, logo os normais são a minoria e, portanto, eles são os loucos. Por extensão, eles devem ser incorporados ao hospício. Nessa imagem literária, Machado questiona a anormalidade com maestria e antecipa o fato de que se todos os procedimentos higienistas fossem obedecidos, poucos normais restariam. Mas o ego do alienista é o verdadeiro doente e a trama do conto leva a outro absurdo: fiel apenas a seu método científico, Simão Bacamarte conclui que a loucura estava latente em todos, mesmo nos poucos normais que estavam fora do seu hospício. Restava apenas um são em toda a cidade: Bacamarte. Não haveria outra saída possível, ele se interna na Casa Verde e morre dezessete meses depois. A população comenta com simplicidade que ele seria o único louco na cidade, apesar disso recebeu honras póstumas.

Nesse conto de 1882, a capacidade de Machado de Assis de antecipar situações aparentemente absurdas, aparece no fato de que uma das primeiras medidas da república foi regulamentar a profissão de *alienista* com a encarregada da administração dos hospícios. O novo Estado republicano passa a emitir uma série de legislações para regulamentar a constituição de instituições para receber os alienados em todo o país.

Bases biológicas da psiquiatria republicana

A base do exercício do poder da psiquiatria republicana residia no biologismo social. O darwinismo social teve origem com o movimento lançado por Leonard Darwin, filho de Darwin, que se dedicou a combater a legislação de amparo aos pobres na Inglaterra, alegando que a raça branca corria sério risco de deterioração em virtude da elevada taxa de reprodução dos "tipos mal-adaptados". Para Leonard, o Estado deveria ter uma política de controle da natalidade para limitar a reprodução dos tipos "inferiores". O darwinismo social relacionava-se também com o "racismo científico" ao relacionar diretamente o sucesso biológico a dada raça. Cada raça ocuparia um lugar determinado na hierarquia biológica encabeçada pela raça ariana pura, e demais raças inferiores como judeus, amarelos e negros.

Uma das primeiras medidas do novo regime foi elaborar a constituição de 1891 que suprimiu o voto censitário (por renda), mas manteve uma nova forma de exclusão: proibir o voto dos analfabetos, o que na época retirou o direito de participação de grande parte da população brasileira, principalmente ex-escravos. Dessa forma, o Estado garantiria o acesso aos direitos básicos, porém as diferenças biológicas se imporiam em função da inteligência, da dedicação e do conhecimento. Encontram-se aqui fundamentos da visão higienista.

Esse biologismo retomado apressadamente por alguns positivistas brasileiros após a proclamação da república em 1889, significava que a anormalidade deveria ser varrida do espaço público. O hospício, as prisões e as escolas deveriam cumprir um papel mais atuante para esse objetivo, ou, em outros termos: o ideário republicano redescobre as instituições disciplinares às portas do século XX. Porém, o que se entendia por anormalidade era um conceito moral muito mais ligado ao questionamento à ordem estabelecida e à racionalidade do novo regime republicano.

O crescimento dos asilos em São Paulo demonstra esse fato. Alguns anteriores à república como o Asilo dos Leprosos (1863), o Asilo das Órfãs da Santa Casa (1878), a Hospedaria dos Imigrantes (1891), serviço de identificação de mendigos (1902), Asilo dos Inválidos e outros. A Hospedaria dos Imigrantes adota a preocupação de identificar os possíveis anormais e isolá-los para evitar o contágio, seguindo procedimentos semelhantes aos dos Estados Unidos. E é em São Paulo que uma das maiores instituições disciplinares será elaborada: o Hospício do Juquery, em 1898, pelo psiquiatra Francisco Franco da Rocha, com a proposta de ser um instrumento para reduzir os malefícios da industrialização da Cidade de São Paulo como desemprego, alcoolismo, prostituição, vícios e más condutas, através da higiene mental. Pacientes foram encaminhados pela polícia, fábricas e outras instituições. Destaque-se o contato entre a administração do Juquery com os adeptos do taylorismo na cidade, o que envolveu a *Revista do Idort* (Instituto de Organização Racional do Trabalho), que difundia esse ideário nos anos 1930.

Foram criados diversos instrumentos para repensar o ambiente urbano, supervisionar as condições de convívio e reprodução humana para que o Estado pudesse lidar com as desigualdades naturais que se impunham. Reproduzem-se os enunciados franceses sobre a família. Por extensão, o controle sobre a família (principalmente a trabalhadora) permitia também normalizar as massas à turba, a multidão de imigrantes e miscigenados que comprometiam a "civilidade" da elite branca em função dos seus atos morais.

Nessa direção, os higienistas e psiquiatras brasileiros influenciaram o novo Estado até na organização dos seus arquivos policiais. Estes passam a ser organizados de maneira que identificassem, além dos crimes violentos, os indolentes, os preguiçosos, os alienados, os intelectuais e os artistas de forma a remetê-los aos hospícios. O papel político do darwinismo social revela-se fundamental para gerenciar as desigualdades sociais da nova república. Dito em outros tempos, o Estado republicano garantia igualdade de direitos a todos os cidadãos, porém as "diferenças biológicas" geravam tensões que precisavam ser administradas pelas novas instituições disciplinares (hospícios, prisões, escolas e as fábricas).

A construção das novas fábricas e das vilas operárias é estimulada a se converter em instituições disciplinares, a partir do início do século XX, em São Paulo. Nelas imperava um rígido código moral, que limitava o espaço mínimo entre as residências, separação entre cômodos no seu interior para permitir a circulação do ar, a privacidade entre as famílias e os "bons costumes entre pais e filhos". A energia elétrica era desligada nos horários corretos para estimular ao máximo a "moral, os bons costumes e a vocação para o trabalho". Da mesma forma, o álcool e os bares não eram tolerados pelos seus efeitos danosos à "moral masculina". As creches para os filhos dos trabalhadores foram, muitas vezes, administradas por ordens religiosas que reafirmavam a unidade de interesses entre capital e trabalho.

Além dos aspectos ideológicos, em caso de qualquer "ameaça" (rebeldia ou sindicalismo), a casa habilitada pelo trabalhador deveria ser desocupada imediatamente e sem indenizações. Como consequência, na base desse discurso reside uma justificativa para organizar a interferência planejada nos mínimos detalhes do cotidiano do trabalhador. Somem-se a essa atuação os estigmas raciais (inferioridade biológica, psiquiátrica e moral) que marcavam até criminalmente a gestão do trabalho no ambiente fabril. Portanto, podemos dizer que, no início do século XX, a gestão ambiental confundia-se com a questão social e racial no Brasil.

A visão higiênica e biológica não se dedicou a eliminar a pobreza a partir das suas causas sociais, ao contrário, considerava naturalmente a diferença entre os seres, o que permitia justificar a ordem, a hierarquia (dos segmentos sociais mais "competentes" e "instruídos" sobre os demais) e a rígida normatização das relações entre classes. Reproduzindo, dessa forma, alguns dos pressupostos iluministas, vistos anteriormente, sobre a organização hierárquica da natureza.

Psiquiatria e eugenia

A psiquiatria republicana no Brasil, segundo Maria Clementina da Cunha (1986, p. 46-47), assimilou tardiamente uma prática asilar que estava sendo abandonada na Europa, ou seja, uma abordagem muito mais voltada para a exclusão social do que para o atendimento médico efetivo. Esse atendimento continuava baseado apenas no "tratamento moral", nos moldes do século XVIII, ou seja, com instituições orientadas para assistir, tratar e consolar, em oposição às atividades concretas voltadas para a cura.

No Brasil, essa perspectiva de "tratamento moral" reflete o "atraso" na abordagem social da saúde e da economia. Esses aspectos médicos e psiquiátricos refletiam também as particularidades da industrialização tardia. A organização do trabalho em países como o Brasil do início do século XX, não assimilava totalmente os paradigmas da II Revolução Industrial, vistos no Capítulo 4 e mantinha os mecanismos de exclusão social e econômica do trabalho. Interessava ao capital manter a pobreza como base da acumulação e não implantar sua reprodução com base no consumo de massa. Portanto, os empresários industriais não pretendiam de fato incorporar o projeto taylorista de transformar o trabalhador em consumidor por meio do repasse da produtividade ao trabalho, muito ao contrário, voltaram-se para estruturar um projeto de acumulação com base na exploração do trabalho desqualificado e barato.

Ao longo da república ficará claro que esse projeto manterá a subordinação da economia brasileira à exportadora de produtos simples, pois esse projeto será necessariamente local. Como consequência, tal projeto maximizou as desigualdades da sociedade Brasileira em vários níveis (educação, saúde, habitação) e seus efeitos se prolongam até o presente, o que demonstra inexistência de mecanismos de regulação, conforme discutido no Capítulo 1.

Com o reflexo da ascensão do fascismo no Brasil nos anos 1920, com quase cem anos de atraso em relação à Europa, a teoria da degenerescência do médico-higiênico começa a ser substituída por uma tecnologia disciplinar: a eugenia. Segundo Heloani (1991, p. 307), os objetos de exercício do poder deslocam-se da erradicação dos miasmas e dos odores fétidos (reordenação do espaço urbano) para ordenar em detalhes a vida mental dos segmentos populares (cultura, hábitos, representações e traços étnicos).

A eugenia Brasileira[2] retomava uma imagem biológica fundamental para representar "organicamente a sociedade" a partir da ordem hierárquica e complementaridade de funções entre seus membros. Nessa direção, qualquer questionamento era apresentado como uma ameaça à ordem, classificado como "doença" e cirurgicamente extirpado para manter a saúde do corpo social.

Mais que isso, o novo discurso de poder se propunha analisar essas "ameaças à ordem", não apenas a partir do indivíduo, mas dentro do seu grupo étnico. Sofisticavam-se, portanto, as justificativas para o exercício do poder que não se dirige mais para o doente individualmente, mas para delimitar as atuações de grupos étnicos na sociedade.

Novamente, o meio ambiente urbano (caracterizado como vasto, complexo e desorganizado) será reelaborado através de imagens biológicas, bem ao estilo

---

[2] A primeira Liga Eugênica do Brasil será organizada em São Paulo pelo médico Renato Kehl em 1917 (ano da grande greve geral).

dos médicos higienistas franceses, e apresentado como "caldo de cultura" capaz de pôr risco a normalidade social. Como decorrência, a cidade e as relações entre as raças deveriam ser adequadamente conduzidas. Os exemplos ilustrativos foram as campanhas contra os vícios morais que ameaçavam a harmonia do lar: o alcoolismo, a falta de higiene, a promiscuidade e a vida desregrada. Essas campanhas utilizaram a imprensa e o rádio, pela primeira vez no Brasil.

A psiquiatria eugênica brasileira aproximou-se também dos projetos racistas do nazifascismo no final dos anos 1920. Essa proximidade se expressava no projeto de incluir o indivíduo em uma comunidade, com direitos e deveres rigidamente definidos pelo Estado e, a partir daí, inseri-lo em uma estratégia nacional de aprimoramento de raças. Essa estratégia deveria regulamentar, com base no saber médico, a miscigenação, o contágio e as uniões "racialmente insanas". Com essa argumentação, foram organizados os primeiros arquivos psicológicos sobre os problemas mentais dos imigrantes, com o objetivo de impedir a "entrada de degenerados no Brasil" (leia-se contestadores).

Do ponto de vista político, segundo o psicólogo Jurandir Freire Costa (1976, p. 75/76), os eugenistas brasileiros se aproximavam do ideário nazista pela sua crítica aos malefícios da liberdade individual de escolha. Para ambos não havia espaço para o indivíduo, mas para a disciplina dos grupos étnicos e raciais que o geraram. Portanto, criticam uma das principais bases étnicas da democracia liberal e defendem um Estado centralizador para regulamentar e dominar os grupos raciais vistos como biologicamente inferiores.

Outro aspecto relevante da psiquiatria eugênica no Brasil: ela não se limitou às residências operárias, e formulou o primeiro projeto de gestão disciplinar integrado ao ambiente fabril. Esse projeto tinha por objetivo limitar a possibilidade de contágio entre os "desqualificados" (mais propensos a acidentes, faltas, erros e contestação) e os trabalhadores sãos. Para tal fim, caberia ao psiquiatra, detentor oficial do conhecimento em relação aos padrões de normalidade: selecionar, orientar e adaptar os trabalhadores às tarefas adequadas às suas "aptidões mentais".

Porém os psiquiatras eugênicos, à semelhança dos primeiros higienistas, não estavam interessados na cura da doença mental, mas em combater as "qualidades morais inadequadas" dos indivíduos que geravam a doença. Dessa forma, isolavam a questão social no Brasil de qualquer responsabilidade sobre as causas da doença. Em outras palavras, não eram as desigualdades sociais, pobreza, fome e exclusão social que causavam problemas mentais e de saúde, mas os vícios individuais que tinham origem principalmente no grupo étnico e racial originário do "degenerado".

Ainda nesse sentido, a psiquiatria eugênica dá continuidade ao projeto de exclusão social do trabalho na sociedade brasileira ao desqualificá-lo mentalmente, apontando-o como fonte de "degenerados", "psicopatas", "mestiços", "loucos", "rebeldes", "anormais" e "patológicos". Entretanto, no final dos anos 1920, a industrialização atinge um novo patamar de complexidade e o "tratamento moral" dos vícios do trabalho passou a ser insuficiente para as novas necessidades do capital, que apela para as propostas (disciplinares) tayloristas a fim de incrementar o "desempenho" dos trabalhadores.

Não havia nenhuma preocupação com os custos sociais e ambientais dessa proposta. Pela extensão dos mecanismos de controle genericamente propostos, pode-se pensar o número de pessoas, instalações, prédios, recursos e tempo que seriam investidos. O crescente número de anormais teria um custo de administração elevado o que recoloca aqui a ironia de Machado de Assis de que se todos os procedimentos dos alienistas fossem postos em prática, poucos normais restariam.

Ambiente e taylorismo no Brasil

A difusão do ideário taylorista no Brasil teve início com as primeiras experiências de organização do trabalho na construção civil na cidade de Santos em 1918, por Roberto Simonsen. Essas experiências pretendiam, responder ao controle de mercado de trabalho realizado pelo sindicato da categoria. Mediante propostas de disciplinar o trabalho por meio da administração científica, Simonsen acreditava ser possível reorganizar a produção em bases mais produtivas. Dessa maneira, seria possível aos empresários se contrapor ao sindicato, aumentando os salários e implementando uma política de cooperação[3] capital-trabalho.

O taylorismo no Brasil manteve vínculos muito particulares com o saber médico e psiquiátrico ao assumir várias de suas propostas disciplinadoras.[4] Um exemplo muito ilustrativo pode ser recuperado na pesquisa de Heloani (1991, p. 322) que recobra trechos do discurso de agradecimento

---

[3] A cooperação entre capital e trabalho é um dos pontos de partida do ideário taylorista. Por intermédio dela, seria possível fornecer o máximo de prosperidade para patrões (lucro) e para empregados (salários).
[4] Os membros Idort chegaram a elaborar propostas de questão do ambiente urbano com base na eugenia que serão objeto de trabalho posterior.

de Simonsen a cooperação dos trabalhadores que permitiu pôr fim a uma epidemia de gripe espanhola em 1918. Segundo esse discurso, o modelo de cooperação posto em prática entre os trabalhadores e patrões havia criado uma "identidade de interesses", que poderia se consolidar ainda mais, na difusão da administração científica. Dito em outros termos, a consolidação da cooperação capital-trabalho também no campo econômico levaria ao processo pelo reconhecimento dos esforços de cada classe ao "barateamento da produção e à melhoria das condições de vida".

Outro exemplo do emprego de enunciados de poder para a administração a partir de imagens biológicas pode ser encontrado em Aldo M. Azevedo, conhecido engenheiro paulistano membro do Idort. Segundo Heloani (1991, p. 351), Azevedo,[5] em um dos seus artigos, propunha a analogia entre a pretensa racionalidade do corpo humano (hierarquia e complementaridade entre as partes) e a administração. Ambos seriam compostos por agentes executores (que obedecem sem discutir) e os centros diretores (cérebros da organização). Nesse sentido, subverter a ordem implicaria em ato contrário à "ordem natural".

O discurso eugênico interferia sobre algumas das principais propostas da administração científica, os procedimentos recrutamento, e seleção e avaliação de desempenhos. Uma das propostas inovadoras de Taylor em relação ao desempenho do trabalho foi a implantação de fichas individualizadas com informações detalhadas sobre cada operário. No Brasil, a visão eugênica incorporada a essas fichas foi o diagnóstico de moléstias crônicas, "depauperantes" e "moralmente comprometedoras". Avançando ainda mais nesse sentido, essas fichas individuais permitiam até o controle policial dos "degenerados".

Outro desdobramento do discurso médico-psiquiátrico incorporado pelo taylorismo brasileiro foi o emprego da psicotécnica (testes de seleção, treinamento e avaliação) para ter acesso à subjetividade do trabalho. Esses testes visavam classificar as aptidões de cada indivíduo em função das exigências do posto ou cargo, e também localizar as "aberrações", "manias" e "anormalidades" que pudessem comprometer os trabalhadores "vocacionados" e "corretos". Nesse sentido, os testes psicotécnicos aproximavam-se das propostas eugênicas da Liga Brasileira de Higiene Mental.

A preocupação com a subjetividade do trabalho continuou sendo objeto de preocupação da Liga Brasileira de Higiene Mental. Segundo Heloani

---

[5] *Revista de Organização Científica* (Idort), São Paulo, n. 3, março de 1932. p.6.

(1991, p. 385), a *Revista de Organização Científica* publicava um artigo que pretendia relacionar a "inferioridade emocional", produto das personalidades "mal-ajustadas" como responsáveis por uma atuação desfavorável no ambiente de trabalho, o que favorecia a ocorrência de acidentes. Em outras palavras, os "sádicos" e os "masoquistas" acabavam causando os acidentes. Dessa forma, a eugenia apresentava-se como uma nova versão para discurso de poder que imputava a desqualificação do trabalho com base na inferioridade psicológica, o que justificava a intervenção da racionalidade administrativa na elaboração da produção para preservar até o corpo do trabalhador da "sua própria imaturidade".

Essa perspectiva seria estendida até a gestão dos hospícios. Segundo o ideário eugênico, os princípios tayloristas seriam empregados em duas frentes na administração asilar: na laborterapia (o trabalho como instrumento de reintegração do doente mental à sociedade) e nos mecanismos administrativos propriamente ditos (almoxarifado, controle de matérias e ferramentas). Em relação a esses últimos, o hospício do Juquery foi dividido em sessões, e cada uma delas somente poderia retirar o material necessário (armazenado por especificações) por meio de um talão de requisições numerado que discriminava os responsáveis. Cada requisição deveria ser arquivada para posterior controle. Em todo asilo imperavam normas rígidas de trabalho por meio do emprego de relógios de ponto, boletins de serviço (entregue para cada funcionário com instruções detalhadas sobre a tarefa a ser realizada), supervisão local através do chefe e supervisão geral realizada pelo escritório administrativo central. Os contratados, obviamente, deveriam ser selecionados por extenso programa de testes psicotécnicos.

A partir do exposto anteriormente, será possível formular uma crítica mais contundente às particularidades do taylorismo no Brasil: sua implementação foi realizada de uma forma muito simplificada, voltada muito mais para o controle direto do trabalho (aspectos disciplinares) do que para a sua qualificação. Não houve a preocupação com repasse de produtividade e a constituição de mecanismos de regulação social. Algumas das principais propostas de Taylor não foram concretamente adotadas, por exemplo, a melhoria dos salários em contrapartida ao aprimoramento da produção, o respeito à fisiologia, como atestam o crescimento de doenças profissionais como a tuberculose nos vidreiros, anemia nos sapateiros e os escandalosos índices de acidentes de trabalho até o presente. A preocupação com o desperdício e os recursos naturais igualmente foi "adiada" para outros tempos. Desnecessário dizer o custo ambiental transferido para as gerações futuras.

Outro indicador, da maneira simplista de como o taylorismo foi incorporado no País, refere-se ao conceito de produtividade adotado pelos empresários paulistas do início do século. Esta era vista como o produto do alargamento da jornada de trabalho e não como produto do estudo sistemático da organização da produção e, por extensão, do rendimento do trabalho. A arquitetura das fábricas reflete esse projeto ao distribuir a localização dos postos de trabalho com o objetivo de vigiar e, como consequência, fazer que o operário trabalhe mais. Para tal fim, o espaço fabril evitava aglomerações, as janelas se localizavam no topo de paredes elevadas para impedir a visão do exterior, os sanitários eram construídos à distância do local de trabalho para permitir o controle a seu acesso.

Portanto, a fábrica refletia um projeto político de administração de exclusão intelectual do trabalho, isolando-o dos centros de decisão e da perspectiva "racional" de aprimoramento da produção. Dito de maneira mais clara: as primeiras experiências tayloristas no Brasil privilegiaram o controle, a desorganização política do trabalho e não sua "eficiência". As consequências desse projeto político se fazem sentir até o presente no chamado modelo de rotinização do trabalho, e revertê-las nos parece o grande desafio para um país que pretenda entrar pela "porta da frente" no século XXI.

Modelo de rotinização, eficiência econômica e meio ambiente

O modelo de rotinização do trabalho foi concebido pelo Prof. Fleury (1983). A partir de uma pesquisa de campo, o autor defrontou-se com uma situação que contrariava o que se imagina na época ser o cotidiano das empresas no país. Em plena época do milagre econômico, Fleury descobriu que a grande maioria das empresas pesquisadas (trinta dentre 32) não utilizava os padrões convencionais de organização do trabalho, ou seja, essas empresas estruturavam a produção evitando grupos de trabalho, não estabeleciam a maneira ótima de produzir (estudo de tempos e movimentos muito restritos), não realizavam desenvolvimento (qualificação do trabalho) e não se preocupavam em medir (retribuir) a produtividade. Na prática, o "planejamento" do trabalho limitava-se à simplificação dos métodos de trabalho a fim de permitir que qualquer trabalhador pudesse ser empregado sem a necessidade de treinamento (conhecimento). Dito em outros termos, o trabalhado estava sendo organizado para permitir a rotatividade da mão de obra e sua fácil substituição e não a melhoria dos processos produtivos.

A essa forma de organização do trabalho, Fleury denominou Modelo de Rotinização. Do ponto de vista da engenharia, esse paradigma de gestão estava orientado para a desqualificação sistemática do trabalho, o que gerava custos adicionais para a empresa. O crescimento da demanda e um mercado protegido permitia que esses custos fossem repassados para a cadeia produtiva e para o consumidor. Dessa maneira, o modelo de rotinização assume implicitamente uma série de externalidades (efeitos indesejados) da economia ao ambiente.

As consequências, porém, transcendem o aspecto político. A persistência de uma política voltada para a exploração do trabalho permite a utilização de equipamentos defasados tecnologicamente (como no consumo de combustível) e uma organização do trabalho com resultados decepcionantes, por exemplo: alto percentual de retrabalho com perdas recorrentes de matéria-prima, energia, água (quando comparados aos padrões internacionais e com impactos ambientais consideráveis). O modelo de rotinização estava no sentido oposto ao que ocorria nos países centrais que estavam aprendendo que não é possível separar as condições de produção dos seus reflexos nos padrões de consumo e, por extensão, no meio ambiente.

Igualmente, não será por acaso as críticas que alguns empresários e governos farão às primeiras conclusões do Clube de Roma nos anos 1970. O argumento era: tragam suas indústrias poluidoras para o Brasil, o país é grande e tem recursos à vontade. Nota-se as bases disciplinares do argumento da externalidade, a "infinitude" de recursos permitirá que o país se recupere rapidamente, pois os efeitos da poluição são locais e os recursos são nacionais. Os argumentos do Clube do Roma identificavam os recursos como finitos, o que exigia a mudança dos padrões de consumo. Outro enunciado associado à externalidade refere-se às oportunidades de emprego e desenvolvimento tecnológico que essas indústrias trariam para o país. Mais uma vez, repete-se o discurso das autoridades higiênicas parisienses sobre as vantagens do progresso técnico: o aumento de salários e a necessidade de sacrifícios presentes.

Um desses sacrifícios será constatar que o crescimento estava gerando um problema semelhante ao dos países ricos: a escassez de locais para a disposição final de resíduos e lixo. No caso das cidades brasileiras, o velho problema do lixo e do esgoto reaparece nos anos 1970.

Nesse período (anos 1970/1980), uma série de mudanças está correndo nos países centrais que leva a novas tensões e lança as bases para novos paradigmas de gestão ambiental. A experiência japonesa, adotada pelos países escandinavos, mostrara em meio à crise desses anos, que mudanças poderiam ser implantadas.

O Conhecimento como Resposta à Crise Econômica e Ambiental

Gestão do conhecimento

Este capítulo discute a gestão do conhecimento em meio a crise dos anos 1980 e 1990. Apesar dos duros impactos dessa crise antecipados no Capítulo 1, formas alternativas de gestão como a produção enxuta que contribuirá para a gestão do conhecimento são elaboradas. A gestão do conhecimento não é apenas a alternativa tecnológica, e este capítulo a apresenta como uma solução multidisciplinar no final do século XX, para responder a problemas diversos: desde a organização do trabalho, melhor aproveitamento dos investimentos até as respostas das empresas ao crescimento da percepção dos efeitos dos problemas ambientais por parte da sociedade e, mais especificamente, do consumidor. Inclui-se aqui também uma perspectiva crítica a este capítulo: a de questionar a maneira pela qual a gestão do conhecimento tem sido empregada como uma variante apenas tecnológica da gestão de produção e competitividade para fins mais imediatos.

Mesmo dentro de uma abordagem tecnológica, encontram-se outras preocupações combinadas que têm exigido ações mais complexas. Segundo Terra (2002), um projeto de gestão do conhecimento envolve softwares, mas também abrange o lado social, ou seja, grupos de conhecimento que organizam e trocam informações entre si de maneira organizada sob a forma de documentos cadastrados com critérios definidos para toda a organização. Dessa maneira, as experiências de projetos anteriores estão disponíveis para que as novas demandas sejam confrontadas com resultados de acertos e erros, critérios de organização dos grupos, papéis dos executivos, adaptação de softwares e, principalmente, critérios para prazos. O que me permite acrescentar: a competitividade da empresa recebe um tratamento mais amplo, com diversas bases de conhecimento, formação sustentável do capital intelectual dos seus membros, antecipação dos impactos ambientais e a capacidade de planejamento em detalhes desses últimos.

Da mesma forma que as empresas estão implantando esse modelo com base em redes de negócio ao compartilhar interesses com parceiros e fornecedores em detalhes dentro da cadeia de negócios, as questões ambientais passaram a merecer o mesmo enfoque colaborativo. Substitui-se a visão de uma empresa isolada com fornecedores eventuais típicas do início do fordismo por uma rede que envolve organizações públicas, redes de empresas privadas e o próprio Estado na discussão de soluções ambientais de longo prazo, e não ações reativas isoladas e parciais.

O conceito de gestão do conhecimento aqui exposto parte de uma abordagem consistente de planejamento no qual cada atividade independente do local e das empresas dentro da cadeia produtiva tem seu impacto avaliado especificamente (por exemplo: a contribuição para a emissão de gases de efeito estufa) e integrado ao produto e ou serviço (impactos durante o consumo e a disposição final). Um dos resultados dessa rede é a inovação presente na redução persistente do ciclo de vida dos produtos, na capacidade de incorporar soluções criativas (reaproveitar circuitos para produtos com uso mais rotineiro, nos materiais capazes de ser reempregados, redução do consumo de energia e no desenvolvimento de energias alternativas).

A redução do ciclo de vida aumenta as responsabilidades das empresas, tornando os problemas ambientais mais visíveis para a opinião pública e para as agências responsáveis. Um exemplo são as redes de coleta de baterias usadas de celulares não previstas no início da sua comercialização e que hoje envolvem distribuidores, varejistas e supermercados. A coleta de lâmpadas florescentes também passa por um processo semelhante. Essas ações são de pequeno calibre, restam as questões de fundo, como: a energia com base no carvão, as políticas de transporte que envolvem desde a eficiência de motores até uso de combustíveis menos poluentes e uma agenda clara com desdobramentos sobre preservação florestal, de espécies animais e vegetais na construção de grandes obras públicas.

Porém, existe uma abordagem mais imediatista no interior dessas redes voltadas para a exportação de tecnologia para países em desenvolvimento, do mesmo modo que nos dois paradigmas analisados existem contradições políticas que devem ser discutidas, agora relacionadas com a produção de bens intangíveis.

O conhecimento está se transformando no resultado de uma teia não apenas de organizações, mas das diversas formas de conhecimento acumulado dentro delas. Este deixa de ser um desdobramento de diretrizes predefinidas, para se transformar em desafios ao capital intelectual dos colaboradores presentes nesses desenhos. Nessa direção, criatividade, capacidade de trabalho em times multidisciplinares, liberdade de propostas, envolvimento do trabalho se transformaram em desafios para os gestores públicos e privados. Vale a pena retomar como esse debate foi proposto como "planos alternativos" em oposição a alguns dos fundamentos do fordismo, que não toleravam abordagens alternativas de como o trabalho poderia ser feito. Essa intolerância residia na separação radical entre a execução do trabalho e seu planejamento. Essa oposição envolveu desde aspectos pouco conhecidos como o Plano Scanlon até a gestão de qualidade proposta por Edward Deming e recusada de início nos Estados Unidos pelas grandes indústrias.

Planos alternativos

A partir do fim da II Guerra Mundial, começam a aparecer nitidamente nos Estados Unidos sinais de que a organização científica do trabalho não poderia mais propiciar aumentos crescentes de produtividade, conforme acreditava seu ideário. Durante a Segunda Guerra Mundial, a produtividade havia sido causada pelo congelamento de salários e o esforço ideológico de guerra que fez que jornadas de trabalho maiores e com cadências mais rápidas não fossem questionadas. Já em 1947 ocorrem greves por aumento de salários e melhores condições de trabalho, que envolviam o pedido de novos equipamentos e métodos de trabalho. Foi nesse momento que os primeiros questionamentos sobre a organização do trabalho taylorista e fordista ganharam espaço e questionaram os mecanismos de regulação da economia durante a guerra. O debate envolvia a necessidade de novos equipamentos para substituir os antigos e sucateados pelo esforço bélico. Para muitos setores da economia foi muito difícil adquirir novos equipamentos durante o conflito, pois grande parte do esforço estava orientado para a produção de equipamentos para o exército.

Os sindicatos reagiram logo ao fim da II Guerra Mundial contra o discurso empresarial que argumentava manter os salários congelados para "facilitar" a reconversão da economia. Entre 1945 e 1946, ocorreram várias greves nos Estados Unidos pelo descongelamento de salários que envolveram milhares de trabalhadores, como por exemplo: a GM (225 mil trabalhadores), a indústria do aço (750 mil trabalhadores) e a indústria eletrônica (200 mil trabalhadores). O governo norte-americano reage a esses movimentos reivindicatórios, aprovando leis específicas para o controle dos sindicatos relacionadas à visão de segurança nacional, além de uma série de medidas regulatórias voltadas para estimular o investimento na economia.

O governo Truman aprova a lei *Taft-Hartley* (1947) que exige que os sindicatos sejam filiados ao National Labor Relations Board (NLRB), o qual exigia dos sindicatos os *estatutos* e a *relação de filiados* para poder funcionar.

Em 1959, a lei *Landrum-Griffin* autoriza o governo a supervisionar as eleições sindicais. O secretário do trabalho dos Estados Unidos passa a ter plenos poderes para investigar a organização interna dos sindicatos, com a justificativa de evitar a infiltração de "elementos esquerdistas". Os desdobramentos da Guerra Fria (conflito entre Estados Unidos *versus* URSS) parecem evidentes.

Nesse ambiente, alguns representantes e intelectuais não perdem a lucidez e identificam saídas para o impasse com base no incremento da rentabilidade da produção, alguns sindicatos aderem à proposta da *Comissão de Produção* do sindicalista Joseph Scanlon, denominada também de Plano Scanlon. Essa proposta incluía os sindicatos como os representantes do coletivo operário paritariamente na direção de empresa, a fim de propor conjuntamente soluções para os problemas identificados.

> Uma primeira experiência é realizada em 1947, na Lapointe Machine. O sindicato passa a integrar a paritária "comissão de produtividade". A massa salarial é vinculada aos volumes de produção e negócios, respectivamente, para o pessoal produtivo e a direção. Como resultado das inovações propostas pelos trabalhadores, a empresa ganha competitividade e um quadro de empregados estável, ao qual cabe um prêmio equivalente a 18% da massa salarial anterior. (Bresciani, 1991, p. 107)

Além dessa empresa, a Kaiser Steel, o projeto Armour Company e o acordo dos portuários da costa-oeste no início dos anos 1960 implantaram projetos inovadores nessa direção. Apesar destas e outras empresas adotarem mecanismos eficazes de negociações com reflexos na produtividade, o Plano Scanlon não foi adotado pelo conjunto das empresas norte-americanas. Um dos motivos para a adoção muito restrita desses mecanismos de negociação parece estar relacionado com o agravamento das tensões da Guerra Fria, sobretudo no início dos anos 1950. Segundo essa visão, acordo com a presença dos sindicatos poderia ser uma maneira de repassar "segredos para potências estrangeiras inimigas da democracia".

Percebe-se como esse plano envolveu repensar a gestão da produção de outras formas, portanto estava relacionado ao conhecimento, enquanto o produto de experiências envolvia o trabalho e a administração de diferentes formas. Vale dizer que, aprender é como um processo socialmente complexo, que não está relacionado apenas com os gestores ou que não é formulado apenas na direção ou a partir destes com os trabalhadores. Assim, qualquer proposta de envolvimento dos trabalhadores tinha muita dificuldade de ser aceita pela cultura organizacional hierarquizadora da época. A administração teve origem com a separação do escritório de planejamento das atividades de execução com Taylor e Ford.

Não foi surpresa que os empresários norte-americanos encarassem qualquer alteração na sua visão de organização da linha de produção como fonte de problemas e custos. Essa postura permite também compreender por que um dos projetos ainda mais inovadores, a administração da qualidade do estatístico Edward Deming, foi implantado mais rapidamente e obteve melhores resultados no Japão que nos Estados Unidos.

Sintetizados em quatorze pontos, Deming propunha inovações significativas: a compatibilidade entre a qualidade e a produtividade, a melhoria dos processos produtivos envolvendo o conjunto da organização, fornecedores e produtor como parceiros (superar as transações apenas com base na oportunidade dos preços da era Ford), aprendizagem contínua como uma das bases da administração, o consumidor como a base mais importante da cadeia de produção e, sobretudo, considerava que a principal riqueza de uma nação estaria na sua administração, na educação e na eficiência do governo.

Quadro 1 – Síntese dos quatorze pontos de Deming

1. Estabelecer a constância de finalidade para melhorar produto e serviço.
2. Adotar a nova filosofia.
3. Acabar com a dependência da inspeção em massa.
4. Cessar a prática de avaliar as transformações apenas com base no preço.
5. Melhorar sempre e constantemente o sistema de produção e serviço.
6. Instituir o treinamento e o retreinamento.
7. Instituir a liderança.

Continua

Continuação

> 8. Afastar o medo.
> 9. Eliminar as barreiras entre as áreas e o meio.
> 10. Eliminar *slogans*, exortação e metas para os empregados.
> 11. Eliminar as cotas numéricas.
> 12. Remover as barreiras ao orgulho da execução.
> 13. Instituir um sólido programa de educação e retreinamento.
> 14. Agir no sentido de concretizar a transformação.

Fonte: Deming, 1990.

Apesar de ser alertada pelos questionamentos e "planos alternativos", a indústria norte-americana, no seu conjunto, nos anos 1960/1970, optou por continuar com os "velhos métodos"; afinal, tinha vencido a guerra com eles e conquistado a liderança econômica do planeta daquela forma. Manteve fábricas já sucateadas e acreditava que por ter exportado seu conceito de divisão do trabalho até para os países socialistas (taylorismo soviético[1] e o stakhanovismo). Segundo Heloani (1994: p 37 a 41), a expressão taylorismo soviético traduz uma das propostas de Lenin voltadas para melhorar o desempenho do trabalho nas fábricas socializadas pelo Estado. Segundo essa proposta, por meio da adaptação da visão de administração de Taylor às exigências da revolução, seria possível ensinar aos trabalhadores métodos de organização do trabalho superiores. Essa adaptação ocorreria pela eliminação dos aspectos negativos, ou seja, o sistema taylorista estava dedicado a retirar maior quantidade de trabalho pelo mesmo salário. O taylorismo soviético, ao contrário, dedicaria-se a diminuir a jornada de trabalho por novos procedimentos de organização do trabalho, liberando os trabalhadores para a militância política. Segundo Heloani, (1994, p. 58 a 59), o stakhanivismo teve início em 1936, com o objetivo de melhorar a produtividade no trabalho abalada no período stalinista. A propaganda política destacou o fato de Alexei Stakhanov (operário da cidade de Irmino) conseguir quintuplicar e até decuplicar a produção dos seus colegas. O governo soviético recompensou-o com uma medalha e adota um movimento de excelência no trabalho com resultados muito discutíveis.

Mas o maior problema da visão da organização do trabalho norte-americana era ter convencido a si mesma de que seus métodos de administração eram

---

[1] LÉNINE, V. **Oeuvres**, Tome 42, p. 64 e 65, 1977, para mais detalhes.

universais (paradigma tecnológico). Os impactos ambientais já eram visíveis: aumento do consumo de energia (nas empresas e nos domicílios), produtos ineficientes, fábricas grandes e caras. Dentro dessa imagem, um enunciado de poder se destacava: a produtividade do trabalho não estava relacionada apenas com o desempenho dos operários, ela era um conjunto de variáveis complexas que já envolvia equipamentos, tecnologia, logística, treinamento, motivação e conhecimento. Logo, a responsabilidade da produtividade não podia ser imputada apenas aos trabalhadores. Tanto não foi que os países afetados pela guerra se reorganizam rapidamente, mais uma vez algumas das grandes empresas norte-americanas não entendem a situação como um alerta para a necessidade de mudança.

Nos anos 1960, a recuperação do Japão e da Europa foi feita com novos métodos de gestão aprendidos dos próprios norte-americanos. Nesses países, as lições de marketing na indústria automobilística levaram ao desenvolvimento de modelos de carros menores, mais econômicos para segmentos de mercado que não eram cobertos por produtos tradicionais, incluindo os Estados Unidos. Esses modelos traziam inovações na eficiência, no menor custo de manutenção, e colaboraram para o crescente déficit comercial dos Estados Unidos. Logo, começa a se tornar evidente que o fordismo e o taylorismo não conseguiam mais fornecer os incrementos que permitiram os mecanismos de regulação que garantiam a supremacia da economia norte-americana no passado. Destaque-se, nesses mecanismos, o apoio para os acordos entre patrões e sindicatos, as políticas de compras do Estado voltadas para a manutenção do emprego.

Respostas tecnológicas à organização do trabalho nos anos 1960

A primeira resposta para os desafios de questionamento dos trabalhadores e a concorrência internacional por parte dos empresários norte-americanos foi adotar ainda mais os dispositivos eletromecânicos desenvolvidos na década de 1950, por exemplo: a máquina-ferramenta de controle numérico que permitia acompanhar em detalhes o uso do tempo pelo trabalhador. Como resultado, assiste-se à intensificação do ritmo de trabalho em diversas fábricas norte-americanas e ao desemprego inclusive de trabalhadores qualificados.

Note-se aqui que os pedidos de investimento em novos equipamentos do Plano Scanlon, quando foram feitos, adotaram outro enfoque: a redução de postos de trabalho. Como resposta a essa situação, em setembro de 1961, o sindicato dos trabalhadores da General Motors faz uma manifestação contra a automação e pela estabilidade no emprego por 52 semanas. Posteriormente, em 1964, o mesmo sindicato realiza uma greve pelo direito de descanso após o trabalho contínuo. Essas reivindicações não se limitavam apenas aos Estados Unidos. No final da década de 1960, várias greves contra a intensificação do trabalho começam a pipocar na França e na Inglaterra contra os métodos de Taylor e Ford.

A crise do paradigma da divisão, especialização e controle do trabalho manifestou-se na greve da fábrica de Lordstown (Ohio, Estados Unidos) em 1972. Construída pela GM para a produção do carro Vega, essa fábrica foi apresentada como a fábrica do futuro pela rapidez do seu processo produtivo. Porém, o que a empresa não divulgou foi o fato de que essa rapidez estava baseada na divisão extremamente rígida do trabalho e que cada posto tinha sido desenhado para um ritmo de produção de 36 segundos, o que exigia grande destreza manual e subordinação ao ritmo do conjunto da produção determinado pela engenharia.

A greve de Lordstown foi a primeira realizada por condições de trabalho que questionava profundamente o economicismo de Ford, ou seja, os trabalhadores não aceitavam a intensificação do ritmo de trabalho em troca de aumentos de salários. Nesse movimento, outras questões como a qualidade de vida e o sentido do trabalho que retomavam as propostas anteriores sobre o acesso ao conhecimento no local de trabalho como elemento de estímulo foram claramente colocadas.

A geração do pós-guerra que chegava ao mercado de trabalho rejeitava as novas formas de organização e desqualificação do trabalho como as de Lordstown. Essa geração com um nível educacional mais sofisticado e habituada a padrões elevados de consumo encarava a aceleração de cadências como inadequadas a seu estilo de vida, repetitivas e extremamente monótonas. Outro ponto, o trabalho nessas condições não acrescentava pessoal e intelectualmente para os jovens. Como consequência, o trabalho sem sentido era visto como uma obsolescência planejada das pessoas, porque após algum tempo sua substituição seria inevitável, principalmente por problemas de saúde dada a ênfase na destreza de movimentos. Esse impasse não foi aproveitado pelas empresas norte-americanas como um desafio para que estas alterassem seus antigos métodos de gestão, mas elas o viram como uma contestação ideológica.

Curiosamente, outras possibilidades tecnológicas da época não foram empregadas para atender às demandas da geração dos anos 1960. A robótica permitia um novo ambiente de desenvolvimento e troca de conhecimento nos termos em que a nova geração desejava. Embora desenvolvida nos Estados Unidos, essa tecnologia foi mais bem empregada no Japão. Nesse país, os trabalhadores se organizavam em grupos para propor melhorias, aprender com base nos fundamentos da participação e do envolvimento de Deming e Scanlon recusados pelas empresas norte-americanas.

O paradigma tecnológico demonstrou desde o seu início que não seria capaz de responder aos desafios de competição colocados já nos anos 1960. Nessa direção, essa incapacidade contribuiu para a abordagem contemporânea de gestão do conhecimento defendida aqui ao integrar a dimensão tecnológica com a organizacional, em particular o envolvimento e qualificação pelo conhecimento em oposição a uma visão que privilegia resultados mais imediatos. Resta então compreender dois fenômenos relevantes e complementares que estimularam a integração destacada acima: a produção enxuta no Japão e a "fuga do trabalho" nos Estados Unidos.

Gestão do conhecimento: as contribuições dos anos 1960

Enquanto o conflito sobre a organização do trabalho opunha trabalho e capital nos termos acima, a questão da produtividade apresenta as primeiras relações com o meio ambiente em razão da crescente demanda de recursos naturais. Os Estados Unidos transformaram-se no maior importador mundial de energia (petróleo) e matérias-primas. Na direção oposta dos Estados Unidos, ao economizar recursos as empresas japonesas geravam as bases para seu crescimento nos anos 1980 ainda nos anos 1960. Agregue-se ao descontentamento com o trabalho, a atitude de protesto contra a Guerra do Vietnã e a cultura de "um modo de vida alternativo". O termo "fuga do trabalho" pode ser percebido na relação contratação/demissão de mão de obra. Segundo Braverman (1981), em 1970, 50% dos trabalhadores da Chrysler não completavam os primeiros noventa dias de trabalho, e a fábrica da Ford de Wixon teve de contratar 4.800 novos trabalhadores adicionais para manter o contingente de 5 mil trabalhadores necessários.

Esses indicadores levavam as fábricas norte-americanas a atrasar lançamentos, manter estruturas caras de armazenamento, pois não era possível prever os impactos da ausência de trabalhadores e até adiar os investimentos.

Afinal, que tipo de equipamento comprar, se não se pode saber como operá-lo? Como consequência, as empresas norte-americanas ficam reativas, com a produtividade estagnada e vulnerável.

O Japão segue o caminho diferente do da América e aprende a desenvolver os fundamentos da produção enxuta. O início desse paradigma começa com a compreensão de que a escassez de recursos pós-guerra exigia formas mais simples que a linha de montagem voltada para grandes escalas de demanda. Uma das inovações foi a troca de moldes para lotes de peças pequenos, pois a produção japonesa era muito pequena. A troca de moldes passou a exigir a constituição de grupos de trabalhadores com experiências diversas e a circulação do conhecimento. Exatamente o que as gerações mais jovens nos Estados Unidos postulavam e não eram atendidas. Duas décadas depois, as empresas japonesas já eram menores e mais eficientes que as norte-americanas. Rapidamente, eles percebem que a divisão do conhecimento empregada nas fábricas norte-americanas gerava forte descontentamento entre seus trabalhadores e adotam instrumentos mais elaborados de circulação do conhecimento como um atrativo para a nova geração. Nasceu aqui a produção enxuta e as contribuições desse país para a gestão do conhecimento.

Enquanto o Japão desenvolvia as bases de um novo paradigma, crescia a recusa dos jovens trabalhadores norte-americanos ao emprego industrial e para evitar uma queda ainda maior da produtividade de algumas empresas apelaram para a contratação de trabalhadores estrangeiros ou começam a transferir parte da sua produção para a Ásia. Essa transferência levou muitas empresas norte-americanas a se fixar nos chamados serviços de engenharia, marketing e logística, constituindo a chamada reestruturação produtiva. Os reflexos sobre a produtividade foram elevados, conforme demonstram as Tabelas 1 e 2.

Tabela 1: Evolução da produtividade Estados Unidos/Japão (1982/1960)

Evolução da produtividade	1970/1960	1973/1970	1976/1973	1979/1976	1982/1979
1. Estados Unidos	1,9	2,7	0,2	0,8	0,0
2. Japão	11,2	6,4	1,9	3,9	2,2

Fonte: MARQUES, 1987, p. 44.

Tabela 2: Evolução da produtividade Estados Unidos

Conjunto da indústria manufatureira	1958/1947	1966/1958	1974/1966	1974/1958 (Acumulado)
Estados Unidos	3	3,2	1,6	7,99

Fonte: MARQUES, 1987, p. 44.

O decréscimo da produtividade terá outro efeito mais complexo: rompe o ciclo de consumo e investimentos que permitira o consumo de massas, ou seja, o próprio desenvolvimento do fordismo estava comprometido. Não havia mais condições estruturais de repassar a produtividade aos salários, que era vista pelos empresários como a recuperação dos aumentos concedidos previamente quando estes se converteriam em consumo. O aumento desse último, com uma diferença de tempo estimada, permitia a recuperação dos investimentos anteriores em equipamentos e recursos humanos para acompanhar o aumento de consumo projetado, mesmo com uma relativa redução na taxa de lucratividade em determinados períodos. A redução da produtividade gerava uma série de dificuldades, como o aumento de custos e a exigência de repasse de preços para o consumidor, no caso de aumentos expressivos acima do crescimento da economia. Para simplificar o entendimento, o aumento quantitativo do consumo possibilitou a diluição do chamado capital fixo (aluguéis, máquinas, equipamentos) em uma quantidade maior de bens, o que permitiu durante algum tempo o aumento de salários. A redução da produtividade trouxe dentro dela, dentre outros efeitos, o aumento do custo fixo. Aí residiu o dilema do desenho de regulação norte-americano da época: como repassar preços com a crescente competição de importados? O capital passa a encarar o alto custo do trabalho e o sistema de regulação a ele associado (estado de bem-estar social), sistemas públicos de saúde e educação, aparato extensivo de intervenção financeira e fiscal, liberdade sindical e as primeiras leis ambientais nos anos 1970 como seu principal problema.

A abordagem legal do meio ambiente

Ao mesmo tempo, por pressões de vários grupos são promulgadas diversas leis como: *The National Environmental Policy* (1969); *The Environmental Quality Improvement* (1970); *The Clean Air* (1970); Federal *Pollution Control* (1972).

Para cumprir essas leis, algumas indústrias alegaram "aumentos absurdos" nos seus custos e a perda da competitividade internacional, por exemplo: a indústria de cobre teve de aumentar em 40% seus gastos, as usinas elétricas abastecidas por carvão aumentaram seus custos de construção em 68%, os custos de construção das usinas nucleares subiram em 142%, sobretudo para diminuir o risco de acidentes. Enfim, o capital acusa o movimento ambientalista de estimular a estagflação e aumentar a crise econômica e se apoia na convenção republicana de Ronald Reagan que se propõe a "liberar os investimentos das restrições ambientais". Nesse período, destaque-se o emprego do aparato legal com ações em diversos estados norte-americanos que já possuíam leis de proteção a recursos minerais como a água e antigas leis preservacionistas e conservacionistas. Ao assumir o governo, os republicanos reorganizam as agências de proteção ao meio ambiente, reduzem suas atribuições às suas verbas, introduzem a análise custo-benefício (vantagens e desvantagens da aplicação de restrições ambientais) e a política de não confrontação com a indústria. A qualidade ambiental piora em várias regiões dos Estados Unidos.

Como consequência, elaboram um projeto de redução dos custos do Estado, que passa a ser apresentado como "caro" para o contribuinte, inoperante para a sociedade e apropriado de recursos que se transformariam em investimentos nas mãos da iniciativa privada. O monetarismo que apregoava a necessidade de controles financeiros e monetários austeros, redução do Estado e dos impostos ganha espaço na mídia e nas universidades norte-americanas. Seus adeptos defendem mudanças radicais no final dos anos 1970, conforme nos alerta Heloani (1994,p. 78).

> O monetarismo agride o projeto fordista em dois níveis: a desindexação dos salários, como justificativa para obter maior competitividade e o fim do "Estado Previdência", que diminuirá os recursos destinados aos programas sociais, à cobertura desemprego e ao crédito. Em função disso, a sociedade de consumo deverá concentrar-se nos segmentos de maior renda. O combate à pobreza será relegado a segundo plano e o Estado ainda manterá a sua capacidade de gerar polpudos contratos para a iniciativa privada.

No mesmo período (décadas de 1960/1970), consolidava-se também o chamado fordismo periférico, obtido a partir do crescimento industrial de alguns países (Brasil, Coreia, México e Espanha). Porém, com uma diferença fundamental: esses países não repassavam para os padrões locais de consumo e de renda os incrementos de produtividade obtidos na economia. Dito em outros termos, apenas os setores diretamente ligados ao processo produtivo, ou aqueles ligados de alguma forma às exportações, recebiam uma ínfima parcela dos benefícios, enquanto as marcantes desigualdades sociais permaneciam inalteradas. Nesses países, a preocupação ambiental foi introduzida para garantir exportações ou o acesso a empréstimos internacionais. O Banco Mundial exigia a elaboração de Estudo de Impactos Ambientais e Relatório de Impacto Ambientais para liberar financiamento. Destaque-se a recomendação de algumas tecnologias de gestão ambiental dentro da perspectiva de indústrias ambientais cobertas por patentes voltadas para serviços, discutidas no Capítulo 1.

Meio ambiente e divisão internacional do conhecimento

A dependência do "fordismo periférico" no desenvolvimento de determinadas tecnologias seria mantida. A "divisão internacional do conhecimento" merece ser destacada como um aspecto complementar da crise do fordismo nos países centrais nos anos 1970. Esse fato não se deu por acaso, ele atende às exigências da acumulação a nível internacional, daí o sentido de periférico proposto por Lipietz (1990, p. 84-88).

> Mas, ele continua periférico principalmente no sentido de que nos circuitos mundiais dos ramos produtivos, as atribuições de trabalho e as produções, correspondendo aos níveis da fabricação qualificada e, sobretudo, da engenharia, continuam amplamente exteriores a esses países. Por outro lado, os mercados correspondem a uma combinação específica do consumo das classes médias modernas locais, com um acesso parcial dos operários do setor fordista aos bens de equipamentos familiares, e das exportações para o centro desses mesmos produtos manufaturados a preços baixos. Assim, o crescimento da demanda social (que é uma demanda mundial), principalmente para os bens duráveis das famílias, é antecipada, mas ela não é institucionalmente regulada sobre uma base nacional em função dos ganhos de produtividade dos setores fordista locais.

Em muitos desses países, além da ausência de mecanismos institucionais para a regulação econômica, não havia restrições ambientais para a instalação de indústrias poluentes. Por esse motivo, os países centrais começam a exportar algumas de suas indústrias mais poluidoras para os países da periferia. Nesse contexto, realizaram-se os primeiros eventos internacionais para discutir a questão ambiental: a Conferência de Estocolmo (1972), a criação do Programa das Nações Unidas para o Meio Ambiente – Pnuma (15 de dezembro de 1972) e a Conferência de Roma (1974).

A Conferência de Estocolmo teve como objetivo chamar a atenção para o crescimento da poluição, transcendendo, pela primeira vez, os limites de segurança da biodiversidade no planeta. Produziu um documento "Uma terra somente", que se propunha a fornecer dados sobre a questão, mas não poderia ser tomado como base para compromissos definitivos. Um dos méritos da conferência foi ter difundido a fragilidade dos ecossistemas do planeta e a necessidade de articular esforços internacionais para preservá-los. A limitação dos recursos ambientais finalmente foi colocada de forma irrefutável. Nesse sentido, a principal prioridade deveria ser encontrar novas soluções para o gerenciamento sustentável dos recursos naturais, ou seja, devolver para as gerações futuras esses recursos, pelo menos nas mesmas condições em que foram explorados.

O Pnuma dedicou-se a projetos de pesquisa e promover eventos que alertam para a necessidade de uma rede maior de acordos e convenções internacionais para minimizar os impactos ambientais. O Clube de Roma elaborou o relatório conhecido como "Os limites do crescimento", que apontava algumas das principais preocupações da época: o rápido crescimento populacional, o aumento da desnutrição, o fim dos recursos não renováveis e a deterioração ambiental.

Para solucionar essas questões foi proposta uma política de equilíbrio entre o crescimento econômico e o meio ambiente. Levantava a necessidade de desenvolver mecanismos de cooperação entre as nações, de novos valores no relacionamento humano. Além disso, o Clube de Roma também contribuiu para o que posteriormente foi denominado ecodesenvolvimento (definir desenvolvimento microrregionais ou regionais como estratégias de desenvolvimento).

A preocupação ambiental desses eventos de acordo Vigevani (1994, p. 9 a 14) contrastava frontalmente com a estratégia de acumulação em curso nos anos 1970 e seus desdobramentos: a organização da produção em grandes conjuntos rígidos com elevado consumo de energia,[2] os padrões de consumo

---

[2] Apesar de ampla difusão dos modelos de gestão fordista, existem várias alternativas de gerenciamento de produção que permitem economias significativas de energia, conforme nos chama a atenção o Prof. Macedo (1994):

de massa que incorporavam de várias formas o consumo supérfluo (rápida reposição dos produtos no mercado), a organização do trabalho direcionada para elevar cada vez mais as cadências de produção e aumentar a oferta dos produtos, a prática de incluir no planejamento e no desenho de cada bem de consumo a sua obsolescência.

Portanto, não foi por acaso que os resultados desses movimentos ambientais foram tão decepcionantes. Apesar de todas as discussões e eventos sobre a necessidade de novos valores em relação ao ambiente, pouco se avançou no sentido de discutir alternativas concretas para a reorganização da produção e dos padrões de consumo. Esse impasse permanece até hoje, apesar das modificações introduzidas na organização do trabalho pela automação microeletrônica, nas alterações nas estruturas de regulação e distribuição das rendas geradas pela revisão do papel do Estado a partir dos anos 1970/1980.

Meio ambiente e crise

Os anos 1980 aprofundaram algumas das tendências vistas anteriormente (crise do fordismo, do emprego e do consumo de massa) e anteciparam algumas das principais transformações que marcam atualmente o final do século XX. Este período foi denominado pós-fordismo pela Escola Francesa de Regulação[3] e teve desdobramentos em vários níveis da economia dos Estados Unidos e Europa.[4]

"Só é possível pensar em desenvolvimento para a maioria se os recursos forem usados racionalmente, planejando habitações, meios de transporte e máquinas industriais para usar menos material e energia, as cidades para reduzir os deslocamentos, a alimentação para usar alimentos com mínimo processamento. O desenvolvimento não deve reproduzir necessariamente o desperdício.
Não é necessário reproduzir este modelo. A Suécia, com um clima muito mais frio, usa uma média de 150.000 k/dia *per capita* contra 230.000 dos Estados Unidos. As indústrias do Japão e da Alemanha gastam a metade da energia utilizada pelas norte-americanas por unidade produzida".

[3] Ver o Capítulo 1 sobre a Escola Francesa de Regulação, que articula a organização do trabalho, a estrutura macroeconômica e as regras institucionais em uma única abordagem. Esse capítulo sublinha alguns dos principais pontos de integração entre investimento privado, emprego e regulamentação pelo Estado.

[4] Os reflexos econômicos do pós-fordismo atingiram os países do Terceiro Mundo com desdobramentos sobre a questão ambiental. Esses países sofreram o aumento do desemprego e da pobreza devido à ação de políticas econômicas voltadas para a acumulação de divisas e ao pagamento de dívida externa. Para efetuar esses pagamentos, muitos países comprometem seus recursos naturais (madeiras e minérios) e a saúde da sua população. A crescente e desordenada urbanização, para fugir da pobreza, contribui para elevar os efeitos da poluição (na cidade do México, as mortes atribuídas ao câncer e à pneumonia sextuplicaram e as enfermidades cardiovasculares quadruplicaram, desde 1956). (PNUD, 1991).

O pós-fordismo começa a se manifestar concretamente, no final dos anos 1970, e um dos indicadores foi o deslocamento dos investimentos do setor industrial para o setor de serviços. Ao mesmo tempo, a produção industrial local é transferida em parte ou negociada (subcontratada) para plantas industriais fora dos Estados Unidos e da Europa (sobretudo para o Japão e a Ásia), nos segmentos intensivos em mão de obra. A redução dos investimentos altera a distribuição de renda nessas sociedades e gera um processo de concentração de renda cujos efeitos somente se tornariam visíveis nas décadas seguintes (especialmente nos anos 1990). Segundo Lester Thurow (1993, p. 191), entre 1978 e 1998, a economia norte-americana havia gerado 7,5 milhões de empregos, porém, descontada a inflação, 18,4 milhões de empregados recebiam, em 1988, salários inferiores aos da década anterior. Além da queda de salários, muitos dos novos empregos gerados no setor de serviços, chamados *McJobs*, não apresentaram atrativos, sobretudo para as novas gerações, por não apresentarem qualificações, perspectivas e motivação. Para fugir dos *McJobs* ou do desemprego já no final da década de 1980, segundo esse mesmo autor, 10,9 milhões de operários norte-americanos haviam aceitado a redução de salários. Como consequência, a produtividade norte-americana[5] declinou (1990/1980), crescendo apenas 1,2% ano, muito abaixo da taxa de crescimento da força de trabalho, e o desemprego e suas consequências passaram a marcar o cotidiano dos Estados Unidos.

O pós-fordismo será marcado durante a década de 1980 por uma aparente ambiguidade. De um lado, os setores privados em estagnação nos Estados Unidos e na Europa (siderurgia, confecções, autopeças etc.) e os serviços públicos (saúde, educação, transportes e segurança). Do outro lado, alguns setores industriais (informática, segurança, química, biotecnologia etc.) e o setor de serviços em ascensão. Essa ambiguidade, longe de ser apenas aparente, refletiu a profunda mudança de prioridades de inversão realizada pelo grande capital: priorizar a acumulação acelerada em detrimento da questão social. Dito em outros termos, a relação entre aumento de salários e consumo-base do fordismo, durante as décadas anteriores, deveria ser revisto sob pressão do desemprego e da desindexação salarial, o que permitiria ao capital se apropriar dos ganhos

---

[5] Segundo Oliveira (1989, p. 53 a 61), a queda de produtividade da economia norte-americana teve reflexos sobre o seu desempenho global. O balanço em conta-corrente dos Estados Unidos, em relação ao restante do planeta, tornou-se negativo a partir de 1982, com déficits anuais de US$ 160 bilhões; até essa data, ele chegou a ser superavitário em até 6 bilhões de dólares. O PNB norte-americano, que chegou a representar 40,3 do PNB mundial, em 1955, caiu para 23,3%, em 1980. As reservas financeiras dos Estados Unidos, em relação ao restante do mundo, também declinaram de 40,1% (1957) para 7,3% (1980).

de produtividade. Na Europa, a questão social se expressa principalmente nas políticas de imigração dos trabalhadores estrangeiros em virtude da queda da natalidade dos europeus, segundo Thurow (1993, p. 83/84).

> A Europa ocidental cresceu devagar nos anos 1980 porque os alemães ocidentais assim o quiseram (1,8% anuais durante a década). O motivo alegado foi o medo da inflação, mas o verdadeiro motivo foi a demografia. Os alemães sabiam que sua força de trabalho encolheria sensivelmente na década de 1990. Se a Alemanha crescesse rapidamente nos anos 1980, teria sido obrigada a importar grande quantidade de trabalhadores na década seguinte. Os alemães achavam que já contavam com estrangeiros em excesso e não queriam mais.

Na Grã-Bretanha, a questão social também estará na base dos conflitos que a administração Tatcher terá com os sindicatos no início dos anos 1980, (por exemplo, a greve dos mineiros de carvão). A política conservadora reduziu os investimentos públicos e quebrou a resistência dos sindicatos de tal forma que o grande capital pudesse abandonar os setores decadentes da economia e deslocar-se para o então lucrativo setor de serviços financeiros da *city* londrina (parte desses lucros tinha origem nos bônus da dívida externa de países do Terceiro Mundo, inclusive do Brasil). A ambiguidade típica dos pós-fordismo se expressou na Grã-Bretanha pela divisão entre o Norte (em processo de desindustrialização) e pelo Sul em torno de Londres e do seu setor de serviços, particularmente os financeiros.

Na Itália, da mesma forma, a questão social esteve presente nas transformações que marcaram o final dos anos 1970. Alegando que a escala móvel de salários, obtida pelos sindicatos, em 1975, enfraquecia a capacidade de competir e aumentava a inflação, algumas das principais empresas italianas (como a Fiat) ensaiam um processo de reestruturação da sua base produtiva voltado para reduzir o custo da força de trabalho. Especificamente na Fiat, o conflito com os sindicatos assumiu proporções mais amplas em razão da vinculação das brigadas vermelhas (grupo terrorista italiano) com sequestro e morte de um dos executivos. Como retaliação, foram demitidos 61 dos principais militantes sindicais na companhia acusados de serem "brigadistas". Nesse ambiente, o processo de reestruturação têm início, com a demissão de treze mil trabalhadores em setembro de 1980, a introdução da robótica e o planejamento de novos modelos mais competitivos.

A partir dessas experiências, começava a ficar mais clara a diversidade das implicações do pós-fordismo que combinava, de maneira particular em cada país, as diversas opções de gestão da produção, consumo e revisão do papel do Estado. Para tal fim, foram articuladas novas formas de organização do trabalho (marcadas pela transição da produção em massa para a produção enxuta), com mecanismos de regulação da economia propriamente ditos (desindexação de salários, flutuação da taxa de juros, controle rígido de emissão de moedas e revisão do consumo de massa) e a redução do Estado previdência (tornar "compatíveis com o orçamento os benefícios sociais e diminuir as exigências ambientais para atrair investimentos).

Os conflitos nas empresas entre as novas formas de organização do trabalho e a revisão dos instrumentos de regulação ofuscaram os problemas ambientais. A visão de construção de mecanismos de mercado de autorizações para regulações emissões de gases e resíduos não foi capaz de reduzir o crescimento da poluição. Os efeitos aparecem de diversas formas: crescimento da poluição nas cidades e aumento de temperatura em diversas áreas do planeta. Mas o debate sobre as questões ambientais ganharia nova alternativa à produção enxuta e à gestão do conhecimento, combinado com propostas mais amplas na produção.

Consumo, ambiente e produção enxuta

Um dos produtos históricos relativamente inesperados do período econômico do pós-fordismo foi a estruturação de um novo conceito de gestão: a produção enxuta no Japão. O termo "enxuta" traduz seus principais objetivos: reduzir as quantidades de esforço dos trabalhadores, investimento (máquinas, ferramentas, planejamento) exigidos pelo novo paradigma em relação à produção em massa. A nova organização da produção se diferencia do fordismo em outros pontos: orienta seus esforços não apenas para a redução de custos (como na fábrica fordista), mas também para a compreensão e redução dos processos responsáveis por produtos defeituosos (retrabalho), o que contribui para a redução do desperdício e dos problemas ambientais a ele associados. A visão de processos é detalhista e envolve o conhecimento (aprimorar a experiência e as atividades a partir da vivência do "chão de fábrica"). A produtividade é obtida não pelo prolongamento da jornada, mas pelo aprimoramento tecnológico e organizacional. A produção enxuta modifica também o conteúdo das carreiras profissionais, passa a exigir maior leque de qualificações, capacidade de trabalho em equipe, redução da hierarquia e da sua rigidez nas organizações.

Essas inovações não foram implantadas a partir de um novo modelo teórico desenvolvido nas universidades, mas, ao contrário, tiveram origem nas exigências imediatas do pós-guerra para o Japão. Enquanto os Estados Unidos emergiam da II Guerra Mundial como a grande potência vencedora (com seu parque industrial intacto e extremamente confiante nos seus métodos de produção), o Japão vivia a urgência da reconstrução (produção em queda, desemprego e ameaça de mobilizações sindicais). A produção em pequena escala e o mercado limitado pela queda nos rendimentos médios dos japoneses inviabilizou o emprego dos princípios fordistas de ganho de escalas.

Por outro lado, o Japão dispunha de uma mão de obra disciplinada e bem formada e que sob a ocupação norte-americana havia obtido maior poder de negociação em relação às empresas.

Nas forças norte-americanas de ocupação do Japão havia vários simpatizantes do New Deal de Roosevelt, muito favoráveis ao aumento do poder de negociação dos trabalhadores (participação na diretoria e restrição à demissão). Nos Estados Unidos, por pressão de Alfred Sloam e Henry Ford, muitas dessas medidas não puderam ser implantadas. O Estado japonês incorporou outras propostas do fordismo norte-americano no planejamento industrial e na integração empresas, sindicato e Estado, para estimular novos investimentos.

Apesar disso os efeitos da destruição causados pela guerra ainda precisavam de respostas claras. Não havia outra solução a não ser inovar radicalmente a organização da produção. O primeiro desafio a ser vencido foi adequar os equipamentos ao volume de produção, conforme a visão de Taiichi Ohno, da Toyota. Segundo ele, o Japão não poderia reproduzir as imensas linhas de estamparia, com várias prensas projetadas para produzir unicamente um modelo, ou uma peça, em grande quantidade. Comprando prensas de segunda mão e fazendo experiências constantes, os trabalhadores da Toyota conseguiram aperfeiçoar a troca rápida, o que diminuiu unicamente o tempo de substituição de milhares e até mesmo milhões de peças por ano. Essa redução de escala ainda não atendia às necessidades de produção de várias empresas japonesas como a Toyota, cujo volume total fabricado não passava de 2.865 unidades (1950). A resposta encontrada por Ohno residiu em uma inovação simples: a troca dos moldes pelos próprios empregados.

O método de Ohno permitiu reduzir a troca de moldes de um dia para três minutos. Nesse momento ocorre a grande revolução que dará origem à produção enxuta: o custo por peça prensada em pequenos lotes era muito menor devido à redução dos encargos financeiros dos estoques, a redução do retrabalho em função da visualização dos erros e ao apelo para que o coletivo dos trabalhadores se envolvesse em resolver os problemas antes que eles acontecessem. Essa nova postura contrastava com a visão ocidental da época, que, de acordo com Womack et al. (1992, p. 47), se dedicava a não interromper a linha de montagem e desconsiderava os custos de retrabalho.

> No tocante ao "retrabalho", o pensamento de Ohno foi realmente inspirado. Raciocinou ele que a prática da produção em massa de deixar passar os erros para manter a linha funcionando, fazia que estes se multiplicassem incessantemente. Era normal o trabalhador achar que os erros acabariam sendo detectados no final, e que seria punido se fizesse a linha parar. O erro inicial, fosse ele uma peça defeituosa ou uma peça correta mal instalada, acabava passando pelos demais montadores. Uma vez que a peça defeituosa instalada em um veículo complexo, o trabalho de reparo poderia ser imenso. E, porque o problema só viria a ser descoberto bem no final da linha, grande número de veículos com o mesmo defeito teriam sido montados até que o problema fosse detectado.

O ohnismo, como foi posteriormente chamada essa visão, superou a perspectiva mais restrita da engenharia e se converteu em uma nova inovadora proposta de gestão. Cada trabalhador tinha a responsabilidade e a liberdade para interromper a linha de montagem quando identificasse um problema não resolvido, qualquer um, anteriormente a seu posto de trabalho. O problema identificado era imediatamente comunicado para as chefias, as quais constituíam um grupo de estudos para resolvê-lo. O trabalho em equipe para solucionar problemas recolocava mais uma vez a questão do conhecimento no ambiente fabril, substituía o paradigma norte-americano da divisão, especialização e controle por uma organização do trabalho voltada para a integração de qualificações, difusão do conhecimento, aprendizagem e solução efetiva dos problemas.[6] Essa postura, na fábrica se aplica também aos fornecedores que são selecionados pela sua capacidade de trocar informações e não pela sua capacidade de ofertar produtos com preços atraentes no curto prazo. Os fornecedores são integrados a uma vasta rede de relacionamentos comerciais denominadas *Keiretsu*. Muitas vezes, as grandes montadoras investem capital

---

[6] O *Kanban* (cartão) e o *Just-in-Time* (produção no tempo certo) seriam, na realidade, os aspectos mais conhecidos desse modelo de gestão, que, posteriormente, chegaria, no Ocidente, como modelo japonês de administração.

nos seus fornecedores, por meio da aquisição de ações. Além do mais, a troca de informações sobre o conjunto do produto estimula os parceiros e fornecedores de componentes a propor novas soluções. A montadora adota como política estimular que seus fornecedores reduzam também seus custos pelo aprimoramento dos processos, ao contrário da produção em massa, onde a montadora adota como política reduzir as margens de lucro do fornecedor.

A produção enxuta redefine o papel dos revendedores, que passam a fazer parte do sistema de produção, ou seja, a partir das encomendas os produtos passam a ser fabricados. Esse desenho facilitou o emprego futuro da tecnologia da informação para unificar em uma única rede de negócio. Não apenas a produção é iniciada com o pedido, mas a reposição é feita a partir da conclusão de cada processo do produto em linha. No caso da indústria automobilística, as montadoras deixam de produzir os carros antecipadamente para compradores desconhecidos, para somente iniciar sua fabricação a partir dos pedidos detalhados (cores, componentes eletrônicos, acessórios etc.) dos revendedores. Esse sistema permite a montadora, fornecedores e seus revendedores lidarem com as oscilações de demanda de uma forma muito mais eficiente que a produção em massa que pressionava seus revendedores para aumentar as vendas ou elevar os seus estoques.

A compra por encomendas também permitiu aos departamentos de marketing das montadoras organizar um banco de dados que possibilitava acompanhar as mudanças de hábito do consumidor, seus desejos e interesses. Com base nessa perspectiva, empresas como a Toyota desenhavam os produtos a partir da renda, crescimento médio das famílias japonesas, design e viagens dos seus clientes.

Nesse ponto, a produção enxuta distingue-se ainda mais da produção em massa: enquanto a flexibilidade das novas linhas possibilita desenhar os produtos em função das necessidades dos clientes, a linha de produção em massa, pela sua rigidez, praticava o oposto, ou seja, o cliente deveria se contentar com as opções que lhe eram apresentadas. Por esse motivo, durante os anos 1970, o Japão foi acumulando sistematicamente experiências que lhe permitiu aperfeiçoar e aprimorar qualitativamente os processos produtivos. No início dos anos 1980, as fábricas japonesas já ofereciam ao mundo a mesma quantidade de produtos, com maior variedade, do que suas concorrentes ocidentais.

Com base nessas experiências administrativas já no início dos anos 1980, várias empresas japonesas (especialmente as do setor automobilístico) construíram organizações extremamente flexíveis capazes de assimilar com extrema rapidez as inovações tecnológicas de ponta, como no caso da automação. Segundo Womack e colaboradores (1992, p. 85), a automação é responsável por apenas um terço do incremento de produtividade entre as fábricas. Mesmo com a adoção da robótica e da informática, uma fábrica mal organizada acaba incorporando muitos técnicos, especialistas e pessoal extra para a manutenção dos novos equipamentos, o que eleva seus custos médios de operação. Além disso, se os trabalhadores não têm liberdade e formação para atuar em conjunto sobre os problemas (como no fordismo tradicional), as panes eventuais podem comprometer o conjunto da produção e reduzir o tempo efetivo de operação do conjunto da fábrica.

Outro desdobramento importante da visão administrativa japonesa aliada às vantagens competitivas da sua estrutura industrial: a substituição da visão de maximização do lucro pela conquista estratégica de mercados. O objetivo dessa última é a maximização crescente de sua cota de mercado pelo investimento e aperfeiçoamento de sua capacidade produtiva e de marketing por meio da construção de novas e melhores indústrias, aprimoramento do equipamento, financiamento de projetos inovadores de P&D, e, sobretudo, novos desafios para estimular a política de recursos humanos. Essa postura se contrapõe à visão clássica (fordista) de maximização de lucro, ou seja, somente manter a produção a partir de um patamar mínimo de retorno. Por esse motivo, as indústrias norte-americanas foram recuando diante do avanço japonês para novos "nichos de mercado", acreditando que em determinado momento esse avanço perderia o fôlego. O resultado foi o inverso.

Ainda no final dos anos 1970, o Japão já podia tirar vantagens consideráveis do conjunto de todas as inovações tecnológicas, administrativas e organizacionais que havia desenvolvido. Dentre essas vantagens, podemos destacar o melhor gerenciamento da questão ambiental. As preocupações com o meio ambiente, por parte do governo e das empresas, foram consideravelmente aprimorados a partir da crise do petróleo em 1972. O Japão, como grande importador, sofreu aumentos de custos de produção e recessão da sua economia devido à queda das exportações. Como consequência, o descaso para o consumo de energia típico do fordismo teve de ser revisto.

O Estado japonês lançou, em associação com as principais empresas privadas, um ambicioso e inovador programa de redução do custo de energia, que combinava medidas de economia e melhor uso de energia com a adoção de novas tecnologias (processo e materiais). Essa combinação incorporava desde o projeto uma nova visão estratégica do consumo de energia voltada para consolidar a produtividade da empresa como um todo. Os resultados desse esforço, para Oliveira (1989, p. 48), aceleraram a entrada do país na III Revolução Industrial.

> O esforço de revisão e remodelação da economia do país, a que se lançou o Japão, em resposta ao encarecimento de energia, teve consequências ainda mais amplas, de alcance histórico. Buscava-se fundamentalmente adequar aos novos preços à coerência da relação suprimento/demanda de energia. E para isso, nas condições dos anos 1970, foram os japoneses naturalmente levados a recorrer às tecnologias inovadoras (a informática, a eletrônica, a robótica etc.), que começavam a florescer. Soluções novas, sinérgicas, a contrapelo das práticas malbaratadoras do fordismo, começavam a ser encontradas para o conjunto do sistema manufatureiro. "O Japão viu-se, de repente, a gerar embriões da III Revolução industrial".

Note-se que as soluções foram apresentadas também em relação a como inibir o consumo de maneira inteligente. O consumo supérfluo é inibido em função da poupança e do investimento. Os dividendos para os acidentes são percentualmente modestos (30%) em comparação aos 82% habitualmente pagos nos Estados Unidos. Os salários pagos no país eram proporcionalmente menores, mas são compensados por verbas de representação (de acordo com os interesses da companhia). O elevado percentual de renda poupado pela família japonesa (35%) forneceu capitais a baixo custo para os grandes conglomerados financeiros repassarem aos empresários. Nesse sentido, a política de recursos humanos em relação à remuneração no Japão construiu um novo mecanismo de regulação voltado para o crescimento, diferente do ocidente.

Nesse mesmo período, as questões ambientais começam a ser vistas como um mercado emergente e de grande potencial e, por isso, ligado às pressões pela "liberalização" do comércio internacional. O que significará em breve pressões adicionais sobre as exportações dos países pobres. A preocupação do Japão se justifica plenamente segundo Gunn (1992, p. 16).

> A proteção industrial do ambiente aparentemente virou um grande negócio. A venda de equipamentos que visam à conservação ambiental atingiu, mundialmente, em 1991, a cifra de US$ 12,7 bilhões, dos quais US$ 8,2 bilhões foram gastos na Europa e América do Norte, segundo fontes da ONU.

O Estado japonês utilizou toda a capacidade historicamente acumulada[7] de articulação de esforços da sociedade para difundir o novo paradigma sociotecnológico. Uma das suas opções mais frequentes foi utilizar a capacidade de ação do Miti no vasto leque de comissões e associações industriais que caracterizam a política institucional japonesa. Esse ministério, por meio da legislação especial que autoriza a concessão de subsídios, redução de impostos e empréstimos a baixos juros, conseguia obter a adesão de várias empresas privadas a programas governamentais. Essas facilidades foram utilizadas, por exemplo, na implementação da política japonesa de semicondutores, quando o Miti conseguiu obter a cooperação de firmas concorrentes em três pares de empresas: Nec–Toshiba, Oki–Mitsubishi, Fujitsu-Hitachi. Além dessa ação coordenadora, o Miti por meio de suas ramificações no Estado, atuava como agente de reserva no mercado interno via controle de importações, vetando a entrada de empresas estrangeiras e monitorando os avanços dos países concorrentes.

Segundo Oliveira (1992), já nos anos 1960 o governo havia reconstruído e aperfeiçoado os instrumentos tradicionais de estímulo ao desenvolvimento e

---

[7] A burocracia estatal japonesa tem-se revelado historicamente muito eficiente na articulação dos investimentos econômicos do país, desde o período Meiji (1867), que marcou o restabelecimento da monarquia japonesa. Imediatamente após esse restabelecimento, o novo Estado inicia a construção de uma base industrial própria, que contribuirá para reestruturar o exército e livrar o país da ameaça colonial. O Japão tinha motivos para se preocupar com esse tipo de ameaça: em 1853, o almirante Perry ameaçou bombardear a baía de Tóquio, caso o Japão não abrisse o seu mercado para o ocidente. A abertura comercial para as potencias imperialistas custou ao Japão uma inflação elevada que contribuiu para o levante que pôs fim à dinastia anterior (Tokogawa).
A burocracia imperial se dedicou, desde o final do século XIX, a construir um sistema educacional de massa com ênfase nos cursos técnicos para incentivar o crescimento industrial, que passou a ser visto como fundamental para o projeto nacional. Dentro em breve, as relações entre o Estado e as empresas industriais podiam ser observadas na modernização dos equipamentos militares. Essa modernização permitiu a ocupação da Coreia, da China, bem como a vitória contra a Rússia na guerra de 1905.
Durante os anos 1930, os militares se aproximaram ainda mais dos grandes conglomerados (Zaibatsu) e conseguem o desenvolvimento de projetos aeronáuticos sofisticados (como o avião zero). Após a guerra, a burocracia estatal novamente consegue tirar proveito da mudança na conjuntura mundial a partir da "Guerra Fria". Com a queda da China em 1949, os Estados Unidos estavam preocupados em encontrar novos baluartes para conter o "avanço comunista na Ásia". A ação diplomática japonesa e dos órgãos de inteligência dos Estados Unidos redefiniu o país como aliado e como fornecedor de produtos manufaturados.
O início da Guerra da Coreia (1950) permitiu que o Japão vendesse US$ 10 bilhões em componentes de reposição para o Exército norte-americano. Em 1949, o Miti – Ministry of International Trade and Industry foi criado com o objetivo de subsidiar a planificação da economia. Algumas de suas contribuições permanecem em prática até hoje, tais como: identificar novas e melhores tecnologias, selecionar novas indústrias a serem desenvolvidas no Japão capazes de gerar divisas (exportar), estabelecer estímulo tributário (redução de impostos) as inovações tecnológicas para implementar uma política industrial (por exemplo, redução de impostos para a introdução e domínio dos circuitos integrados para TVC e VCR), coordenação de pesquisa de ponta, cooperação entre empresas, universidades e centros de pesquisas, financiamento de inovações tecnológica (o governo japonês constituiu uma empresa Jarol que oferecia robôs a empresários que já praticassem o *Kanban* e o *Just-in-Time* a preço subsidiados).

criado outros inéditos de política industrial, por exemplo: as alianças estratégicas interempresas. Portanto, o Estado japonês passa a planejar o desenvolvimento industrial dentro de um contexto de articulação de aliança para objetivos gerais e específicos induzindo investimento, compartilhando riscos, atribuindo isenções fiscais temporárias e cobrando resultados. Poderíamos dizer que a partir do Estado se articula todo um sistema de inovação voltado para a construção de vantagens competitivas estratégicas (com base na tecnologia intensiva, no conhecimento e no planejamento extremamente eficiente do uso das alternativas disponíveis). Esse sistema possibilitou ao Japão tirar bons proveitos da crise do fordismo nos Estados Unidos, que começou a se manifestar pela transferência de parte da produção industrial para a Ásia para tirar proveito da mão de obra barata.

Toda essa capacidade de reunir em torno de si recursos financeiros, materiais e humanos permitia que o Estado tivesse acesso rápido as inovações tecnológicas desenvolvidos para cada um dos grupos de trabalho e pôde generalizá-las para o conjunto da economia. O desenvolvimento da microeletrônica proporcionou a melhoria dos sistemas de controle da já eficiente siderurgia japonesa, dentre as quais o melhor uso de energia no final dos anos 1970. Ainda no caso da indústria siderúrgica, houve uma mudança de enfoque que deixou de pensar em termos de toneladas produzidas para analisar o valor agregado a adequação do produto em relação ao mercado, os custos energéticos e ambientais da produção. A assimilação de dispositivos microeletrônicos diminui o consumo de energia, melhora a previsibilidade de entrega (o que melhora o desempenho da própria cadeia e dos produtos associados), reduz o desperdício de matéria-prima e integra as demandas ambientais ao planejamento do negócio.

Outra forma de ação do Estado refere-se à política de normatização da emissão de poluentes que o consumo dos produtos impõe ao ambiente. Esta é uma "política de varejo" que contribui para as ações anteriores. Um dos exemplos mais relevantes dessa política é a prática de inspeções periódicas do ministério dos transportes em relação aos veículos em circulação. Todo o veículo tem de passar pela primeira vistoria aos três anos de fabricação. A partir desse período deverão ser feitas novas inspeções a cada dois anos. Após completar dez anos de uso, o veículo deverá sofrer inspeções anuais.

Com o passar do tempo, sobretudo após a terceira inspeção (sete anos de uso), o custo das inspeções aumenta consideravelmente. O sistema de freios, devido aos riscos de envelhecimento do material, deveria ser trocado inteiramente, mesmo que esteja funcionando aparentemente bem. Além desse fato, as exigências em relação à emissão de poluentes exigem reparos em outras áreas do motor. Como consequência, os japoneses são fortemente incentivados a trocar de carro antes desse período. Normalmente, o japonês médio faz essa troca a cada quatro anos. O que estimula a indústria automobilística a relançar modelos entre quatro e cinco anos. Nesse ponto reside um dos estímulos à redução do ciclo de vida de projeto no Japão.

Outro desdobramento dessa política de inspeção: ela incentiva o uso de novos dispositivos tecnológicos nos veículos, por exemplo, a eletrônica embarcada para a redução ainda maior da emissão de poluentes. Dessa forma, o Estado estimula novas aplicações da eletrônica na indústria automobilística e reafirma os vínculos da sua política industrial ao estimular determinadas opções de consumo.

A capacidade da intervenção do Estado não se esgota na política de inspeção. O governo japonês investiu pesadamente no desenvolvimento de eficientes sistemas de transportes de massa nas suas regiões metropolitanas (metrôs e trens de subúrbio). Além de economizar energia e combustíveis e contribuir para a redução da poluição urbana, o Estado japonês pode desenvolver um dos vetores da sua política industrial: a indústria ferroviária e a pesada em geral. O desenvolvimento da indústria ferroviária também consolidou o mercado para a indústria siderúrgica. Portanto, o exemplo desse país, demonstra a necessidade de uma política ambiental global articulada com os vários setores da política industrial e de transportes para se obter o êxito desejado.

Evidentemente, os modelos de inovação postos em prática não se limitaram ao japonês, com Estado atuando como o grande facilitador. Os Estados Unidos articulam os seus esforços de construção de um sistema de inovação com base no esforço privado, como veremos a seguir.

Inovação, regulação e ambiente

A partir das experiências japonesas o novo paradigma de produção, inovação e o modelo de regulação associado, influenciaram o restante do planeta como destaque para o novo papel do Estado como agente facilitador de competitividade em detrimento do seu papel anterior de redutor das desigualdades sociais. O Estado estabelecia uma agenda geral, criava mecanismos de fomento e estimulava as empresas a adotar uma agenda interna com base no conhecimento. Evidentemente, a experiência japonesa não pode ser transplantada mecanicamente, mas as vantagens dos fundamentos da gestão do conhecimento foram percebidas e adaptadas a diferentes culturas. A produção enxuta redefine a divisão internacional do conhecimento via mercado de patentes, durante o período de desenvolvimento e, após a sua consolidação, o Japão aumenta consideravelmente o número de patentes desenvolvidas tanto na eletrônica de consumo como em processos industriais mais complexos.

Os Estados Unidos já dispunham de uma rede de pesquisas anteriormente aos anos 1980. A Fundação Nacional de Ciências data do fim do século XIX para a ciência básica e recebe fundos do governo federal. Os laboratórios privados têm uma longa história desde Thomas Edison, que transformou a inovação em negócio com foco no registro de patentes. Porém, a questão na década de 1980 estava resumida a como responder ao crescimento da competitividade do Japão e de outros países da Ásia que se anunciava.

Nesse sentido, vários países têm adotado a formação de consórcios de pesquisa e desenvolvimento e a articulação de redes de inovação de pesquisa e desenvolvimento (P&D). Um exemplo muito ilustrativo foi à mudança da postura norte-americana em relação à formação de núcleos de pesquisa composto por várias empresas rivais no mercado, mas que se unem contra o "inimigo comum".

Os Estados Unidos adotam estratégias que lembram as de política industrial típicas da Ásia para assegurar a formação desses núcleos. Foram introduzidas modificações nas leis antitruste, que restringiam a associação de empresas, e na lei de pesquisa nacional em 1984. Logo após em 1988, foi organizado o projeto Sematech com as seguintes empresas: Intel, AT&T, Texas Instruments, Hewlett-Pachard, IBM, National Semicondutor, NCR Corporation, Motorola e Advance Micro Devices. Esse projeto contou com o apoio do Departamento de Defesa que investiu US$ 500 milhões para financiá-lo. A partir desse projeto, os Estados Unidos recuperaram a liderança do mercado mundial de semicondutores, atingindo 43% do mercado em 1992.

No final dos anos 1980, a consciência da importância da participação dos três níveis de governo para a formação das vantagens competitivas começa a ressurgir em alguns países do Ocidente de diversas formas: repensar as vantagens competitivas no plano técnico e organizacional integradas às novas tecnologias como um subproduto de reformas estruturais abrangentes, compostas de inovações sociais e institucionais. Essas reformas incluem: os sistemas de educação e formação de competências em alta escala; os mercados de capitais voltados para o investimento a risco em tecnologia; os sistemas financeiros para pequenas e médias empresas; visão de investimento de longo prazo; o ambiente regulatório transparente; normas claras para relações internacionais de investimento e de tecnologia.

Como consequência, nos anos 1990, o governo Clinton e a proposta de recuperar a importância da produção industrial norte-americana começam a produzir efeitos aos poucos. A indústria automobilística recupera a liderança mundial nessa década, em termos do número de veículos produzidos, se converte em um dos vários núcleos difusores de inovações para a economia norte-americana (outro núcleo seria a eletrônica). Mais importante ainda, o paradigma fordista de organização industrial com base no controle direto começava a ser aos poucos superado. A divisão excessiva de tarefas sob a hierarquia da chefia e da engenharia está sendo substituída por novas formas de organização do trabalho que estimulam o envolvimento e a atuação em grupo. Aumentou também a consciência dos benefícios da redução do consumo de energia e da produção de veículos menos poluentes (no caso da indústria automobilística).

Apesar do crescimento dessa consciência no interior das fábricas norte-americanas, ela não avança para se consolidar na gestão dos impactos dos padrões de consumo. Ou seja, os Estados Unidos e os alguns países do centro da economia mundial não aceitam alterar suas prioridades de consumo e, por extensão, seus reflexos no meio ambiente. Ao mesmo tempo, elaboram vasto elenco de enunciados de poder para fazer com que os "países em desenvolvimento" limitem seu consumo de recursos naturais e "preservem a natureza". O consumo dos gases clorofluorcarbono (CFC), base da produção de geladeiras e aparelhos de ar-condicionado nos parece um exemplo interessante.

Segundo Oliveira (1989, p. 55), esses produtos de eletrônica de consumo compõem alguns dos principais itens de consumo do *american dream*. Porém, o reflexo ambiental do seu consumo é inquietante. Todos os anos, aproximadamente um milhão desses aparelhos são jogados fora apenas nos Estados Unidos, o que gera o problema da fuga dos gases CFC, quando são desmontados. Os países centrais são responsáveis por 90% dos CFC consumidos no globo e se portam de forma que não seja criado espaço para mais nenhum outro concorrente. Para tal fim, esses países se utilizam de acordos e convenções internacionais como o Protocolo de Montreal de 1987. Segundo esse protocolo, os países industrializados estariam autorizados a consumir um quilo de CFC por habitante (situação atual), enquanto os "países em desenvolvimento" deveriam respeitar o limite de 300 gramas por habitante. Pesos muito desiguais se forem considerados os efeitos de consumo de energia, o custo de alimentação, a nutrição e o bem-estar.

Ainda hoje, com base no Protocolo de Montreal, os países industrializados pressionam o governo chinês para abandonar seu projeto de dotar cada residência de uma geladeira no ano no novo século. As causas são outras, além de resolver o grave problema alimentar chinês, esse projeto permitiria o desenvolvimento futuro de uma forte indústria de eletrodomésticos no país, que poderia competir em breve internacionalmente. Os países industrializados alegam que, mais algumas centenas de milhões de geladeiras adicionais na China e na Índia, liquidariam com a camada de ozônio. Porém, no seu conjunto, esses países realizam poucos esforços para diminuir as próprias emissões ou substituir os CFCs por novas tecnologias que muitas vezes foram desenvolvidas pelos seus centros de pesquisas. Assim, de modo geral, estes tentam repassar as consequências (custos e outros ônus) do seu estilo de vida para os países pobres.

Outro exemplo nessa direção é a política papel e celulose posta em prática pela União Europeia. Ao definir a política para o setor, a Europa ocidental privilegia a reciclagem (em detrimento das florestas plantadas), alegando que, dessa forma, contribuiria para a redução do efeito estufa. Porém, tentou ocultar da opinião pública (via política de comunicações) que a reciclagem implica em processos químicos (cujas plantas industriais e patentes responsáveis estão localizadas nesses países) são muito mais tóxicos para o ambiente. Nesse sentido, a postura "ambiental" da União Europeia revela-se muito mais um instrumento de discriminação comercial (a produtividade das florestas em países próximos aos trópicos é maior, além do menor custo da mão de obra) do que uma política de preservação da biodiversidade.

As adaptações do estilo de produção enxuta ao redor do planeta nas organizações, pouco alteraram o apelo da flexibilidade de consumo fora delas com rápida reposição de produtos e artigos de luxo. Portanto, parte das pesquisas realizadas está voltada para outros interesses, como monitorar e oferecer tecnologias poupadoras de energia cobertas por patentes para o próprio país e para os países exportadores.

Dito de outra forma, o problema colocado pelo fordismo da ampla escala do consumo de massa ainda não foi resolvido. Existem indicadores de que esse consumo e seus efeitos no meio ambiente se agravaram durante os anos

1980 com a ação de desmonte do Estado Previdência, a regulação com ênfase no mercado e, consequentemente, a ação dos mecanismos de concentração de renda em todos esses países. A concentração de renda não reduziu o consumo, pois ela gerou a necessidade de reduzir o ciclo de vida dos novos produtos para manter as vendas e não resolveu os impactos ambientais. Pode-se dizer que a questão não está no apelo romântico à redução do consumo e a um modo de vida alternativo como nos anos 1960. A solução para essa escala é complexa e não será resolvida apenas com uma ação específica, logo um novo paradigma de gestão se faz necessário. Começa a ficar claro que o consumo é um processo com diversas etapas que precisavam ser monitoradas dentro de um quadro geral e cooperativo que envolveria diversos atores. Anteriormente, os produtos eram lançados no mercado com base na "crença" da externalidade, ou seja, com alguns malefícios indesejados e que a natureza os absorveria. Nessa década, começa uma mudança de paradigma, os produtos não podem ser lançados aleatoriamente no mercado, é necessário planejar os impactos do volume de consumo, fontes de energia e locais para a disposição final. A gestão do conhecimento mais uma vez se transforma em alternativa para todos esses desafios principalmente com a evolução da internet.

Se no conjunto da economia global os resultados foram modestos, existem particulares nacionais que devem ser sublinhadas, como as japonesas, que avançaram em economia de energia, mecanismos de coleta seletiva que envolvem desde empresas, governo até pessoas. No Japão, o desenho de produtos já é feito para permitir o reuso e a disposição final como uma porcentagem reduzida do produto consumido. Experiências semelhantes podem ser localizadas na Escandinávia, países europeus (Holanda e Alemanha). Foi nesse contexto que a gestão do conhecimento avançou de uma forma de organização do trabalho para um paradigma colaborativo de gestão ambiental que integra governos, empresas e grupos de moradores.

Os reflexos da crise do pós-fordismo se fazem presentes também no Japão que sofrerá seus efeitos nos anos 1990. Ela se deu em função do movimento de especulação financeira chamada "créditos podres", por meio dos quais bancos, pessoas físicas e empresas realizavam negócios e apostas em picos e quedas das bolsas de valores. A ausência de lastros desses papéis gerou o adjetivo "podre", pois no momento do resgate esses "créditos" simplesmente não existiam. Logo, todo o regime de regulação com base na poupança elevada das famílias ficou comprometido, impactando a redução do consumo e outras medidas estratégicas com impactos ambientais positivos. A crise japonesa não reproduzia exatamente o pós-fordismo norte-americano, no qual a perda dos ganhos de produtividade da organização do trabalho foi responsabilizada como a causadora da crise. O Japão estava distante desse problema, suas empresas não sofriam o mesmo problema vivido pelos Estados Unidos anteriormente. Além disso, outras medidas de desqualificação do trabalho foram implantadas no final dos anos 1980 e 1990 gerando um período de estagnação na economia japonesa, denominado "década perdida", no qual o percentual de crescimento do PIB se reduziu de 7% ao ano em média para até 0,5 %, como se pode observar na síntese do Quadro 2.

Quadro 2 – Medidas de contenção da crise dos anos 1990 no Japão

1. Redução do papel do Estado e sua impotência para evitar a especulação do setor financeiro (escândalo do banco Sumitomo, as quebras sucessivas da bolsa – financiamento da recompra – e a falência das pequenas empresas como resultado dessa especulação).
2. Redução dos vínculos de reciprocidade presentes no *Keiretsu* (conglomerado) em relação às pequenas empresas devido às transferências de plantas industriais para o exterior.
3. Redução do sistema de emprego vitalício (apenas o núcleo estável da classe operária masculina dos setores de ponta gozava desse benefício, não sendo aplicado para as mulheres, de maneira geral e para os trabalhadores estrangeiros temporários).
4. Diminuição no ritmo de investimento industrial, apesar das grandes reservas financeiras.
5. Valorização do iene encarece os produtos japoneses, dificulta sua competição (tal fato contribui para a reação da indústria automobilística dos Estados Unidos).
6. Reação das novas gerações às prolongadas jornadas de trabalho e às condições insalubres (*Kitanai*).
7. Envelhecimento da população, devido ao crescimento da natalidade diminui a oferta de trabalhadores (sobretudo os não qualificados).

Fonte: Síntese com base em Hirata (1993).

No caminho oposto, a preocupação de outros países ricos em manter seu "padrão de vida" está em maioria e contribui para fortes impactos ambientais globais, ao justificar apenas pelos critérios de mercado os elevados padrões de consumo dos países centrais. Por exemplo, China e Estados Unidos, respectivamente os maiores poluidores, resistem a mudar o padrão de sua matriz energética com base no carvão, embora algumas experiências com fontes alternativas com base em energia solar estão sendo feitas nos Estados Unidos. Destacam-se também as condições de trabalho dos mineiros chineses sujeitos a equipamentos precários e à engenharia de mina adaptada para resultados rápidos. Nesses países, o emprego da gestão do conhecimento se orienta para aspectos mais pragmáticos. Embora as lições da "fuga do trabalho" nos anos 1960 tenham sido assimiladas com melhorias na linha de produção, a questão do planejamento colaborativo dos impactos da escala de consumo ainda está distante. Nos Estados Unidos, as principais iniciativas são locais, a matriz energética em grande parte sob responsabilidade do governo federal tem sofrido poucas alterações. Na China os impactos ambientais são crescentes e desconhecidos do público ocidental em razão da censura à imprensa.

A adoção dessa versão tecnologicamente orientada a resultados financeiros mais imediatos se pauta para empregar os ativos de conhecimento como mais elemento no fosso que separa os países pobres. Essa questão se dá atualmente em vários planos: desde o controle de tecnologia (lei de patentes e inovações permanentes nos processos produtivos), pressões ambientais como condicionais de empréstimos, medidas de preservação do mercado de trabalho (alegação do *dumping* social) até a política de comunicações. Essa política produz segundo Amaral (1994, p. 06) uma situação de conflito em vez de cooperação, na medida em que a percepção do problema é fragmentada, sem base científica e com um tratamento unilateral.

Este era cenário em linhas gerais nos anos 1990. Duas abordagens em relação ao conhecimento como fator de monitoramento de processos produtivos para a redução de impactos ambientais. A primeira abordagem voltada para aquela que visava o planejamento colaborativo entre governo, empresas, organizações civis (organizações não governamentais, inclusive) para antecipar e minimizar os efeitos do consumo. Aqui a gestão do conhecimento, que é empregada de maneira ampla, envolveu uma agenda tecnológica para o desenvolvimento de novas alternativas. O Estado contribuiu em diversos níveis do fomento para a regulação de áreas para a disposição final. Alguns desses países também colaboram com políticas de redução dos efeitos estufa de diversas formas como convênios, aquisição de créditos de carbono do efeito estufa e até perdão de dívida externa.

A segunda abordagem adotou o paradigma tecnológico como a alternativa de retorno mais imediata ao impor restrições no comércio exterior para garantir a exportação de produtos intensivos em conhecimento. Não organiza uma postura colaborativa para se antecipar aos efeitos dos problemas ambientais, embora adote uma variada gama de ações reativas a eles.

No novo século, o crescimento da internet tornou ainda mais claro que a gestão do conhecimento aplicada em larga escala nos processos produtivos e no planejamento colaborativo permitia a redução dos impactos de forma mais econômica do que anteriormente. As constantes inovações tecnológicas reduziam o ciclo de vida das plantas industriais e passam a requerer investimentos constantes. Aperfeiçoam-se, então, os métodos de planejamento com aplicações para a redução de emissões e a questão da vontade política como a causadora das demoras das ações efetivas fica inegável. Agora, a atuação dos enunciados de poder reaparece mais nos "documentos" sobre a responsabilização, as medidas de proteção e as salvaguardas comerciais elaboradas pelos países ricos. Os discursos de poder se sofisticam, não se trata mais de discriminar a pobreza, ou justificar a disciplina, mas continuar a responsabilizar grupos sociais com os custos e contemplar os demais com as vantagens. Porém, novos atores entram em cena com a internet e a capacidade de organização da população. Esta é a grande inovação da gestão do conhecimento que será discutida a seguir.

Meio Ambiente, Desenvolvimento Sustentável e Gestão do Conhecimento

Este capítulo aborda como a gestão do conhecimento está se convertendo de uma concepção de organização do trabalho e de tecnologia em um paradigma mais amplo de gestão ambiental. Essa conversão se deu pela aprendizagem em cenários complexos marcados por diversos tipos de conflitos. Estes foram desenvolvidos a partir da acomodação das empresas às demandas dos movimentos do trabalho, grupos de pressão e legislação. O termo acomodação refere-se às ações normalmente reativas a essas demandas, como no caso da fuga do trabalho nos anos 1960. Apesar disso, para este livro a integração dessas experiências em um único processo histórico permite recuperar vínculos pontuais entre produção, energia, consumo para uma proposta mais ampla. Nessa última, as experiências desde a transição para o capitalismo até qualidade, produção enxuta e seus vínculos com a redução do consumo de energia e o consumo compõem o acervo de novas formas de organização do conhecimento com destaque para as diferenças entre as propostas e as implantações efetivas.

As condições para a organização e acesso ao conhecimento que hoje estão presentes de forma inédita no desenvolvimento das tecnologias de informação foram geradas no final do século XX. Estas geraram as condições de infraestrutura para uma teia de relacionamentos de interesses que aproxima desde o desenho de tarefas nas organizações até os desejos dos clientes. Em outras palavras, essa teia constitui as bases da abordagem de processos, ou seja: estruturar o produto final ou os serviços para que o cliente nele reconheça valor. Daí, cada atividade (ação no posto de trabalho) deve estar alinhada com o que o cliente deseja e, por extensão o trabalhador deve ser informado a esse respeito. Logo, o conhecimento é a chave para esse novo desenho, que com as redes sociais permite que todo um fluxo de conhecimento fique à disposição de grupos de interesses.

Como resultado dessa rede, cresce a capacidade de entender em detalhes os processos nos interesses de negócios, integrá-los com a organização do trabalho e enxergar esse conjunto como um ativo de conhecimento. As redes permitiram novos canais de comunicação com os clientes, governos, grupos de pesquisas e universidades. Toda essa teia relacionada, como o desenvolvimento da internet e as possibilidades da revolução tecnológica dos anos 1990 gerou as condições para a gestão colaborativa em relação a novas abordagens para os problemas do consumo e a disposição final dos seus resíduos. Esta é a principal inovação dessa articulação que permite a colaboração entre todos os interessados a partir do acesso fácil a informação, a constituição de grupos de interesse e execução de atividades.

Resta o desafio mais importante: reconhecer que a integração do conhecimento descrita anteriormente na constituição desse novo paradigma traz também uma reação política marcada por em uma versão de curto prazo e voltada para o retorno financeiro imediato que reproduz enunciados de poder com uma embalagem lógica, porém perversa, pois responsabiliza em grande parte os países preocupados com a sustentabilidade e os de menor renda. Para isso, é conveniente acrescentar neste texto outras experiências que até recentemente não eram percebidas como ambientalmente relevantes, como as experiências de processos de indenização na área jurídica nos anos 1930 e as experiências voluntárias de grupos preservacionistas sobre os impactos ambientais. O conjunto dessas experiências demonstra que muitos dos argumentos apresentados na defesa da inevitabilidade da poluição, situações inesperadas, limitações técnicas, custos elevados, acidentes e as necessidades de provas mais específicas não foram aceitos pela aplicação correta da legislação civil de reparação de dano. Dito de outra forma, não bastava mais apresentar justificativas "técnicas" que não suportavam uma análise realmente científica dos fatos em processos e avaliações independentes. Mesmo quando não havia uma legislação e jurisprudência ambientais, os argumentos de falhas técnicas revelavam a negligência de várias empresas, soluções técnicas minimizadoras de impactos já disponíveis na época não eram implantadas por opção da direção ou de acionistas. A organização dos diversos segmentos afetados nessas experiências subsidia a perspectiva de uma agenda alternativa por parte dos principais atores envolvidos com o meio ambiente atualmente: as organizações voluntárias, os países em desenvolvimento, as organizações internacionais e alguns dos países da própria OECD comprometidos com essa iniciativa. Esse desenho final é a alternativa concreta construída a partir de diversas contribuições vistas a seguir.

Contribuições jurídicas para a gestão do conhecimento

Muitas das experiências que fundamentaram as práticas ambientais atuais tiveram sua origem nas decisões de tribunais, alguns internacionais, que adaptaram princípios de direito civil de reparação. Segundo Braga (2009, p. 312 e 313), o Trail Smelter Case nos anos 1930 é um exemplo relevante. Embora localizada em território canadense, a fundição em questão causava forte dano devido a emissão de gases e resíduos tóxicos. Os habitantes da cidade norte-americana vizinha se organizaram e exigiram providências do governo norte-americano e, em 1932, o Canadá concordou em indenizar os habitantes da cidade de Northport pelos problemas gerados. Somente em 1938, um tribunal arbitral definiu o valor das indenizações até 1937, e determinou que medidas corretivas fossem tomadas. Em 1941, o tribunal promulgou a decisão final.

Embora possa parecer um ritual lento para os dias atuais em virtude da ausência da jurisprudência ambiental, a decisão daquele ano reconhece que não é aceitável que um território ou país abrigue atividades econômicas que possam causar danos à população. Esta parece ter sido uma das primeiras formas de cooperação entre Estados soberanos para resolver problemas causados ao meio ambiente que envolviam questões de fronteira. Infelizmente, a mesma postura não foi observada pelos Estados Unidos quando o Protocolo de Kyoto sublinhava as responsabilidades dos poluidores. Na época, esse país era o maior poluidor do planeta e se recusou a aderir aos compromissos de redução de emissão, alegando que os países pobres não adotariam compromissos de redução.

Outra decisão relevante que contribuiu para a visão do gerenciamento de recursos hídricos refere-se ao caso do Lago Lanoux na fronteira da França com a Espanha, nos anos 1950. Nessa decisão, o tribunal arbitral optou pela preservação dos recursos hídricos em toda a bacia, ou seja, os usos anteriores não podem comprometer a qualidade da água no país que a recebe posteriormente.

A experiência de Minamata, no Japão, nos anos 1950 foi uma das primeiras decisões a respeito da cadeia alimentar na emissão de efluentes. O processo jurídico teve origem com a contaminação dos habitantes da localidade por mercúrio em função da alimentação de peixes atingidos pela descarga desse da indústria química Chisso Corporation. Após longos e penosos debates nos tribunais, os advogados dos pescadores conseguiram provar que a indústria lançava seus efluentes e que os peixes ingeriam o mercúrio e repassavam para os seres humanos, para os animais (gatos) e para as aves. Um dos argumentos da defesa da empresa baseava-se na ausência de um quadro de gravidade da doença, o que obrigaria a empresa a pagar pelos maiores danos. Somente em 1959 a indenização para os primeiros casos começou a ser paga, o que gerou intensa mobilização na imprensa. Essa empresa que evoluíra de uma fábrica de fertilizantes avançou rumo ao ciclo petroquímico já possuía um histórico de ações inadequadas em relação aos resíduos de processos industriais. Em 1925, já havia ocorrido um incidente com o derramamento de substâncias tóxicas, o que levou a um primeiro acordo com os pescadores.

Os efeitos da poluição no local continuaram até a década de 1970 quando a sentença judicial obrigou a suspensão dos lançamentos. Deve-se acrescentar aqui que, em função dos lançamentos, o número de doentes crescia e essa empresa se recusava a ampliar as indenizações, causando um movimento de protesto que se deslocou da cidade para Tóquio e teve o apoio da imprensa e dos partidos de oposição. Para evitar maiores danos à imagem do país, o governo por meio da Agência de Meio Ambiente japonesa abre um canal de negociação para incorporar as novas vítimas dos lançamentos às indenizações. A empresa foi considerada negligente, em 1973, com relação aos efeitos dos seus resíduos. A partir daí, com a indenização, a empresa foi obrigada assumir que havia feito lançamentos inadequados. Por causa dessa decisão, consolidou-se no Japão e, depois, em diversos países, que as empresas poluidoras deveriam antecipar todos os efeitos dos produtos tóxicos que gerassem, mesmo os aparentemente mais distantes. Este foi um dos primeiros casos de indenização ambiental no Japão e contribuiu para uma visão mais democrática de acesso à informação, pois nos anos 1970 já se discutia no país medidas de um novo paradigma de emprego de matérias-primas, eficiência energética e água, ao mesmo tempo em que a produção enxuta se consolidava em diversas indústrias.

A Convenção de Montego Bay de Direitos do Mar na Jamaica, em 1982, avançou em relação ao direito de informação. Nesta, qualquer Estado que tenha conhecimento sobre risco de dano ou que tenha sofrido ou causado poluição deverá informar aos que poderão ser afetados. Essa determinação teve origem no caso do estreito de Corfu entre Albânia e Inglaterra. Nesse caso, a Albânia não informou que o Exército alemão havia colocado minas na região e dois navios afundaram, com muitas vítimas. Esse país foi condenado por omissão, pois deveria informar a existência desses riscos. O mesmo princípio foi repassado para questões ambientais.

A falta de informação gerava situações dramáticas após crises ambientais, como no caso de Basileia, na Suíça, em 1986. Um incêndio na fábrica de pesticidas, além do próprio impacto causado por cinzas, produtos químicos e material particulado, gerou problemas ambientais graves para o rio Danúbio, pois a água usada pelos bombeiros para apagar o fogo carregou várias toneladas de material tóxico com ela e causou problemas ambientais sérios para os países da bacia hidrográfica desse rio. As reações da imprensa e da população foram muito fortes e obrigou as empresas a novos protocolos de antecipação de ricos ambientais.

Outro acidente com diversas consequências ambientais foi o de Bhopal, na Índia, ocorrido em 23 de novembro de 1984, em uma fábrica de pesticidas sob a gestão da filial da Union Carbide, nesse país. Essa fábrica estava incluída no projeto "Revolução Verde" que tinha por escopo aumentar a produtividade agrícola do país pelo emprego de fertilizantes e pesticidas. A cidade foi escolhida pela sua posição central e, pela facilidade de transporte ferroviário e um lago com disponibilidade de água. Na data acima, houve o vazamento de 40 toneladas de Methil Isocyaneto (MIC), um dos componentes empregados em pesticidas, o que causou a morte de aproximadamente 4 mil pessoas. De início, o governo responsabilizou sabotadores, porém o avanço das investigações demonstrou falta de gestão e uma série de acidentes que refletiam as consequências do emprego de mão de obra desqualificada, voltada para tarefas simples e sem conhecimento da inteligência dos processos, que não percebeu o acúmulo de pequenos erros que somados ocasionaram uma tragédia como a correta leitura de instruções a serem seguidas. As ações da empresa sofreram queda nas principais bolsas de valores, temendo uma indenização. Até hoje, alguns processos se arrastam na justiça. O argumento de negligência agora é explorado pelos advogados das vítimas.

Pode-se ver a formação de uma tendência de identificar não apenas o causador da poluição esteja ele onde estiver, bem como o respeito aos direitos da população e dos Estados em conhecer e ser informado sobre riscos e eventos ambientais indesejados. Acrescente-se o respeito pelos habitantes, os riscos à sua integridade que vai aos poucos superando as preocupações com as indenizações e se converte em uma abordagem relativamente coerente de prevenção e respeito da população ao redor e a possivelmente afetada. Esses enfrentamentos entre empresas e populações foi um longo e duro aprendizado. As resistências às mudanças das empresas geravam casos que se prolongavam nos tribunais, mas os resultados foram aparecendo aos poucos. Esses confrontos antecipam uma série de novas demandas institucionais que foram antecipadas nos grandes fóruns internacionais e que começam a funcionar como um alerta para as corporações mais bem estruturadas do ponto de vista das estratégias de competitividade.

Demandas institucionais para a gestão do conhecimento

As pressões institucionais para um novo modelo de desenvolvimento contribuíram para a evolução da gestão do conhecimento nas cadeias de negócios em um processo de longo prazo. Por esse motivo, é relevante compreender como a percepção dos efeitos dos problemas ambientais foram se estruturando nos principais organismos de debate internacionais e, aos poucos, influenciando ações no plano nacional e das empresas. A primeira proposta desse tipo de desenvolvimento teve origem no documento Estratégia de Conservação Mundial, apresentado pela União Internacional para Conservação da Natureza. De início, esse documento focalizou a importância de preservar os seres vivos, a diversidade genética, a biodiversidade, os processos ecológicos, as cadeias alimentares e o ambiente necessário para a preservação das espécies. Logo após, o Programa das Nações Unidas para o Meio Ambiente – Pnuma –, adota o conceito de desenvolvimento sustentável incorporando a esse conceito algumas questões sociais que não haviam sido tratadas anteriormente, por exemplo: a ajuda aos pobres, o respeito aos recursos naturais por parte das propostas de desenvolvimento, a necessidade de incorporar outros critérios para avaliar os impactos sobre o ambiente e as novas iniciativas centradas nas pessoas.

Paralelamente a Assembleia da ONU criou, em 1983, a Comissão Mundial sobre o Meio Ambiente e Desenvolvimento – CMMAD –, com *status* de organismo independente, vinculado aos governos e ao sistema das Nações Unidas. Basicamente, essa comissão pretendia três objetivos: reexaminar as questões críticas relativas ao meio ambiente e desenvolvimento; buscar novas formas de cooperação internacional; incentivar uma atuação mais contundente por parte da comunidade internacional. Nascia assim, paulatinamente, uma abordagem cooperativa entre os atores para estabelecer processos multissetoriais de abordagem. Se, de um lado, essa iniciativa era positiva, do outro, antecipava uma divergência futura. Essa abordagem recuperava discussões anteriores feitas pela área de direito sobre o uso das águas, preservação dos rios, impactos em regiões de fronteiras, que anteriormente eram resolvidas com base no direito civil de reparação do dano, ganhavam aqui novas dimensões de atuação por parte das populações que se sentiam prejudicadas, com apoio dos meios de comunicação e de grupos ambientalistas. Por esse motivo, essa abordagem cooperativa estimulava novas formas de resistência das empresas poluidoras e de países com matrizes energéticas no padrão petróleo-carvão. A tendência em curso demonstrava que a reparação dos danos ambientais passaria ser mais ampla no futuro, envolveria países, pois na época já haviam sido desenvolvidos mecanismos de medição de emissões. O cenário do conflito entre países pobres e ricos sobre as responsabilidades em relação à poluição e os custos de reparação começava a ser construído.

Entre 1983 e 1987, a comissão CMMAD produziu um relatório denominado "Nosso Futuro Comum" ou Relatório Brundtland (referência a Gro Harhen Brundtland presidente dessa comissão). Ao ser apresentado na assembleia geral, esse documento pretendeu: demonstrar que a preocupação ambiental exigia maior cooperação entre os países, aprimorar os instrumentos para que a comunidade internacional pudesse administrar os problemas, definir critérios comuns, aceitos pela sociedade internacional, para acelerar as medidas necessárias.

Quadro 1 – Principais passos para o desenvolvimento sustentável

1. Acesso dos cidadãos ao sistema decisório (sistema político efetivamente democrático).
2. Sistema econômico capaz de gerar excedentes ambientalmente confiáveis.
3. Capacidade de resolver as tensões sociais causadas pelo desenvolvimento não equilibrado.
4. Um sistema produtivo capaz de preservar os sistemas ecológicos.
5. Um sistema tecnológico inovador.
6. Um novo sistema internacional de financiamento e comércio.
7. Capacidade das sociedades de reorientarem seus esforços.

Fonte: Síntese elaborada pelo autor.

Percebe-se como esse relatório contribui em termos gerias para a gestão do conhecimento, ou seja, era necessário considerar as pessoas e sua integridade (tensões sociais) para a efetiva solução dos problemas ambientais com o conhecimento (sistema tecnológico inovador). O desenvolvimento sustentável pretendia ser visto como um estilo de gestão que permitiria o atendimento das necessidades presentes sem comprometer a capacidade de suprir às necessidades das gerações futuras. Integraria aos sistemas produtivos, inovação e transparência para a comunidade. Mas esses passos confrontaram alguns dos pontos fundamentais discutidos anteriormente: para preservar o planeta como um todo, seria necessário que os países mais ricos adotassem novos estilos de consumo mais próximos das capacidades de renovação dos recursos naturais do planeta. Aí residia o problema, o que seria um estilo de consumo adequado? Como se daria o acesso dos cidadãos ao sistema decisório?

Mais do que questões abstratas um problema continuava fora de foco da discussão. A grande escala do consumo implantada pelo fordismo ainda continuava a ser vagamente discutida e os detalhes sobre as ações concretas ainda continham imprecisos, o que dava margem a argumentos de defesa que em vez de repensar o consumo, se preocupavam mais em defender o seu padrão de vida. Os resultados foram muito modestos, apesar do volume de debates e eventos. Ainda nesse período, em 1989, a conferência de Ottawa define o conceito de desenvolvimento sustentável.

Quadro 2 – Objetivos do desenvolvimento sustentável

1. Desenvolvimento e conservação integrados.
2. Equidade e justiça "social".
3. Respeito à diversidade cultural e autodeterminação social.
4. Satisfazer às necessidades humanas básicas.
5. Respeito aos sistemas ecológicos.

Fonte: Síntese do autor.

A partir dessa conferência, o conceito do desenvolvimento sustentável passou a ser adotado pelas agências internacionais como o Banco Mundial, a Agência Americana para o Desenvolvimento Internacional, as agências de desenvolvimento da Suécia e do Canadá, como critério para o financiamento de projetos em países em desenvolvimento. Para a construção de usinas hidrelétricas, vários pré-requisitos deveriam ser respeitados: análise das espécies vegetais, animais e, principalmente, da população residente ao local. Além disso, consequências sobre o regime de águas, visão de gestão da bacia hidrográfica como um todo. Medidas relacionadas ao apoio às "populações carentes", dependentes do fluxo de água, como os agricultores de produtos de subsistência, deveriam ter suas necessidades, previstas, antecipadas e tratadas em uma visão de conjunto. Essa iniciativa gerou a constituição de agências em diversos países pobres ou mudou o enfoque das existentes. Aos poucos, estimulou uma abordagem cooperativa também nesses países.

Note-se aqui um quadro comum: a cada avanço do conceito de desenvolvimento sustentável, uma resistência sutil ou não se estrutura voltada para a manutenção da situação anterior. O apelo aos objetivos desse desenvolvimento está abstratamente definido em diversos documentos como "sistemas a serem implantados". Essa abstração, que se confunde com a ambiguidade, reflete as condições nas quais a política de gestão híbrida foi constituída nos anos 1990, conforme descrito no Quadro 5, do Capítulo 1.

Essa política coincide com o difícil período de transição entre as fronteiras do paradigma administrativo e o de gestão do conhecimento (em formação). Nessa transição ocorre o acréscimo das exigências de controle de emissão das plantas existentes e a prevenção dos impactos futuros por meio de projetos detalhados dos novos negócios. Como tal, essa transição identifica algumas resistências localizadas nos Estados e nas cadeias de negócios. Os investimentos em preservação ainda são pensados pelas empresas em relação a problemas pontuais com a justificativa de custos. Existe a dificuldade de experimentar soluções novas, mas algumas empresas avançam para fábricas mais econômicas em relação à energia e ao consumo de água.

A aceitação da perspectiva de desenvolvimento sustentável, que reconhece a importância da equidade, da diversidade e autodeterminação, apresenta avanços devido à pressão dos consumidores e ao marketing ambiental. Um deles refere-se às críticas à externalidade, que, pelos dados de pesquisas divulgados, não poderia mais ser pensada apenas no plano local, já que esse modelo de desenvolvimento incorporava explicitamente a responsabilidade pelos danos ambientais.

Gestão do conhecimento e propostas ambientais

Uma pergunta começa a ganhar sentido nos anos 1990 em alguns países carentes de recursos ambientais: os limites do consumo necessariamente coincidem com os limites do crescimento? Haveria outra agenda possível na qual as ações cooperativas permitissem a redução de impactos ambientais pelo emprego da inteligência de gestão da cadeia de negócios integrada às ações com comunidades, distribuidores e organizações não governamentais? Dito de outra forma, a visão de gestão do conhecimento que já existia como a rede de troca de experiências poderia ser incorporada à gestão ambiental e aos diversos segmentos sociais e grupos envolvidos.

A internet e a capacidade de comunicação permitiam a difusão de grupos de interesse ambientais que assumiriam papéis relevantes na divisão de responsabilidades pela preservação ambiental. Destaque-se: coleta seletiva de lixo doméstico (em parceria com as prefeituras), ações de representação da comunidade, acompanhamento de ações públicas em caso que envolvessem novos projetos de fábricas e ações em relação às diversas formas de poluentes (demandas por novas tecnologias). A comunidade também se organiza por diversos meios para fiscalizar os locais de disposição final, riscos de saúde de diversas naturezas, impactos sobre o valor das propriedades ao redor, práticas inadequadas de vizinhos e ações educacionais. As agências de meio ambiente criam programas educativos, legislações e debates que passam a ser facilmente localizados e contam com grupos de apoio de organizações independentes – ONGs e do próprio Estado. As empresas podem também monitorar os efeitos sobre produtos e imagem de marca que influenciam seu valor na bolsa de valores. Além disso, cresce por esses meios a capacidade de pressão do eleitor sobre os seus representantes desde o poder local até o nacional e, inclusive, sobre a imprensa tradicional. A omissão em relação a problemas ambientais tem efeitos sobre votos, número de assinantes e verbas.

Mas, ao mesmo tempo, as resistências atuam. Se, no plano interno, alguns países (estados no caso dos Estados Unidos) adotam práticas colaborativas e éticas no plano internacional, elas não se repetem. Os países da OECD estão interessados em repassar parte desses custos aos países em desenvolvimento por meio de barreiras para o comércio internacional para abrir mercados para a sua indústria ambiental, como visto no Capítulo 1. Recuperar-se com um novo formato o discurso da ambiguidade que reconhece os benefícios em geral que o desenvolvimento sustentável apresenta, mas não o pratica nas suas aplicações específicas mais relevantes.

Nessa direção, Baroni (1992, p. 23) afirma que o termo desenvolvimento sustentável apresenta ambiguidades, correndo o risco de se tornar um chavão que ninguém se preocupa em definir para favorecer ações pouco éticas. Essa "ambiguidade" não é um produto do acaso, ela atendeu interesses específicos como os exemplos das geladeiras chinesas e a política de papel e celulose da

União Europeia, voltada para impedir o crescimento de outros países nesse ramo de negócio. Nesses exemplos, recorre-se ao discurso ambiental, mas, na realidade, a preocupação que motivou as ações dos países industrializados visava aos interesses econômicos, ou seja, impedir a entrada de novos concorrentes dos países emergentes. As barreiras ambientais revelaram-se insuficientes para conter o ímpeto chinês, principalmente em razão das decisões econômicas dos países ocidentais que reduziram o investimento em novas plantas nos anos 1980 em virtude da crise do pós-fordismo.

Ironia da história, os países ocidentais hoje importam eletrônicos de consumo da China, inclusive geladeiras. Mais uma vez, os alertas da história não são corretamente apreendidos pelo conjunto do capital. A solução residia em outras práticas intensivas em conhecimento, não necessariamente mais caras, como provou a produção enxuta integrada com as medidas de economia do conhecimento.

Outro ponto polêmico refere-se à abertura de mercados como condição para o desenvolvimento sustentável como parte importante do paradigma de gestão híbrida nos anos 1990. A ambiguidade presente no conceito de desenvolvimento sustentável identificada anteriormente, relaciona diretamente mercados abertos com a "ecoeficiência". O relatório do Business Council for Sustainable Develepment, Shmidheiny, (1992, p. XX) revela um exemplo elucidativo.

> O crescimento econômico limpo e equitativo, que faz parte da natureza do desenvolvimento sustentável, requer o uso mais eficiente dos recursos; só então a "ecoeficiência" fará sentido como um bom negócio. Fazer tudo para tornar esse crescimento possível é certamente o maior teste para a indústria e o setor empresarial. Tal opção requer **mercados abertos e competitivos**, e também um rompimento com a mentalidade convencional subjacente aos interesses humanos e ambientais.[1]

O mesmo texto propõe a competição como elemento propulsor ao uso do mínimo de recursos e a criadora de novas tecnologias que reduziram a poluição. Porém os objetivos e as maneiras mais concretas de como estabelecer essa política não são revelados. No mesmo documento, o capítulo dedicado ao desenvolvimento sustentável, se limita a repetir o velho receituário sobre a questão ambiental: a importância de prevenir as causas da degradação ambiental, alertar para os riscos do crescimento do efeito estufa e das chuvas ácidas,

---

[1] Grifos nossos.

prepararmo-nos para o desafio das fontes de energia etc. O documento ainda critica a visão do crescimento zero a partir da necessidade de que as populações pobres do Terceiro Mundo precisam de um rápido crescimento econômico. Novamente, não são explicitadas quais as prioridades desse desenvolvimento, limitando-se a frases vagas do tipo "o crescimento refletia princípios gerais de sustentabilidade e não exploração de terceiros".

A ideia do crescimento zero de fato não resolveria o problema ambiental já como estava colocado nos anos 1970, pois "congelaria" a situação vigente e os problemas gerados. Não haveria investimentos em equipamentos, novos processos e principalmente a inteligência do ciclo desenvolvimento-consumo- -reaproveitamento-disposição final. Além disso, essa postura desconsiderava os avanços dos anos 1980, por exemplo: a produção enxuta que aumentou a quantidade de produtos exportados com eficiência energética crescente e políticas de redução do volume de resíduos. O crescimento zero era uma solução artificial que não entrava no cerne da escala do consumo, suas contradições e as possibilidades de novas abordagens.

A questão de fundo logo ficaria muito clara. O interior do debate sobre o meio ambiente e a economia aberta referiu-se ao financiamento dos recursos necessários para estabelecer uma política global de proteção ambiental. Essa questão se coloca ainda hoje no problema de como transferir tecnologias, portanto conhecimento, a custos e condições de assimilação dos países pobres. Na Conferência das Nações Unidas Eco-92, por exemplo, a proposta da Agenda 21 estimava os custos de mudança do paradigma ambiental anterior com base no desenvolvimento sustentável em US$ 561 bilhões ao longo de sete anos, com 80% desse valor tendo origem nos países desenvolvidos. A reação contrária desses países foi muito intensa, sobretudo dos Estados Unidos. Mas a abordagem de gestão do conhecimento não poderia rever esses números de outra perspectiva? Esses números traduziam a transição das tecnologias desenvolvidas nos seus fundamentos na II Revolução Industrial, particularmente petróleo e eletricidade com base em carvão. Logo elas seriam mais caras no início, porém seu desenvolvimento baratearia os custos e permitiria o desenvolvimento de consórcio de países para acelerar seu desenvolvimento. Outro detalhe, os países em desenvolvimento, ao adotarem a competitividade crescente com base na redução do ciclo de vida dos produtos, precisavam investir permanentemente em novas fábricas e tecnologias. Por que não incorporar à elas as vantagens do uso de mecanismos de preservação de água e energia?

Outro ponto, nem sempre essas tecnologias teriam de partir do zero. Na agricultura diversas práticas estão sendo retomadas, por exemplo: a adubação orgânica, que pode ser feita pelo reaproveitamento da biomassa, sem recorrer a produtos químicos caros e comprometedores da saúde dos trabalhadores (como no caso dos pesticidas). A estimativa do custo da mudança para o paradigma de desenvolvimento sustentável não passou de uma estimativa, foi muito mais usada como justificativa política do que como meta para incrementar os modelos de pesquisa. O conjunto da indústria bélica no mundo gasta muito mais do que isso em pesquisa, protótipo e manutenção de forças armadas.

A conferência Eco-92 das Nações Unidas no Rio de Janeiro ainda procurou inovar ao propor um novo conceito de relações internacionais: a nova parceria global. Segundo essa visão, todos os países seriam chamados a participar de uma nova forma para a promoção de uma economia mais eficiente e integrada com a preservação ambiental por meio da liberalização do comércio, da adequação entre as necessidades comerciais e as necessidades ecológicas, e da utilização dos canais de financiamento para estimular políticas indutoras de um novo estilo de desenvolvimento nos países pobres.

O documento Agenda 21 ainda propôs a necessidade de mudar os valores que norteavam o consumo, tornando-o mais adequado à disponibilidade de recursos renováveis. Porém, na Conferência de Berlim (abril de 1995), os países ricos demonstravam pouco desejo de mudança, sobretudo de conter sua parcela de emissões (75%) dos 16,5 bilhões de toneladas de gases de origem fóssil emitidos por ano. Nos documentos da época, o principal obstáculo continuava a residir nas mudanças dos padrões de consumo, na readequação das fontes energéticas e na tecnologia e reprocessamento de resíduos das plantas industriais instaladas (é muito mais difícil e caro implantar esses processos em uma fábrica em funcionamento).

Nessa mesma década, ficava ainda mais claro como a redução da vida útil dos produtos, processos e equipamentos ampliava a pressão por locais de disposição, custos de energia e encarecia os processos produtivos. Logo, era necessário refazer plantas industriais para novas tecnologias ou repassá-las para países com mão de obra mais barata. A China tirou proveito dessa situação ao produzir não apenas produtos baratos, mas em condições insalubres. Portanto, o argumento das dificuldades já era relativo, a questão de fundo era muito mais estratégica. Foi assim que algumas empresas discutidas mais à frente neste capítulo repensam suas prioridades e descobrem benefícios econômicos concretos da abordagem cooperativa e demonstram que os custos da Agenda 21 poderiam ser gerenciados com melhores resultados.

Apesar dos argumentos sobre dificuldades, diversos acordos bilaterais para o combate da poluição são assinados, e aqui brevemente destacados: o Acordo sobre a Qualidade do Ar entre Canadá e Estados Unidos (1991) e o Acordo de Cooperação sobre Poluição Atmosférica Transfronteiriça entre México e Estados Unidos (1987). Ambos relacionados com as estratégias dos Estados Unidos para o Acordo de Livre Comércio da América do Norte (Nafta). No primeiro acordo com o Canadá, a experiência de arbitragem da Trail Smelter Case é relembrada como estímulo para soluções conjuntas. Foram criados projetos pilotos com escopos específicos, como a Bacia dos Grandes Lagos. Esses projetos tiveram início com a organização das informações disponíveis, entendimento coletivo dos sistemas gerenciais, iniciativas voluntárias de implantação, comunicação e ações corretivas. Essa região suporta uma série de atividades industriais, como a indústria automobilística de Detroit, usinas de carvão em Michigan, siderúrgicas de aço e plásticos. Do lado canadense, destacam-se autopeças, refino de petróleo, indústrias químicas movidas a carvão. Um dos indicadores construídos refere-se ao monitoramento do número de dias com qualidade do ar inferior. Por causa do carvão como fonte de energia, foi constituído um grupo de trabalho dedicado a monitorar a qualidade do ar e os impactos na saúde. Os grupos voluntários atuaram na cadeia de negócios identificando diversas oportunidades de redução de emissões ao longo da cadeia de negócios, com destaque para as pequenas e médias empresas.

O acordo com o México envolveu a constituição do Banco de Desenvolvimento da América do Norte – The North American Development Bank –, capitalizado igualmente pelos dois países para financiar a infraestrutura e projetos ambientais. Outra instituição criada para esse fim foi a Comissão Fronteiriça de Cooperação Ambiental – Border Environment Cooperation Commission – uma organização de inteligência que identifica, suporta, avalia e certifica projetos. No norte do México está localizada a região das *maquiladoras* responsável pela exportação de produtos acabados para os Estados Unidos. Vários projetos estão em andamento como o Plano de Respostas ao manejo de substâncias químicas perigosas, que destaca que 90% da população está localizada em trinta grandes cidades, 15 em cada país. Além de fábricas, destaque-se a indústria petrolífera localizada no Golfo do México, no Caribe. Além disso, existem grupos de trabalho voltados para a redução e remoção de lixo com reflexos sobre a saúde e a educação.

Além dos problemas ambientais, essa região é marcada pelos conflitos decorrentes da imigração ilegal de trabalhadores mexicanos para os Estados Unidos. Nesse sentido, vários projetos têm foco social, como os centros de compostagem para transformar resíduos em adubo para hortas comunitárias e escolas.

Esses acordos geram grandes volumes de informação dispostos em bancos de dados específicos e organizam as melhores práticas, principalmente para grupos de respostas que trocam regularmente informações entre si e com as agências reguladoras dos Estados Unidos e do Canadá. O emprego de tecnologias de informação permite relatórios e estimativas não apenas do ar, mas de impactos sobre a água e, principalmente, critérios de zoneamento industrial com base em demandas ambientais (condições de dispersão de poluentes, ciclo de chuvas, ventos e outros componentes do clima). Com um tratamento específico mais amplo, esses bancos de dados contribuem para a prevenção em larga escala das consequências do efeito estufa na América do Norte e para o entendimento de como os países ricos constroem tecnologias para serem vendidas aos países pobres.

O grande evento internacional de destaque com base no desenvolvimento sustentável foi o Fórum de Desenvolvimento Sustentável em Johannesburgo, na África do Sul no ano de 2002. Na época foram desenvolvidas as metas do milênio, porém com fortes resistências dos países ricos para ações concretas rumo a Agenda 21. Esse impasse traduziu a situação que se repete até hoje.

Quadro 3 – Metas do Milênio Fórum de Desenvolvimento Sustentável, Johannesburgo 2002

1. Erradicação da fome e miséria.
2. Educação primária ampla com oportunidades iguais para ambos os sexos.
3. Redução da mortalidade infantil.
4. Parceria global para o desenvolvimento com sistemas internacionais de comércio e financiamento não discriminatório que atenda às necessidades especiais de países em desenvolvimento, reduzindo as suas dívidas externas.
5. Práticas responsáveis de gestão ambiental.

Fonte: Síntese desenvolvida pelo autor.

Nessa conferência, mais uma vez, os fundamentos sociais do desenvolvimento sustentável chocaram-se frontalmente com alguns dos interesses dos países ricos, o que leva Braga (2009, p. 318) a constatar que não foram feitos avanços significativos.

Infelizmente, após a Conferência de Johannesburgo não se constatam muitos avanços no campo do Direito Internacional Ambiental que a ela possam ser atribuídos. No entanto, "representou ponto positivo a constatação quanto ao fato de que, se por um lado os Estados não estavam dispostos a criar novos instrumentos jurídicos, passou-se o foco para a implementação dos existentes".

As resistências dos países ricos traduziam algumas mudanças de cenário em relação às formas de regulação da economia nos anos 1990. O desenvolvimento de sistemas de inovação e patentes (Estado, institutos de pesquisa, universidades e empresas), voltados para obter vantagens competitivas crescentes, havia acumulado um vasto conhecimento sobre proposta e soluções para problemas ambientais. Destaque-se que, nesse Congresso, vários países ricos já praticavam o desenvolvimento cooperativo em algumas áreas, mais especificamente nas práticas crescentes de prevenção e coleta seletiva de lixo, restava a vontade política de generalizá-lo nas diversas áreas da economia.

Esses sistemas de inovação geravam vantagens como: patentes, novos processos industriais, biotecnologia e outros, porém o desafio continuava no consumo, não apenas na quantidade, mas na inteligência de como antecipar seu uso e disposição no mercado. As fábricas do início do século XXI começavam a assimilar as vantagens da redução de consumo de energia e água, porém as dificuldades de disposição continuavam mesmo com os cuidados no planejamento para reaproveitar parte dos produtos como metais, plásticos e outros. Esses países aprendiam por suas experiências a pôr em prática processos ambientais e depois os repassavam como tecnologia de gestão de projetos.

A reação dos países ricos, além da recusa em assumir seu papel nos custos de transição, estava na preservação desses ativos intensivos em conhecimento. Estes passam a ser a principal vantagem competitiva estratégica e os mercados começaram a ser arduamente disputados, na medida em que uma inovação desenvolvida em um setor pode ser rapidamente transferida para outro. Logo, não é possível deixar qualquer "espaço vazio", sob pena que outro concorrente tire proveito disso. Ceder para países pobres poderia significar perda de anos de investimento não para apenas esses países, mas principalmente para outro membro da própria OECD.

Esse ambiente cria as condições para uma pergunta relevante: poderiam os países pobres construir uma agenda própria que levasse em conta tecnologias apropriadas para reduzir a poluição nos processos produtivos e nas estratégias de disposição?

A agenda própria para os países em desenvolvimento

Essa pergunta gera um desafio inicial: para os países em desenvolvimento terem sua própria agenda é necessário integrar as duas agendas, a social e a ambiental. A primeira recoloca a prioridade para a educação, a infraestrutura e a transparência. A agenda ambiental exigirá o aprimoramento de tecnologia de produção e preservação, portanto exigirá maiores investimentos em conhecimento por parte dos países pobres. Um exemplo dessa nova forma de gestão do conhecimento é a norma internacional para o meio ambiente (ISO 14000). Desde 1996/1997, essa nova norma combina o gerenciamento de qualidade com gerenciamento ambiental (uso, segurança dos produtos, saúde dos trabalhadores).

Para atender as inúmeras normas técnicas exigidas, as empresas desses países devem aprimorar as tecnologias utilizadas e os modelos de gestão no limite das suas capacidades. Este é seu principal ponto de gargalo, pois essas empresas são menores e relativamente isoladas em relação aos países ricos (as redes de inovação são mais restritas). As novas tecnologias ambientais nesses países devem ser capazes de minimizar ainda mais os gastos de energia, água e matéria-prima com bases nos exemplos da produção enxuta, lembrando que esta foi desenvolvida, inicialmente, com equipamentos usados e adaptados a baixo custo, porém com inteligência em função das necessidades concretas. Incluem-se aqui programas de economia de energia em escala nacional combinadas com preservação de recursos naturais. Em algumas regiões do deserto do Saara se abatem as poucas árvores a serem usadas como lenha para cozinhar alimentos. Logo, é necessário prever esse tipo de demanda com ações de substituição de fontes de energia.

Aliado aos novos modelos de gestão, as organizações deverão observar práticas de gestão de organizações já consolidadas nos países da OECD: programas regulares de treinamento (para a gerência e os trabalhadores), reduzir o risco dos trabalhadores a acidentes, preservar sua saúde, desenvolver políticas corretivas em caso das metas ambientais não terem sido atingidas, adotar políticas de comunicação para informar ao público envolvido (direta e indiretamente) pelas atividades da companhia e desenvolver mecanismos eficientes de auditoria ambiental.

Todos esses procedimentos criam um ambiente favorável à difusão do conhecimento em todos os níveis da organização e ao investimento. Projetos de envolvimento podem reduzir os custos por meio da formação de multiplicadores que com liderança e exemplo educam os trabalhadores. Essa educação permite formar a consciência de que: por trás da questão ambiental estão embutidos critérios sofisticados de seleção econômica e tecnológica para mercados globalizados. Para esses países a ISO 14000 e o esforço de exportação será um grande desafio, sobretudo pela inclusão de itens relacionados simultaneamente com métodos sustentáveis de extração de recursos naturais que historicamente foram de forma sistemática desconsiderados nos ciclos econômicos.

Além de carentes de recursos (portanto, necessitando de financiamento), poucos países pobres conseguiram investir competente e continuamente em educação. Portanto, esses países são considerados muito mais como mercado (até com alguns riscos) do que parceiros no mesmo nível de igualdade. Sofisticam-se as formas de discriminação dos países pobres, o que lembra o modelo de gestão das desigualdades do passado. Como consequência, os países em desenvolvimento que não se dedicarem a planejar desde já seu futuro (econômica, social e ambientalmente) correm sérios riscos de não suportá-lo neste século.

Um dos exemplos mais citados de agenda própria refere-se à Costa Rica na América Central, que extinguiu seu exército para poder investir em educação e saúde. O país adota uma política de preservação ambiental vasta, aproximadamente 1/3 do país é composto por áreas preservadas. Ao mesmo tempo, este tem atraído uma série de investimentos de alta tecnologia, como a unidade Intel que exporta circuitos integrados para diversas áreas do planeta. Enquanto diversos países sofreram um intenso processo de perda de florestas e empobrecimento da população nos anos 1980 e 1990, a Costa Rica foi no caminho inverso e estruturou um vasto programa de financiamento para recuperar a cobertura vegetal combinada com a constituição de empresas de tecnologia de informação.

A constituição desse programa de preservação exigiu um aparato legal composto pela Lei Ambiental (7554/1995), pela Lei de Proteção Florestal (7575/1996) e pela Lei de Biodiversidade (7788/1998). Uma das inovações mais relevantes adotada foi o Pagamento por Serviços Ambientais – PSA ou PES – Paying for Ecosystem Services, que estimulava os donos de propriedades agrícolas por dedução fiscal, subsídios e a venda de "Bônus de Reflorestamento" a manter e a ampliar de diversas formas a cobertura vegetal do país. Mais explicitamente, enquanto outros países destruíam seus recursos naturais, essa política os mantinha e atraiu novos investimentos sob a forma de parcerias, impostos, pesquisas conjuntas. A agenda de desenvolvimento do país inclui a exportação de remédios desenvolvidos a partir de novos fármacos com base na biodiversidade.

Compreende-se o porquê do crescimento da cobertura vegetal do país que atingiu 51% do território em 2005, e 12% dessa área corresponde a parques nacionais e 24% de áreas protegidas (com limitações ao emprego e o compromisso de preservação de fontes de água). O financiamento é feito por meio do Fundo Nacional de Financiamento de Florestas – National Forestry Financing Fund –, que monitora por sistemas de informação geográfica e por sensoriamento remoto via satélite o correto emprego dos fundos e dos contratos de recebimento. As fontes de recursos desse fundo são diversas, envolvem desde a taxa de 3,5% sobre combustíveis, vendas de Certificados de Serviços Ambientais, empréstimos e Certificados de Retenção de Carbono. Essas políticas têm elevado a renda da população e permitido várias parcerias para estudo e pesquisa no país. Esses programas têm colaborado para a qualificação dos trabalhadores em parques nacionais e áreas protegidas, muitos deles antigos garimpeiros e madeireiros. A preocupação com qualificação do trabalho está presente nas empresas que começam a exportar produtos de alta tecnologia.

Contribuições dos acordos internacionais sobre poluição para a gestão do conhecimento

O acordo mais relevante sobre poluição em razão de sua universalidade é a Convenção Quadro das Nações Unidas sobre as Mudanças Climáticas – United Nations Framework Convention on Climate Change – UNFCCC, criada em 1992.

Percebe-se uma tentativa de transformar os avanços da abordagem cooperativa já admitida nos princípios gerais do desenvolvimento sustentável para as ações concretas em projetos mais específicos. Os objetivos mais gerais destacam a estabilização da concentração dos gases causadores do efeito estufa, redução da atuação humana que possa causar interferências no clima que afetem a produção de alimentos. Em relação aos objetivos gerais, cada membro se encarrega de informar aos demais sobre ações específicas em relação aos objetivos e aos acordos assumidos. Essas ações são reportadas para o órgão máximo deliberativo e a Conferência das Partes.

A 3ª Conferência das partes (COP 3) realizada em Quioto, no Japão (dezembro de 1997), aprovou o chamado Protocolo de Kyoto (adotado pelo Brasil por meio do Decreto nº 5445/2005). Este inovava ao propor que os países desenvolvidos listados no anexo I (normalmente OECD) reduzissem a emissão em um patamar 5,2% inferior às de 1990. Dentro outras propostas inovadoras, destaque-se o

Mecanismo de Desenvolvimento Limpo – MDL –, que permite que um país listado invista em projetos de redução de impactos em um país em desenvolvimento. A cada tonelada de monóxido de carbono poupada por esses projetos, emite-se um certificado denominado crédito de carbono sob responsabilidade da Autoridade Nacional Designada. No Brasil, essa avaliação cabe à Comissão Interministerial de Mudança do Clima, que deve relacioná-la ao cumprimento das metas de desenvolvimento sustentável do país. Esses créditos não devem ser confundidos com a compra do direito de poluir como nos anos 1980, mas uma tentativa de reduzir o peso dos impactos do desenvolvimento sustentável entre os países ricos e pobres de forma mais viável para as diferentes capacidades de financiamento.

Quadro 4 – Objetivos do protocolo de Kyoto

1.	Reformar os setores de energia e transportes.
2.	Promover o uso de fontes energéticas renováveis.
3.	Eliminar mecanismos financeiros e de mercado contraditórios aos fins da Convenção.
4.	Limitar as emissões de metano no gerenciamento de resíduos e dos sistemas energéticos.
5.	Proteger florestas e outros sumidouros de carbono.

Fonte: Síntese do autor.

Porém, este, ao mesmo tempo em que afirmava a necessidade de medidas efetivas, adota um abrandamento das propostas iniciais e a proposta norte-americana de permitir que indústrias poluentes possam ser repassadas para os países em desenvolvimento. Destaque-se principalmente a resistência norte-americana ao não estabelecimento de metas para os países pobres que, em 2007, já eram responsáveis por 52% das emissões. O motivo para essa restrição é econômico, pois, segundo os norte-americanos, os custos da transição de adaptação das empresas estariam sendo "injustamente" repassados aos países ricos. Esse argumento traduz uma situação real, o protocolo trazia o apelo para uma nova matriz energética mais eficiente e barata que superasse a do carvão e a do petróleo. Nesse sentido, o maior conflito não estaria com os países pobres, mas com alguns países da OECD, além do Japão, que combinavam com sucesso os fundamentos econômicos da produção enxuta com uma abordagem ambiental própria com base na eficiência energética: por exemplo: Coreia, Cingapura e Taiwan.

Quadro 5 – Síntese histórica das Conferências das Partes

> 1995 COP-1 – Berlim: construção de um protocolo para acompanhamento das decisões.
>
> 1996 COP-2 – Genebra: define obrigações sobre o acompanhamento das obrigações da Convenção.
>
> 1997 COP-3 – Kyoto: Protocolo de Kyoto com metas quantitativas compulsórias de redução de emissão de gases para os países do anexo I.
>
> 1998 COP-4 – Buenos Aires: esforço para ratificar o Protocolo de Kyoto.
>
> 1999 COP-5 – Bonn: continuidade aos esforços para implantar o Protocolo de Kyoto.
>
> 2000 COP-6 – Haia: ruptura entre os Estados Unidos e a União Europeia em relação aos sumidouros de carbono e uso da terra.
>
> 2001 COP-7 – Marrakech: retirada dos Estados Unidos, alegando que os países em desenvolvimento deveriam ter metas de redução da poluição. São lançadas as bases para projetos de MDL (incluir as emissões resultantes da sua implantação no projeto).
>
> 2002 COP-8 – Nova Délhi: coincide com a cúpula sobre o desenvolvimento sustentável na África do Sul. Discussão sobre metas renováveis na matriz energética dos países.
>
> 2003 COP-9 – Milão: regulamentação dos sumidouros de carbono nos MDL. Moscou acena com a possibilidade de aderir ao Protocolo de Kyoto.
>
> 2004 COP-10 – Buenos Aires: regras para a entrada em vigor do Protocolo de Kyoto (16 de fevereiro de 2005 com a entrada da Rússia).
>
> 2005 COP-11 – Montreal: como estruturar os compromissos para pós-2012. Estima-se a necessidade de reduzir entre 20% e 30%, até 2030, e de 60% a 80%, até 2050. Ocorre conjuntamente a primeira Reunião das Partes do Protocolo de Kyoto.
>
> 2006 COP-12 Nairóbi: revisão do Protocolo de Kyoto (prevista para 2008). São discutidas as regras do Fundo de Adaptação para a Implantação de Projetos para os países pobres. Ocorre conjuntamente com a segunda Reunião das Partes do Protocolo de Kyoto.
>
> 2007 COP-13 – Bali: o novo acordo climático para o pós-2012. Ações de mitigação nacionalmente apropriadas. Adesão da Austrália (matriz com base em carbono). Ocorre conjuntamente com a terceira Reunião das Partes do Protocolo de Kyoto.
>
> 2008 Poznan: negociações para o prazo final do Protocolo de Kyoto. Propostas de redução de emissões causadas pelo desmatamento. Ocorre conjuntamente com a quarta Reunião das Partes do Protocolo de Kyoto.
>
> 2009 Copenhague: divergências entre países ricos e pobres. Acordo adiado. Ocorre conjuntamente com a quinta Reunião das Partes do Protocolo de Kyoto.

Fonte: Delpupo (2009, p. 33 a 36).

Os Estados Unidos tinham uma polêmica proposta alternativa às metas do Protocolo de Kyoto: a do sequestro de carbono, em que pretendia armazenar o carbono em diversos locais. Essa uma proposta ainda mais cara que a adesão às propostas de Kyoto possuía semelhanças com o crescimento zero. Em termos teóricos, ela congelava os problemas até que uma solução fosse desenvolvida. Desconsiderava experiências reais e alternativas cooperativas já em andamento nos Estados norte-americanos que levariam ao desenvolvimento tecnológico e à redução de custos.

Quadro 6 – Propostas para o sequestro de carbono

1. Armazenar o carbono em repositórios subterrâneos.
2. Melhorar o ciclo natural por meio da cobertura vegetal e do estoque de biomassa no solo.
3. Aumento da dissolução nos oceanos e fertilização de fitoplancton.
4. Desenvolver genomas de micro-organismos para o gerenciamento do ciclo de carbono.
5. Lançar 200 mil minissatélites para reduzir em 1% o aquecimento global.

Fonte: Síntese do autor.

Os debates sobre impactos ambientais como resultado de negligências das empresas ganham espaço nos Estados Unidos e elas se organizam de diferentes formas. Além do crescimento do marketing ambiental, o reflexo da preocupação dos consumidores com o problema do meio ambiente, uma nova alternativa é criada com a Bolsa do Clima de Chicago – Chicago Climate Exchange –, também conhecida pela sua abreviação CCX. Nessa alternativa, as reduções certificadas de emissões de gases do efeito estufa são premiadas com certificados que podem ser comercializados na CCX. A ideia está em premiar as iniciativas das empresas voltadas para a redução de suas emissões e para não puní-las com multas e outras penalidades. Fizeram parte do grupo empresas que deram origem a essa bolsa: DuPont, Ford, Motorola e a American Electric Power.

Destaca-se também dentro dessa proposta de Convenção Quadro Referente à Diversidade Biológica, igualmente realizada durante a Eco-92, no Rio de Janeiro. Esta combinava ações gerais como a responsabilidade sobre a preservação das espécies dentro e nas áreas indiretamente relacionadas com sua sobrevivência, por exemplo: rotas migratórias para aves. Essa postura significa uma visão integrada das necessidades das espécies nos hábitats que frequentam. O órgão máximo é a conferência das partes.

Novas demandas passam a ser colocadas, uma delas refere-se a como gerenciar os riscos de organismos geneticamente modificados. O Protocolo de Cartagena de Biossegurança (Montreal, 2000) emite recomendações sobre efeitos da manipulação e do uso desses organismos, trânsito, emprego e os impactos na biodiversidade.

Todos esses acordos antecipam novas demandas para as organizações e passam a exigir por extensão mecanismos de monitoramento sofisticados com base em tecnologia da informação e conhecimento com ênfase a levar as empresas a adotar mecanismos de controle detalhados nos seus processos. Vale a pena identificar algumas experiências concretas de como a gestão do conhecimento nas cadeias de negócios interagem com ações cooperativas com o Estado e os consumidores.

Ubiquidade no Japão 2010 (uJapan 2010) e meio ambiente

A primeira experiência relevante diz respeito à Sociedade da Informação no Japão, que integra ações ambientais estratégicas nos fundamentos das redes de projetos de alta tecnologia. O nome citado anteriormente refere-se ao relatório anual do Ministério de Negócios Internos e Telecomunicações (Soumu) para o ano de 2010. Este é um dos vários documentos anuais que contribui para a agenda de Sociedade da informação no país voltado para a ubiquidade. Recorde-se que a agenda tem importante papel nesses projetos para antecipar as tendências, combinando-as com as possibilidades reais que os países acumulam de inovar nos campos em que eles possuem competitividade, além de "seduzir o empresário para investir". Além disso, a agenda determina as ações dos bancos de fomento para quais tecnologias devem ser financiadas em condições especiais, muitas vezes a fundo perdido pelos seus impactos positivos para a sociedade como um todo em longo prazo.

A agenda torna-se fonte de referência para outros atores importantes e interessados como as universidades (programas de pesquisa, investimento em laboratórios, critérios de parceria com as empresas, competências de professores e estudantes), as empresas (ciclo de vida de projetos, qualificação de parceiros, canais de distribuição, calendário de desenvolvimento interno e externo) e o governo (financiamento da agência responsável pela pesquisa de tendências, políticas educacionais de longo prazo, políticas de compras, investimento nas agências de fomento, governança dos investimentos em infraestrutura, políticas de avaliação das políticas de estímulo gerais e específicas).

O conceito de ubiquidade significa três grandes processos que se integram para um desempenho superior da sociedade: o acesso a qualquer informação, por qualquer plataforma a qualquer tempo. O primeiro processo implica transparência das informações relevantes para o cidadão, desde opções de compra com infraestrutura de comércio eletrônico, serviços médicos com apoio do computador (*e-health*) até arquivos sobre a sua situação fiscal (*e-government*). Os outros dois processos referem-se a redes de alto desempenho para receber e difundir grande volume de tráfego de dados com qualidade e sustentabilidade da velocidade de intercâmbio de arquivos. Destaque-se também a mobilidade das plataformas, o que amplia a demanda sobre a infraestrutura em relação à capacidade de localização geográfica e à transmissão de arquivos. A comunicação se sofistica, inclui serviços, além de voz, dados, imagens e outros serviços (como o GPS), que interagem com sistemas de comunicação entre satélites e bases terrestres.

O projeto uJapan teve início em 2005 e foi encerrado em 2010 com a proposta de criar uma sociedade que generalizasse o fácil acesso ao conhecimento e fosse possível empregá-lo em detalhes em qualquer atividade, principalmente as direcionadas para aprimorar a produtividade nas empresas. Nesse primeiro ano, o governo realiza uma pesquisa e oferece uma série de dados estatísticos para que o empresário possa localizar a posição da sua empresa no jogo competitivo em relação à Coreia e aos Estados Unidos. No relatório final, a grande ênfase foi direcionada para as tecnologias verdes de comunicação e informação – TVIC – Green Information and Communication Technologies – GICT –, cuja função era integrar diversas ações desde a produção até a disposição final, conforme o Quadro 7.

Quadro 7 – Principais pontos das Tecnologias Verdes de Comunicação e Informação – TVCI

1. Melhorar a eficiência do uso de energia.
1.1. Sistemas de gerenciamento de energia nas empresas.
1.2. Sistemas domésticos de gerenciamento de energia (evitar pequenos desperdícios nas residências).
2. Redução do movimento de pessoas e produtos.
2.1. Compras e negócios por meios informatizados.
2.2. Teletrabalho e teleconferência para reduzir ciclo de movimentação de pessoas.

Continua

Continuação

3. Elevar a eficiência da produção e do consumo.
3.1. Gerenciamento por meios eletrônicos da cadeia de fornecedores.
3.2. Escritórios sem papel (*paperless*).
3.3. Compras e vendas eletrônicas.
4. Prever, mudar e divulgar as informações ambientais.
4.1. Construção de indicadores de emissão de CO_2 (por processos empresariais).
4.2. Redes de monitoramento.
4.3. Sensoriamento remoto por satélite regional (inclusive para a agricultura).

Fonte: Síntese do autor. Relatório uJapan 2010 (Capítulo II, p. 20 a 25).

As TVCI representam um estímulo para o investimento em uma nova geração de produtos inteligentes para monitorar perdas desde os equipamentos de transmissão e armazenamento até o emprego em processos concretos nas empresas (indústrias e, inclusive, serviços). Essas tecnologias integradas com mecanismos de registro permitem o acompanhamento das melhores práticas e a correção dos erros. Em síntese, essas ferramentas monitoram os erros como fonte de aprendizagem e contribuem para o desenho de novos equipamentos. O objetivo da implantação dessas redes inteligentes é reduzir o volume de emissões para 150 milhões de toneladas que é o equivalente a reduzir em 12% as emissões do ano de 1990. Esse projeto não se limita às áreas de negócios tradicionais como a indústria, mas envolve também a agricultura com o emprego de sensoriamento remoto via satélite, gestão de florestas e pesca. Em relação à primeira, destaque-se o emprego de imagens de satélite para a melhor combinação das fontes de água com os elementos do solo de cada propriedade em detalhes, ao contrário dos métodos tradicionais que faziam um mapeamento genérico e pouco produtivo.

Destaque-se aqui que o Japão possui uma tradição de incorporar a preocupação com problemas ambientais com as agendas de Sociedade da Informação desde Masuda (1981). Em 1972, a primeira agenda proposta pelo Instituto Japonês de Desenvolvimento do Uso do Computador – Japan Computer Usage Development Institute – já englobava o Sistema de Prevenção da Poluição sobre a região de Mizushima, que deveria incluir medidas diretas e indiretas de controle e tentativas de redução das fábricas e residências.

Além desse sistema mais geral, existe forte esforço local para a administração de locais de disposição, com envolvimento de sociedades de preservação, educação ambiental e prefeituras para a correta separação do lixo domiciliar.

Segundo Willians (2005, p. 55) aproximadamente 52 milhões de toneladas/ano são geradas no Japão (estimativa do ano 2000) das quais 77,4% são incineradas, 5,9%, convertidas em fertilizantes e 16,7%, recicladas. O governo estimula a população a melhorar a coleta seletiva de lixo com leis mais específicas sobre o acondicionamento e sobre a reciclagem dos produtos eletrônicos (2002), que podem ter seus componentes reindustrializados, reaproveitados e reciclados. Como os materiais sintéticos crescem na composição desses produtos, é possível reaproveitá-los reduzindo as pressões sobre os locais de disposição que não são muitos em razão da alta densidade populacional.

Porém, existem problemas no país e é preciso realizar melhor integração entre as agências governamentais, principalmente com os esforços locais e os nacionais. Ainda resta o desafio de como lidar preventivamente com o consumo. É necessário aprender a "desfabricar" produtos em massa, antecipando a reciclagem, o reuso e reaproveitamento para os bens duráveis e novas formas de gerenciamento do lixo doméstico que reduzam a incineração em larga escala. Nessa direção, algumas experiências empresariais voltadas para a cooperação merecem destaque no Japão e nos países da OECD. Essa é uma opção complexa que exige repensar os direitos e deveres do consumidor com cuidado e clareza.

Iniciativas empresariais e gestão do conhecimento

A NEC – Nippon Electric Corporation –, assume compromissos ambientais explícitos com clientes, parceiros e fornecedores no seu Relatório de Impacto Ambiental referente ao ano de 2010. Para tal fim, a empresa está dividida em três grandes operações para os projetos ambientais: soluções de tecnologia de informação e soluções de redes e semicondutores e equipamentos eletrônicos. As áreas de pesquisa e desenvolvimento P&D desenvolvem pesquisas em áreas de ponta como o supercomputador, nanotecnologia e biotecnologia. Seu faturamento na matriz em 2010 foi de US$ 38.528.000 para um total de 24.871 colaboradores e 142.358 empregados incorporados das filiais estrangeiras. Para o período em curso, a empresa dedica-se a implantar a Sociedade da Informação amigável para a humanidade e o planeta. Os compromissos para 2010 já previam a exploração de novos negócios para a ubiquidade, negócios verdes e dispositivos inteligentes para a gestão de energia (*Smart Energy*). Dentre outros projetos em andamento, destaca-se a nova geração de baterias recicláveis e menos agressivas com o ambiente. Além disso, adota uma série de políticas de gestão de capital intelectual que gerou para a empresa 74 mil patentes no mundo e 27 mil patentes no Japão. Algumas destas estão relacionadas com projetos de tecnologia de ponta da Agência Espacial Japonesa, como a participação no satélite explorador de asteróides Hayabusa, no qual a empresa desenvolveu sistemas de comunicação.

A gestão da empresa adota o sistema 3Rs – Reduzir, Reusar e Reciclar, desde 1969, para o desenvolvimento de produtos (eletrônica de consumo e sob encomenda) e serviços. Esse conceito demanda forte integração de esforços por parte dos diversos níveis hierárquicos e redesenho de atividades. Os 3Rs incorporaram recursos de tecnologia da informação: o banco de dados monitora os processos de produção, com o consumo de energia, materiais identificados por atividade e emissão de carbono e outros gases. A essas práticas acrescente-se o Eco-design desde 1999, que contribuiu para a noção de "desfabricar" um produto desde o projeto (envolvendo marketing, P&D, produção, assistência técnica) em função dos critérios de vantagem econômica para o cliente, reciclagem e risco ambiental. Adota como critérios de avaliação: produtividade na planta (incluindo serviços), prevenção do efeito estufa, redução de substâncias químicas perigosas no ciclo de produção/consumo/disposição e redução do volume de lixo. Suas ações visam reduzir direta e indiretamente a emissão de CO_2 na cadeia de negócios da empresa por meio das Tecnologias de Informação.

Para um projeto dessa envergadura, as ações de capacitação dos recursos humanos são complexas e envolvem a constituição de uma diretoria específica para o meio ambiente, o Comitê de Gerenciamento ambiental para apoiar as ações estratégicas da alta gestão, comitês individuais nos negócios da empresa e comitês de promoção de gestão ambiental em todos os níveis de decisão da companhia. A empresa iniciou o projeto Visão de Gestão Ambiental 2010, em 2003, para o monitoramento e simulação desde o projeto, fornecedores, equipamentos, operações, marketing até a distribuição e ações de apoio ao consumo ambientalmente responsável. O sistema informatizado foi projetado para identificar a emissão em cada processo e, ao mesmo tempo, monitorar uma série de ações para a redução de impactos em detalhes e não no final (processo fim de tubo). Ao dividir a prevenção por processos, é possível monitorar as deficiências nos detalhes e no uso gerencial da informação nas operações internas da organização.

Essas práticas aproximam a empresa da gestão do conhecimento. Segundo o Relatório Ambiental, a principal preocupação da gestão ambiental é a integração de esforços que envolvem a cultura, o desenho ecológico de produtos, a produção e a disposição correta de resíduos. A empresa no Japão adota como prática socioambiental a transparência com a sociedade, expressa no compromisso público com a redução das emissões de CO_2 em cada um dos seus produtos e processos procutivos, programas de reciclagem, tecnologias limpas e ações globais de proteção ao ambiente. O comportamento é proativo, o consumidor final é informado a como proceder quando for comprar um novo produto. Em vez de jogá-lo no lixo, é convidado a levá-lo a um local de recepção, onde ele pode ser submetido à gestão dos 3Rs. A eletrônica de consumo é pensada nesses termos, com o reaproveitamento dos plásticos, o desenvolvimento de bioplásticos até o circuito integrado. Uma das decorrências dessa visão é que as restrições legais são vistas como oportunidades para desenvolvimento. Como exemplo, quando o governo elaborou leis específicas para ordenar a reciclagem de produtos eletrôncios em 2002, a empresa se reorganizou para ampliar a comunicação com o consumidor. Essa lei gerou como alternativa maior proximidade e transparência com o consumidor. A extensão desse impacto legal envolveu o aumento do compromisso da alta gestão com os programas ambientais da companhia por meio do um desenho matricial que informou aos clientes as decisões estratégicas adotadas intenamente com os diversos comitês formais e informais relacionados ao meio ambiente.

Outra empresa de tecnologia de comunicação e informação merecedora de destaque é a Ericsson, localizada na Suécia, e suas principais operações estão relacionadas à produção de centrais de radiocomunicações, aos equipamentos de suporte nas tecnologias 3G e 2,5G e aos serviços associados à telefonia. Além desses negócios, produz telefones celulares com a Sony japonesa em um modelo de parceira. Seu faturamento, em 2010, foi US$ 27,1 bilhões para 82.500 funcionários. A empresa tem investido na formação de capital intelectual e atualmente possui 27 mil patentes, as redes que incorporam as tecnologias que desenvolvem atingem dois bilhões de usuários e 700 milhões de assinantes.

Os números anteriores refletem uma demanda crescente por soluções, o que exige criatividade e desempenho e a leva a empregar a estratégia de rede mundial de parceiros organizados ao redor dos centros de competências com a sinergia entre as áreas de marketing, desenvolvimento, produção e recursos humanos (competências). A empresa combina dessa forma as necessidades locais dos clientes com o desenvolvimento de competências globais com gestão de custos focada em soluções que possam ser reaproveitadas em projetos semelhantes. A questão ambiental está relacionada com a cultura da performance disseminada em uma série de teias de conhecimento ao redor do desenho, da produção, da distribuição e do consumo integrados ao Eco-design. A redução do consumo de energia está diretamente ligada à redução de CO_2, adotando a meta de diminuir o volume de sua emissão nos processos produtivos como base para os seus indicadores de desempenho nas unidades de negócio da companhia.

A matriz sueca está localizada no paradigma de gestão de conhecimento. A empresa adota três diretrizes ambientais integradas ao desenvolvimento das tecnologias de ponta: redução do consumo de energia em cada atividade, banimento de materiais perigosos (que causem risco e não possam ser corretamente absorvidos) e a rede mundial de gerenciamento para a reciclagem de produtos. Emprega ferramentas de telecomunicações para difundir para os parceiros e fornecedores as diretrizes descritas por meio de projetos de inovação, além de difundir o sistema ISO 14001, alimentar o banco de dados de componentes empregados na produção e serviços (ao redor de 12 mil) e os estudos do ciclo de vida dos produtos. O comportamento é proativo expresso na ampla teia de articulações que reconhece as preocupações dos clientes com os problemas ambientais.

A empresa adota o desenho para o ambiente, que localiza a cadeia de suprimentos, tratamento de fim de vida (*end of life treatment*) e o consumo de produtos e operação. Embora a empresa afirme que apenas 2% do total de emissões de carbono tenha origem nas empresas de TI (incluindo os equipamentos), a empresa tem como política reduizr o ciclo de carbono em 40% no período 2009 a 2013, adotando como base o ano de 2008.

As práticas de redução do consumo de energia está presente na operação das radiobases que operaram com 80% da economia em relação a 2001.

A Suécia possui forte envolvimento da sua população com políticas de prevenção ambiental. Nesse país, segundo a legislação, é responsabilidade do produtor a coleta, o manuzeio e a prevenção de impactos mais agressivos. O país adotou a Lei do Ecociclo em 1993, que institucionalizou os 3Rs como política e responsabilidade nacionais. Ainda nesse país, a maior parte do lixo é composta por papel (35% a 45%), plásticos (8% a 10%), outros materiais recicláveis (25% a 35%). Os programas de coleta de lixo são administrados pelos municípios em pontos de coleta para lixo sólido (aproximadamente 1 para cada 1.100 habitantes). Destacam-se outros programas de reciclagem de plásticos e redução de embalagens PET. Em relação a componentes de telecomunicações, destacam-se as coletas de baterias, reciclagem de plásticos e outros componentes. Outra empresa europeia que merece destaque é a Nokia, na Finlândia, e sua principal estratégia de mercado está em explorar o mercado de comunicações móveis. Suas unidades de negócios são: telefones móveis, redes (foco em empresas) e capital de risco. Seu faturamento em 2010 foi de 41 bilhões de euros (aproximadamente US$ 70 bilhões) para um total de 123.533 funcionários. O relatório da empresa destaca que, destes, 37.020 são empregados em P&D ao redor do planeta. Ainda, segundo o relatório da empresa, foram vendidos 1,2 bilhões de celulares ao redor do planeta, considerando o tamanho e a população do país da matriz, esses números significam que a empresa se globalizou rapidamente.

A empresa integra o Eco-design, o gerenciamento ambiental da rede de fornecedores, a redução de substâncias proibidas, implanta as diretrizes da norma ISO 14001 e disposição de resíduos às estratégias de negócios corporativas de forma integrada. O Eco-design é difundido por uma matriz de ações aos processos de desenvolvimento de produtos, reciclagem e inovação (equipamentos, produtos de consumo e processos) especialmente os grupos de P&D. Todos os programas de ação devem conter o mapeamento detalhado das consequências ambientais e cada plano de negócio da companhia deve ter um especialista em meio ambiente. A empresa dispõe de um banco de dados sobre todos os locais de disposição de resíduos, de forma a cumprir as leis do Programa Nacional de Política Ambiental adotado pelo governo em 1995, e com um horizonte de planejamento até 2005.

A matriz adota um diretor para o meio ambiente, que recebe sugestões dos times de gestão ambiental e as incorporam para as metas de cada grupo de negócios. A empresa preocupa-se com os *stakeholders* internos e externos para a comunicação dos seus objetivos. Deve-se ter mente que o governo construiu um banco de dados sobre o não cumprimento de regras com punições severas em dinheiro. O principal objetivo das autoridades do país é a redução do lixo industrial.

A empresa na Finlândia pratica a gestão do conhecimento a partir do Ciclo de Vida do Produto que orienta as demais atividades subsequentes, por exemplo: desenho, manufatura e marketing e finanças. Seu esforço está orientado para a redução de energia durante o uso dos produtos, a reciclagem e o reuso dos materiais empregados por meio de uma rede de cooperação vertical e horizontal dentro da empresa e com parceiros. Em alguns países lidera grupos de parceiros para a reaplicação e reuso de parte dos equipamento de eletrônica de consumo. Nos Estados Unidos, existem 5 mil locais de coleta de produtos para reuso e reciclagem.

A empresa defende, desde 2003, que a legislação deveria estimular a responsabilidade dos produtores para reciclar os equipamentos como a melhor maneira de estimulá-los a incrementar o desenho e a inovação. A empresa aceita a convenção de Basileia das Nações Unidas que responsabiliza os produtores para a disposição final dos produtos, integrando-se dessa forma à visão das autoridades e da população. Ao mesmo tempo pratica ações de apoio à cultura de reciclagem doméstica. Nesse ponto, os rssultados do país não tem sido tão bons como no caso do lixo industrial.

A Siemens é outra empresa que pratica gestão de conhecimento na cadeia de negócios que lidera, está localizada na Alemanha com as seguintes unidades de negócios: informação e comunicações (comunicações móveis, redes e serviços corporativos), soluções industriais e serviços, automação, transmissão e distribuição de energia, soluções para indústria automobilística, iluminação e soluções médicas. O faturamento da empresa foi de aproximadamente 76 bilhões de euros (operações contínuas) para um total de 405 mil trabalhadores, dos quais 30 mil dedicados às áeras de pesquisa e desenvolvimento (P&D). A diferença dessa empresa para as demais refere-se ao conjunto de produtos e serviços ambientais no valor de aproximadamente 28 bilhões de euros. Em outras palavras, a empresa se estrutura para negócios ambientais como inovação tecnológica, com fluxos de finaciamento e desenvolvimento adequados à estruturação do mercado, ou seja, produtos muitas vezes inéditos que demandam engenharias próprias e previsão para margem de erro.

A empresa define-se como uma rede global de inovações que apresenta como seu ponto de destaque soluções ambientais para fontes alternativas de energia, transportes, água, ar e economia de recursos dentro de novas abordagens para reduzir as emissões de CO_2, economia de baixo uso de carbono. Apresenta um leque de produtos nas áreas de softwares, informação, automação, energia e transportes específicos para esse ramo de negócio. O P&D está integrado por meio de comitês para todas as unidades de negócios da organização para a proteção ambiental e segurança técnica. A empresa desenvolveu banco de dados em três módulos: proteção ambiental, proteção de radiação (energia) e prevenção de desastres.

A Siemens pratica a gestão do conhecimento por meio de uma série de políticas desenvolvidas com base no ciclo de vida do produto. Atua desde o planejamento com componentes dentro dos 3Rs, proteção ambiental industrial (redução do consumo de energia, água, emissão de gases perigosos e componentes) e a ISO 14001 que documenta as melhores práticas ambientais para as empresas do grupo. Desenvolveu métodos de "desconstrução" de equipamentos científicos sofisticados para reutilizar os complexos componentes eletrônicos em demandas mais simples. Como o reaproveitamento de circuitos integrados para monitoramento. Pratica o intercâmbio de conhecimento e parcerias em escala global com filiais e parceiros. A matriz adota uma postura proativa em relação ao meio ambiente. Considera os interesses do consumidor não apenas no marketing ambiental, mas nos riscos e impactos do consumo, adotando a transparência em diversos níveis, por meio da publicação de documentos como os referentes ao meio ambiente.

A legislação restritiva do país de origem é vista como oportunidade para desenvolver tecnologia e novos negócios. Esta sofre as influências da visão norte-americana e europeia em três princípios básicos: poluidor/pagador, precaução e cooperação. Outro ângulo a destacar é o conceito de adotar a melhor tecnologia disponível ou BAT (*best available technology*), o que estimula empresas, como a que estudamos aqui, a aprimorar suas competências e inovações para soluções ambientalmente corretas. Uma dessas soluções é o German Eletronic Notification *System*, que monitora, antecipa e controla o envio e a disposição dos resíduos industriais com apoio de banco de dados e outros recursos de informática.

Uma empresa norte-americana, a Motorola, adota políticas ambientais próximas da gestão do conhecimento em um país que não aderiu ao Protocolo de Kyoto. Nesse sentido, é um exemplo muito interessante de como as práticas ambientais podem trazer retorno não apenas institucionais, mas, principalmente, financeiros. Nesse país, a não adesão ao protocolo de Kyoto não significa a total ausência de mecanismos restritvos para emissões. Vários Estados pressionam a união para reduzir a emissão de gases por parte de veículos, usinas nucleares e fábricas mais antigas ao mesmo tempo existem diversos problemas tratados no âmbito dos Estados, particularmente os relacionados com disposição de resíduos (os perigosos são definidos por lei federal). A Motorola está localizada nos Estados Unidos e foi desmembrada em duas companhias em 2010: Motorola Mobility e Motorola Solutions. A primeira produz equipamentos para telefonia sem fio, radiocomunicação bidirecional, produtos e sistemas para comunicações por satélite, redes e soluções sem semicondutores. A segunda dedica-se a consultoria e soluções corporativas de software. A primeira faturou US$ 7,9 bilhões e a segunda, US$ 19,3 bilhões. No momento do desmembramento, as companhias possuíam aproximadamente 53 mil funcionários.

Para 2010, a empresa pretende avançar em suas metas: contribuir para a redução de gases do efeito estufa em 15%; atingir a cifra de 30% da eletricidade comprada por meios renováveis (atualmente está ao redor de 20%); ampliar as redes de monitores inteligentes de energia, aumentar o desenvolvimento de energia solar; ampliar a desfabricação de produtos, tendo em mente que o princípio de reparação é que responsabiliza o produtor pelo ciclo de vida do produto (descarte, inclusive), e aumentar os Taking Back Programs (retorno do produto vendido para os 3Rs). As políticas ambientais são instituídas ao redor das normas para a redução de componentes e matérias-primas e são estabelecidos instrumentos de intercâmbio de conhecimentos entre todos as áreas da empresa. A empresa concentra suas atividades de pesquisa ambientais nas relações entre peso, embalagem e componentes. Ela premia as principais inovações e investe em práticas para reduzir as barreiras digitais. Utiliza ferramentas de tecnologia da informação e de telecomunicações para monitorar seus fornecedores.

A empresa considera os compromissos ambientais como sua principal responsabilidade com os consumidores. Divulga em seu portal a preocupação com o direito de informação e defende o Protocolo de Kyoto. A matriz adota o Eco-design com a base de sua política de gestão ambiental. Utiliza recursos de gestão de conhecimento para a troca de conhecimento em rede. Possui projetos e normas para a redução do número de componentes, massa, energia, toxicidade e aumento de conteúdos recicláveis. Um dos principais objetivos da companhia é reduzir a emissão de gases tóxicos (50% do nível de 1995), lixo e água. A empresa tem compromissos com a limpeza dos locais de disposição final de resíduos nos Estados Unidos. Adota o Eco-design e o monitoramento de fornecedores e a ISO 14001.

Os exemplos anteriores demonstram que a abordagem cooperativa está implantada de diferentes formas em diversas empresas com profundidades distintas e detalhes igualmente específicos. O conjunto dessas experiências permite perceber tendências mais gerais que podem ser formalizadas em um único modelo mais abrangente que integraria as experiências cooperativas voluntárias ou induzidas pelo ambiente legal. Nestas, destaque-se a cumulação de conhecimento em diversas fases da produção dentro da empresa, o início da "cultura de desfabricação" (planejar desde o protótipo até o descarte) como elemento estratégico para o desenho de produtos integrado ao 3Rs. Estabelecido esse canal, a questão do consumo e, principalmente, da sua disposição deixa de ser uma abstração e passa a ser objeto de negociação entre os setores sociais.

Gestão do conhecimento e consumo em bases cooperativas

O modelo de cooperação tem início com a divisão de tarefas entre empresas, governo e população (grupos organizados). Deve-se ter em mente que esse modelo sintetizado no Quadro 8 está relacionado com a transparência do acesso às informações na sociedade, o uso da infraestrutrura de tecnologia da informação nas empresas e a internet. Nos exemplos anteriores, os governos e a opinião pública combinaram a legislação, agências de fomento para a organização de um ambiente de proatividade, no qual as restrições passavam a ser estímulo para a inovação dentro de uma agenda particular para cada país ou região. Nesse ponto, a capacidade de cada país desenvolver a iniciativa de estabelecer sua agenda é fundamental. Neste capítulo, o exemplo da Costa Rica é relevante, pois o país optou por recuperar sua cobertura vegetal e atrair empresas de tecnologia com resultados estimulantes, principalmente porque essas políticas não foram caras para a nação.

O maior desafio está em repensar o consumo de maneira integrada à produção. No paradigma administrativo, chamado taylorista–fordista, o consumo ocorria sem qualquer planejamento no mercado, como direito do comprador. As propostas então existentes de economia de recursos naturais estavam mais focadas nas fábricas em virtude do interesse de redução de custos diretos e indiretos. Porém, a disposição final e os impactos do seu uso não eram abordados e foram questionados pelo direito com base no princípio de reparação pelas populações afetadas em casos específicos. A evolução das pesquisas científicas sobre o tema demonstrou que os recursos naturais não eram infinitos já nos anos 1960, até porque o crescimento da população mundial reduzia proporcionalmente quanto se poderia consumir. Logo, era necessário mudar o paradigma de consumo, sem cair na ilusão do crescimento zero. As experiências anteriores, discutidas aqui desde o primeiro capítulo, revelam que as prioridades em relação ao meio ambiente tem sido sistematicamente postergadas ao mesmo tempo em que aumenta o conhecimento sobre os problemas.

Mais que uma contradição, essas prioridades tem sido neutralizadas por enunciados de poder que podem ser questionados pelo conhecimento adquirido, como a tentativa de responsabilizar os países pobres pelos problemas ambientais. Não se sustentam mais os argumentos da externalidade (os processos informatizados por tecnologia da informação podem monitorar emissões, riscos e acidentes), o preço excessivo (novas tecnologias têm reduzido o custo), mudanças de hábitos (a reciclagem do lixo doméstico não é tão demandante de tempo) e as dificuldades de acesso às infromações (a internet e grupos voluntários têm reduzido esse impacto). Logo, as condições para uma nova proposta estão dadas especialmente para os países que desejam uma agenda própria.

No último modelo (Quadro 8), o consumo recebe uma abordagem cooperativa, ou seja, ele é integrado ao ciclo de vida, à negociação em diversos níveis, à transparência com a população e aos grupos ambientalistas organizados. Metas nacionais são negociadas com base em um projeto nacional de 3Rs e com investimentos nos grupos de pesquisas. Estes também colaboram com as tecnologias de produção/desfabricação. Cada setor se prepara para a negociação com acesso a dados e relatórios disponiblizados pela internet. Grupos setoriais de empresas e governo discutem medidas de apoio a tecnologias inovadoras para projetos que envolvam a "desfabricação".

Nesse sentido, novas atriuições serão repassadas às agências ambientais, principalmente as relacionadas à comunicação para o público em geral dessa abordagem corporativa. Da mesma forma, os empresários organizam-se nas suas entidades representativas com propostas para as ações de 3Rs e outras. A população igualmente pode se organizar nas novas ferramentas de comunicação com páginas sobre a organização de ações na rua, nos grupos de interesse sobre temas ambientais diversos e no monitoramento de questões mais gerais. Essa organização pode se impor a fóruns nacionais e internacionais que discutam questões ambientais relevantes. Essa forma de organização transforma a representação formal dos governos e entidades, agrega velocidade e capacidade de pressão impressionantes. As ferramentas de relacionamento na internet integram informações, mas principalmente ações que, no passado, ficavam desarticuladas sem canal de expressão.

Ao agregar informações, acesso às redes de negócios das empresas e do governo eletrônico na gestão do conhecimento, essa capacidade de auto-organização pode atuar sobre metas de consumo integradas à prática ambientais com participação e aceitação popular. As ações deixam de ser uma "abstração", mas podem estar concretamente relacionadas com as metas de emissão amplamente pactuadas, fiscalizadas e monitoradas pelos interessados. A fiscalização pode ser compartilhada em detalhes, o que seria uma revolução na divisão de responsabilidades em relação ao Estado.

Alguns exemplos de ações já existentes, que poderiam ser ampliadas, tornam esse raciocínio mais claro: porcentagem crescentes de modelos de carros que podem ser objeto de reuso mediante estímulo, tendo como contrapartida o desenvolvimento de tecnologias ambientalmente adequadas, aumento da reciclagem de garrafas PET para sacolas como as que já existem nos supermercados, os circuitos integrados de celulares podem ser aproveitados para produtos mais simples, emprego de combustíveis renováveis. A cada ação macro na rede de produção, ações de estímulo à coleta seletiva para garantir a aderência ao conjunto do ciclo de vida do projeto por parte da população são propostas. Este é o mecanismo de estruturar uma agenda própria com base no conhecimento.

A agenda própria envolve a inteligência de projeto e não a submissão a prioridades de grupos ou países em relação às tecnologias por eles desenvolvidas. O emprego da tecnologia da informação e de outras tecnologias pode ser compartilhado de diversas formas entre empresas e governo, reduzindo custos, aumentando a credibilidade e conectividade para os envolvidos. O produtor de bens e serviços assume compromissos claros em relação aos clientes, governo e sociedade para reduzir os impactos ambientais desde o pré-projeto, comunica claramente o ciclo de vida e os meios para "desfabricar". O conjunto dessas ações gera a "desfabricação em massa" com as redes de gestão do conhecimento disponíveis na internet. Aqui, é possível entender o porquê da irritação de alguns grupos no interior dos países ricos com a possibilidade de uma agenda alternativa: ela organiza o capital intelectual e a capacidade de ação da população e dos países pobres com a possibilidade de repasse para outras áreas de negócios. Essa visão é mais proativa em relação ao Protocolo de Kyoto, pois cabe a esses países uma atividade de enfrentamento de problemas e não da espera de recursos da venda dos certificados de carbono.

Quadro 8 – Gestão do conhecimento em bases cooperativas

Empresas/organizadas por setor	Governos/agências ambientais	População/grupos organizados
Participa da negociação **Relatórios e propostas de metas por setor** **Estudos internos de economia de energia e matérias-primas** **Gestão da cadeia de suprimentos em bases ambientais**	Negocia e estabelece metas nacionais e de emissão. Negocia metas de emissão por setor. Estimula novas tecnologias poupadoras de energia e recursos naturais. Apoio às tecnologias de "desfabricação". Políticas de reciclagem e redução do lixo doméstico.	Acesso ao processo de negociação geral e setorial entre governo e empresas. Participação no debate sobre disposição. Incorporar o conceito de "desfabricar" para a coleta do lixo doméstico.
Cada empresa organiza processos para as metas setoriais **Treinamento interno e portais corporativos**	Cada nível de governo envolvido com a prevenção e colaboração com o projeto.	Acesso às informações sobre o total de lixo coletado e reciclado por parte da prefeitura e entidades relacionadas com o projeto.

Síntese e Conclusões Finais

A trajetória apresentada neste trabalho permite recuperar as diversas dimensões dos chamados problemas ambientais. Eles estão divididos em três grandes paradigmas e, em cada um deles, destacaram-se o hiato entre os diagnósticos e as soluções efetivamente propostas. De um ponto de vista mais crítico, percebe-se que os dois primeiros foram construídos muito mais como justificativos da manutenção do acesso diferenciado aos benefícios da propriedade dos recursos naturais do que como ações para a sua preservação. Dito de outra forma, muitas oportunidades para implantar soluções já existentes anteriormente para retardar o acúmulo de efeitos crescentes da degradação ambiental que hoje afetam o planeta foram postergados por interesses políticos, o que contribuiu para a gravidade da situação atual.

O problema dos esgotos das cidades europeias pode ser considerado a primeira forma de construção do discurso sobre a "crise ambiental". Os esgotos, produto da urbanização caótica do século XVIII, foram vistos como principal problema pelo fato de serem produzidos pela população "pobre e inculta" que deveria ser monitorada e "instruída" por diversos meios (inclusive a violência), poucas obras efetivamente sanitárias foram feitas nessa direção, embora desde o Império Romano já fossem conhecidos os aquedutos e os esgotos. A teoria dos miasmas ocultava as origens reais da doença que não eram vistas como um produto da má gestão do ambiente. As soluções possíveis no período, como o encanamento de água e de esgotos, foram adiados em Paris até o último quartil do século XIX e implantadas em Londres nos anos 1860. Esse "atraso proposital" contribuía de fato para a poluição crescente dos rios e mananciais, além de adiar medidas mais gerais de proteção à saúde dos trabalhadores. Como consequência, podem-se ver os efeitos mais dramáticos dos enunciados de poder da "crise ambiental" com o objetivo de excluir social e intelectualmente o trabalho durante a I Revolução Industrial. Tem início uma constatação ainda atual: a degradação ambiental está relacionada de diversas formas com as exclusões sociais e intelectuais de forma que reduzam as possibilidades de serem geradas alternativas próprias para esses segmentos sociais.

O segundo paradigma de gestão ambiental foi estruturado a partir da proposta de reduzir o desperdício de recursos nas fábricas e a poluição (mau gerenciamento de energia), incluindo o aumento de bens produzidos na transição para a II Revolução Industrial. A revolução tecnológica coloca, desde o fim do século XIX, a necessidade de ampliar o consumo, generalizando-o para a maior parte da população, incluindo os trabalhadores. O paradigma biológico de exclusão do trabalho por metáforas de inferioridade biológica começa a ser "substituído" pelo discurso do "consumo em larga escala". Ao mesmo tempo, as descobertas de Pasteur (doenças como produto de micro-organismos) punham fim à teoria dos miasmas, base para a formulação das disciplinas de gestão da pobreza e justificavam medidas de infraestrutura sanitárias.

Porém, esse segundo modelo sofre uma contradição mortal em termos ambientais: propôs o controle dos desperdícios na fábrica e o consumo sem planejamento no mercado, sem nenhuma preparação das cidades e locais de disposição. Pode-se compreender que a percepção dos impactos dessa escala de consumo exigiu algum tempo, principalmente para perceber que se os resíduos orgânicos já podiam ser relativamente melhor controlados por práticas médicas e de engenharia sanitária nos países ricos, os resíduos de bens de consumo duráveis exigiam locais de disposição em maior número. Os locais reservados para o lixo urbano passam a receber volumes crescentes de embalagem de material sintético (plásticos e embalagens PET) que comprometem a capacidade de assimilação com base na biodegrabilidade. Simultaneamente, no espaço fabril, sofistica-se o apelo disciplinar aos movimentos do trabalho, associados à gestão do conhecimento e da tecnologia (com Taylor, Fayol e Ford). O taylorismo incorporou a gestão ambiental para a administração no cotidiano em dois níveis: a redução do desperdício dos recursos naturais (refletia o debate ao redor da preservação no fim do século XIX nos Estados Unidos) e o estudo da fisiologia do trabalho. Fayol discute a incorporação do modelo biológico de cooperação e a sua evolução na administração.

O fordismo apresenta contradições ambientais relevantes, pois, propõe medidas de redução do consumo de embalagens até gerenciamento de florestas com a perspectiva de longo prazo como elemento de gestão e redução de custos. Porém não concretizou nenhuma dessas propostas em relação a desenvolver com seus fornecedores ações para implantar medidas de redução de impactos nos problemas que ele próprio diagnosticou. O impacto desse novo paradigma sobre o ambiente foi elevado, à medida que passou a exigir cada vez mais energia, matérias-primas e equipamento. A partir dos anos 1920, o fordismo apelou para grandes plantas industriais com elevada proporção de capital fixo (grandes linhas cada vez mais rígidas) em oposição ao trabalho vivo. A rigidez das plantas gerava especialização crescente de tarefas, repetição de movimentos, fracionamento do conhecimento (desqualificação), consumo proporcionalmente maior de insumos e aumento crescente do retrabalho. Portanto, o fordismo, no final dos anos 1950, revelava de forma clara seus limites na organização da produção e, sobretudo, nos diversos tipos de impactos ambientais que havia gerado.

A alternativa à escala crescente de consumo de recursos ambientais foi a produção enxuta desenvolvida como uma agenda alternativa do Japão pós-guerra. Essa agenda substituía a grande escala e especialização de máquinas por troca de moldes e desenvolvimento de habilidades dos trabalhadores e economia energética a baixo custo. De início, foi desenvolvida na indústria automobilística para, depois, ser difundida em diversos ramos e influenciar a proposta de substituir a economia do petróleo-carvão como matriz energética baseada no desperdício para um novo desenho com base na eficiência, consumo responsável, reciclagem, coleta seletiva doméstica. Não foi um processo fácil, envolveu situações de aprendizagem difíceis como a ingestão de mercúrio, que causou doenças graves e mortes aos habitantes de Minamata com um longo e tumultuado processo judicial marcado pela exigência da empresa poluidora de critérios individuais para que esta não tivesse de indenizar a todos os afetados pelos danos mais graves.

Os dois primeiros paradigmas afetam o Brasil de maneira "tardia", ou seja, começam a se estruturar no país quando entram em decadência na Europa e nos Estados Unidos. A exploração do ambiente local não reproduz a visão estética do campo europeu devido às particularidades da administração colonial baseadas nas sesmarias. As sesmarias eram concedidas pela monarquia para usufruto da terra e dos seus recursos e não como propriedade. Logo, o importante era explorar sua riqueza o mais rapidamente possível. Esse cenário levou à precariedade da exploração agrícola, da construção das cidades (vilas) e gerou problemas ambientais, como a escassez de água nas cidades (com exceção do Rio de Janeiro). No final do século XIX, a República adota a visão dos higienistas para a gestão das desigualdades sociais, ou seja, essa garantia a igualdade de direitos, porém, as desigualdades de interesse, educação se impunham.

Essa abordagem preconceituosa em relação ao trabalho se refletiu nas particularidades do taylorismo no Brasil. Adotado aqui com maior representatividade nos anos 1930 muito mais como tecnologia de controle social do que para aprimorar a produtividade das empresas, não contemplava um aspecto fundamental dessa teoria: o repasse desta para os salários. Por esse motivo, problemas de organização como acidentes de trabalho foram elevados até recentemente no país. Além disso, manteve uma atitude dúbia em relação à exclusão do trabalho, pois conservava diversos discursos e práticas de segregação dos trabalhadores típicos do paradigma higiênico. Destaque-se nessa direção o relativo abandono das ações mais concretas ligadas à melhoria da higiene, como esgotos, e visão sanitária que foram relativamente tardios e comprometeram a visão do trabalhador como consumidor (típica do fordismo americano) até os anos 1970. No plano da gestão fabril propriamente dita, o modelo de gestão refletia uma adaptação caricata de Taylor abordada como modelo de rotinização (ênfase na rotina para controlar diretamente a mão de obra desqualificada). Apesar de seu crescimento nos anos 1970, o país não desenvolveu uma agenda própria para os problemas referentes à organização do trabalho e os problemas ambientais mais relevantes, como a da Amazônia, a produção agrícola e a degradação da Mata Atlântica.

Enquanto isso, o terceiro paradigma baseado na gestão do conhecimento começa a se organizar a partir da globalização e do pós-fordismo (nos anos 1980/1990). Esse período será marcado por uma grande complexidade e novas contradições. De um lado, um grupo de países (como os escandinavos) e as regiões nos Estados Unidos (Califórnia), que organizam redes de atuação com base na difusão de informações, e organização comunitária por meio do acesso à internet, de vários serviços e ações como: organização de locais de disposição, coleta doméstica seletiva, e reuniões para a discussão com as prefeituras sobre problemas causados por empresas. Ao mesmo tempo, as empresas utilizam recursos de tecnologia da informação para monitorar os parceiros e fornecedores com normas ambientais específicas, incluindo a ISO 14.000.

O emprego de meios informatizados constitui uma teia de comunicação entre grupos comunitários, governos e empresas. Essa ação colaborativa com base no conhecimento permite que o planejamento dos efeitos do consumo seja feito de maneira inovadora, envolvendo todos os interessados, por exemplo: o emprego dos 3Rs de forma ampla e legal, como na Suécia. Ao mesmo tempo, tiram melhor proveito das verbas dos institutos de pesquisa para alternativas ambientais. Em outros termos, esses países estão constituindo uma agenda própria e servem de referência pela sua atitude independente para os países pobres, como a Costa Rica, que recupera cobertura vegetal, preserva fontes de água e obtém recursos com o turismo ecológico.

A essa visão de gestão do conhecimento se opõe outra visão de curto prazo com a estratégia de considerar os problemas ecológicos, que passam a ser vistos como um novo mercado para os sistemas de inovação (associações dos institutos de pesquisa, universidades, P&D das empresas e o Estado) dos países ricos. Essas redes se voltam também para o desenvolvimento de patentes, novos processos industriais e tecnologia de ponta, porém com uma visão de mercado mais agressiva. Portanto, essa versão de gestão do conhecimento produtos e soluções se convertem em vantagem competitiva estratégica. Esse enfoque pretende obter a subordinação dos países pobres à agenda dessa visão imediatista e estagnante, aproveitando-se daqueles que optaram por não investir de maneira competente e contínua em educação e desenvolvimento de tecnologia.

Recupera-se aqui neste momento uma nova versão do discurso da "crise ambiental" que continua a responsabilizar os países pobres pelos problemas ecológicos como no velho modelo higienista, portanto, tenta lançar sobre eles o ônus da preservação ambiental, enquanto justifica a manutenção dos padrões de consumo dos países centrais e da China com base no paradigma petróleo-carvão.

Por consequência, esse discurso anterior mais imediatista se orienta para fracionar o conhecimento sobre os problemas ambientais a aspectos pontuais. Separa politicamente as opções da organização da produção (organização do trabalho, processos produtivos, produtos acabados e resíduos) das suas consequências sobre o meio ambiente. Atua como importante instrumento de desmobilização da população e, por extensão, da sociedade, ao tentar inibir a consciência da questão ambiental na sua origem: nas opções de tecnologia, consumo de energia e disposição final de resíduos antecipados nos processos produtivos (especialmente nos países da OECD). Desvincula a questão ambiental dos problemas sociais. Em outras palavras, esforçam-se por ocultar que os efeitos da poluição são desigualmente impostos aos diversos segmentos sociais. Mesmo nos países ricos, os trabalhadores acumulam os efeitos das opções de organização da produção no trabalho e, ao mesmo tempo, sofrem os efeitos das políticas do Estado de gestão de emissões.

Mas, o lado social do terceiro paradigma merece ser destacado, ou seja, a capacidade de ampla expressão política com que as redes de interesse da internet são capazes de adquirir. A capacidade de pressão, a revisão das pautas da imprensa e outros meios de comunicação; esta é a manifestação mais visível da construção da agenda própria que é estruturada pela população e não apenas pelos governos. O uso de páginas pessoais, comunidades e outros meios aumentam a capacidade de reivindicação direta da sociedade de maneira até então desconhecida na história. Exatamente contra a visão mais imediatista do emprego do conhecimento descrita anteriormente que o combate está sendo posto.

A gestão dos ativos de conhecimento do novo paradigma permite definir e discutir o ciclo de consumo de cada produto em detalhes do projeto à disposição final com essas redes. E isso inclui o crescimento paulatino da proporção de cada um destes que possa reciclar novas formas de exploração de matérias-primas, transparências dos processos produtivos, banimento de produtos tóxicos no processo produtivo e no seu consumo. As decisões das empresas que afetam o meio ambiente deixam de ser uma "caixa preta" para a comunidade de consumidores e a população. Essa experiência não é ruim para as empresas, algumas delas, como descrito no Capítulo 7, ganham em valor de marca e competitividade para os clientes.

Essa integração muda o papel das agências governamentais de meio ambiente: elas passam a ter maior abrangência, por exemplo: relacionam-se com as agências de fomento para desenvolver fórmulas sustentáveis como contrapartida à inovação com fundos com juros menores, atuam de maneira clara por segmento de negócio com uma visão estratégica, constroem instrumentos de negociação para as relações exteriores e atuam para a definição de políticas educacionais relacionadas com o tema. Incluem-se aí as ações de "desfabricação", ou seja, cada produto tem suas ações de reciclagem previstas para a população sob a forma de diversas fontes de instruções, por exemplo: desde informações sobre a coleta seletiva para produtos específicos nos *sites* das prefeituras e organizações (no caso japonês, até bens duráveis) até chegar aos detalhes nos manuais de instruções para os consumidores. Essa integração fortalece os direitos de consumo e os seus instrumentos de defesa, pois o primeiro passa a ser feito dentro da abordagem de responsabilidade social, ou seja, com todos os custos para a sociedade incluídos (inclusive os de externalidade). Dito de outra forma, essas agências se antecipam aos impactos ambientais com técnicas de planejamento abrangentes, adotam um comportamento proativo com a missão de sustentar essas redes de interesses e não apenas um papel reativo de acompanhar e justificar decisões previamente tomadas.

A agenda própria é a expressão mais elaborada da gestão do conhecimento, integra interesses sociais e tecnológicos no longo prazo, aprimora a transparência de governos, empresas e grupos civis. Coloca no plano das relações internacionais o respeito mútuo expresso entre países no convívio com a capacidade de proposição das redes de interesse da população organizadas a partir da internet e não apenas dos governos com seus representantes formais. Pode-se prever uma crescente complexidade nos fóruns internacionais e nacionais relativos ao meio ambiente. Grupos detentores de informações sobre eventos ambientais que afetem a população organizarão eventos, redes de pressão sobre o legislativo e ações no judiciário em diversos países e organizações internacionais. Não se podem descartar ações conjuntas desses grupos em diferentes países, sejam eles pobres ou ricos. Dessa forma, constrói-se a alternativa para os países pobres, principalmente se eles fizerem sua "lição de casa": investir em educação, redes de conhecimento, infraestrutura, saúde e capital humano de forma transparente. Esta é uma oportunidade única para ser aproveitada. Sob muitos dos aspectos vistos anteriormente (a capacidade de atuação em rede), ela é única na história; sob outros, ela é herdeira de todos os erros cometidos no passado e que precisam de uma solução definitiva agora.

Referências Bibliográficas

AGIER, Michel & GUIMARÃES, Antonio Sérgio. **Identidade em conflito**. In: SEMINÁRIO INTERNACIONAL – POLÍTICAS DE GESTÃO RELAÇÕES DE TRABALHO E PRODUÇÃO SIMBÓLICA. São Paulo, 1989. Convênio USP/BID.

AMARAL, Sérgio Silva do. **Meio Ambiente na agenda internacional**: comércio e financiamento. São Paulo: I.E.A. (USP), 1994.

AMERICAN CHEMICAL SOCIETY. **Technology vision 2020**: the US chemical industry. Washington: ACS, 1996. 77p. Disponível em: < http://www.chemicalvision2020.org/pdfs/chem_vision.pdf> Acesso em: 02 jan. 2011.

ANTONIACCI, Maria Antonieta Martines. **A vitória da razão**: o Instituto de organização racional do trabalho de 1931 a 1945. Tese apresentada ao Departamento de História da USP (Doutorado). São Paulo, 1985.

BABBAGE, Charles. **On the economy of machinery and manufatures**. New York: Augustus M. Kelly Book Seller, 1963.

BABSON, S. Lean production and Labor: **Empowerment and exploitation**. Em: STEVE, Babson (ORG) LEAN WORR: **Empowerment and explotation in the global auto industry**. Detroit: Wayne University Press, 1995.

BARAN, Paul & SWEEZY, Paul. **Capitalismo monopolista**: ensaio sobre a ordem econômica e social americana. Rio de Janeiro: Zahar, 1974.

BARONI, Margareth. **Ambiguidades e deficiências do conceito de desenvolvimento sustentável**. In: Revista de Administração de Empresas (ERA), FGV, vol. 32, nº 2, abr./jun. 1992, p. 14 a 24.

BASAGLIA, Franco y otros. **La salud de los trabajadores**: aportes para una politica de salud. Cidad de México: Editorial Noeva Imagem, 1978.

BRAGA, Macelo Pube. **Direito Internacional Público e Privado**. Rio de Janeiro: Forense; São Paulo: Método, 2009.

BRAVERMAN, Harry. **Trabalho e capital monopolista**: a degradação do trabalho no século XX. Rio de Janeiro: Zahar, 1981.

BENJAMIN, Antonio Herman V. **Dano ambiental**: prevenção, reparação e repressão. São Paulo: Editora Revista dos Tribunais, 1993.

BLAY, Eva. **Eu não tenho onde morar**: vilas operárias. São Paulo: Nobel, 1995.

BOURDEIEU, Pierre. **O poder simbólico**. Lisboa: Difel, 1989.

_____. **A economia das trocas simbólicas**. São Paulo: Perspectiva, 1984.

BOYER, Robert (direction). **La flexibilité du travail en Europe**. Paris: Éditions La Découverte, 1986.

BRAVERMAN, Harry. **Trabalho e capital monopolista**: a degradação de trabalho no século XX. Rio de Janeiro: Zahar, 1981.

BRESCIANI, Luis Paulo. **Tecnologia, organização do trabalho e ação sindical**: da resistência à contratação. São Paulo: 1991. Dissertação – Escola Politécnica – USP.

BRITISH STANDARD. **Specification for environmental management systems**. (BS 7750). London, 1992.

BRUNO, Lúcia & SACCARO, Cleusa. **Organização, trabalho e tecnologia**. São Paulo: Atlas, 1986.

BRUYNE, Paul de; HERMAN, Jacques; SCHOUTHEETE, Marc de. **Dinâmica da pesquisa em ciências sociais**; tradução it. De Ruth Joffily. Rio de Janeiro: Francisco Alves, 1982.

BUENO, Marco Antonio & HELENE, Maria Eliza Marcondes. **Desmatamento global e emissões de CO_2**: passado e presente – uma revisão crítica. São Paulo: IEA (USP), 1991.

CALABI, A. S. (org.); FONSECA, E.G.; SAES, F.AM.; KINDI, E; LIMA, J.L.; LEME, M.I.P.; REICHSTUL, H.P. **A energia e a economia brasileira**. São Paulo: Livraria Pioneira Editora / FIFE-USP, 1983.

CARVALHO, Ruy de Quadros. **Labor and information tecnology in newly industrialised countries**: the case of brasilian industry. In: SEMINÁRIO INTERNACIONAL: CULTURA ORGANIZACIONAL E ESTRATÉGIAS DE MUDANÇA. São Paulo, agosto de 1990 (Convênio USP-BID).

_____. Tecnologia e trabalho industrial: as ampliações industriais da automação na indústria automobilística. Porto Alegre: L. & P.M. Editores, 1987.

CHANLAT, A & DUFOUR, M. (Direction). **La rupture entre l'enterprise et les hommes**. Montreal: Éditions Québec/Amérigue, 1985.

CHASKIEL, Patrick. Le mouvement participatif dans l'industrie automobile: vers une novelle forme sociale structurelle? **Sociologie du Travail**. Paris: Dunod, XXXII – 2/1990. p. 195-211.

CHIAVENATO, Idalberto. **Introdução à teoria geral da administração**. São Paulo: Mc. Graw-Hill, 1983.

CLAWSON, Dan. **Bureaucracy and the labor process**: the transformation of U.S. industry, 1860-1920. New York and London: Monthly Review Press, 1980.

COMTE, Auguste. **Os pensadores**. São Paulo: Abril Cultural, 1978.

CORBIN, Alain. **Le miasme et la jonquille**: l' odorat et l'imaginaire social. XVIIIE - XIXE siècles. France: Flammarion, 1986.

CORIAT, Benjamin. **La robotique**. Paris: Éditions La Découverte/Maspero, 1983.

COSTA, Jurandir Freire. **História da Psiquiatria no Brasil**. Rio de Janeiro: Editora Comentário, 1976.

COSTA, Nilson do Rosário. **Lutas urbanas e controle sanitário**: origens das políticas de saúde no Brasil. Petrópolis: Vozes, 1986.

CRISSIÚMA, Maria Cecília Borghi. **Reestruturação e divisão internacional do trabalho na indústria automobilística**: o caso brasileiro. Dissertação apresentada à F.G.V., São Paulo, 1986.

CROSBY, Alfred W.. **Imperialismo ecológico:** a expansão biológica da Europa 900-1900. São Paulo: Companhia das Letras, 1993.

CUNHA, Maria Clementina Pereira. **O espelho do mundo**: Juquery, a história de um asilo. Rio de Janeiro: Paz e Terra, 1986.

DEAN, Warren. **A industrialização de São Paulo**: (1880-1945). São Paulo – Rio de Janeiro: Difel, s.d.

DEDECCA, Claudio Saluadori. **Racionalização econômica e trabalho no capitalismo avançado**. Campinas (SP) : Unicamp, Instituto de Economia, 1999.

DEJOURS, Christophe. **A loucura do trabalho**: estudo de psicopatologia do trabalho. São Paulo: Cortez-Oboré, 1988.

_____. **Plaisir et souffrance dans le travail** (tome I). In: SÉMINAIRE INTERDISCIPLINAIRE DE PSYCHOPATHOLOGIE DU TRAVAIL, sous la direction de C. DEJOURS, France, Centre National de la Recherche Scientifique, 1987.

DELEUZE, Gilles. **Foucault**. São Paulo: Brasiliense, 1988.

DE MAISE, Domenico. **A emoção e a regra:** os grupos criativos na Europa de 1850 a 1950. Rio de Janeiro: Ed. José Olympio / Ed. Universidade de Brasília, 1999.

DEMING, W. Eduards. **Qualidade**: a revisão da administração. Rio de Janeiro: Ed. Marques-Saraiva, 1990.

DELPUPO, Carlos Henrique. **Protocolo de Quioto**. In: FUJIHARA, Marco Antonio e LOPES, Fernando Giachini. **Sustentabilidade de mudanças climáticas**: guia para o amanhã. São Paulo: Terra das Artes Editora: Editora Senac, 2009.

DIEGUES, Antonio Carlos Sant'Ana. **O mito moderno da natureza intocada**. São Paulo: NUPAUB (USP), 1994.

_____. **O meio ambiente como espaço para o exercício da interdisciplinaridade**. São Paulo: NUPAUB (USP), 1992.

DURAND, Claude. **Le travail enchainé**: organisation du travail et domination sociale. Paris: Éditions du Seuil, 1978.

ENGEL, Magali. **Meretrizes e Doutores**: saber médico e prostituição no Rio de Janeiro (1840-1890). São Paulo: Brasiliense, 1989.

ENGELS, Friedrich. **La situation de la labourieuse en Anglaterre**. Paris: Éditions Sociales, 1975.

ESSER, Josef & HIRSCH. **The crisis of fordism and the dimensions of a 'postfordist' regional and urban structure**. International Journal of Urban and Regional Research, London: march. 1989. p. 417-425.

FAYOL, Henry. **Administração industrial em geral**: previsão, organização, comando, coordenação e controle. São Paulo: Atlas, 1994.

FERRARI, Juan Carlos. **La enrgia e la crises del poder imperial**. Buenos Aires: Siglo Uginteuno, 1975.

FERRY, Luc. **A nova ordem ecológica**: a árvore, o animal e o homem. São Paulo: Ensaio, 1994.

FILHO, A. Osvaldo Seuá. **Acidificação a pressão ambiental para a reforma energética**. São Paulo: I.E.A. (USP), 1990.

FLEURY, Afonso Carlos & VARGAS, Nilton. **Organização do trabalho**. São Paulo: Atlas, 1983.

FLEURY, Maria Tereza Leme "et alli". **Cultura e poder nas organizações**. São Paulo: Atlas, 1989.

_____. Estórias mitos, heróis – cultura organizacional e relações do trabalho. **Revista de Administração de Empresas**, Rio de Janeiro: out./dez. 1987.

_____ & FISCHER, Rosa Maria (Coordenadoras). **Processo e relações do trabalho no Brasil**. São Paulo: Atlas, 1985.

FORD, Henry. **Os princípios da prosperidade**: minha vida e minha obra. São Paulo – Rio de Janeiro: Livraria Freitas Bastos, 1964.

FOUCAULT, Michel. **História da Sexualidade III**: o cuidado de si. Rio de Janeiro: Graal, 1985.

_____. **Vigiar e punir**: história da violência das prisões. Petrópolis: Vozes, 1984.

_____. **Microfísica do poder**. Rio de Janeiro: Graal, 1982.

_____. **História da Sexualidade I**: a vontade de saber. Rio de Janeiro: Graal, 1979.

FREYMOND, Jacques. **La primeira internacional**. Madrid: Editora Zero, 1973.

FRIEDMANN, Georges. **O trabalho em migalhas**. São Paulo: Perspectiva, 1972.

FUJIHARA, Marco Antonio e LOPES, Fernando Giachini. **Sustentabilidade de mudanças climáticas**: guia para o amanhã. São Paulo: Terra das Artes Editora: Editora Senac, 2009.

GALLOPIN, Gilberto C. **El futuro ecológico de nuestro planeta**. São Paulo: I.E.A.(USP), 1991.

GIPOULOUX, François. **Les techniques japonaises en Chine:** vers unde crise du management mandarinal? Sociologie du Travail. Paris: XXXVII, 2/85. p. 176-190.

GORZ, André. **Crítica da divisão do trabalho**. São Paulo: Martins Fontes, 1980.

GORZ, André. **Ecologia y liberdad**. Barcelona: Editorial Gustavo Gili, 1979.

GOULD, Stephen Jay. **Dedo Mindinho e seus vizinhos**: ensaios de história natural. São Paulo: Companhia das letras, 1993.

GRANOU, André; BARON, Yves; BILLAUDOT, Bernard. **Croissance et crise**. Paris: Éditions la Découverte/Maspero, 1983.

GUÉRIN, Daniel. **Le mouvement ouvrier aux États-Unis de 1866 à nos jours**. Paris: Librairie François Maspero, 1976.

GUNN, Philip. **Indústria e ambiente**: fatos e discursos recentes nos setores de petróleo e petroquímica. In: Revista Espaço & Debates. São Paulo, ano XII, n° 35, 1992, p. 16-25.

GUTZ, Ivano G.R.. **Mudanças globais e desenvolvimento sustentável**: desafios para a ciência. São Paulo: I.E.A. (USP), 1994.

HELOANI, Roberto. **Organização do trabalho e administração**: uma visão multidisciplinar. São Paulo: Cortez, 1994.

_____. **Modernidade e identidade:** os bastidores das novas formas de exercício de poder sobre os trabalhadores. São Paulo: Puc – tese de Doutorado, 1991.

HIRATA, Helena; MARX, Roberto; SALERNO, Mário Sérgio; FERREIRA, Cândido Guerra. **As alternativas sueca, italiana e japonesa ao paradigma fordista**: elementos para uma discussão sobre o caso brasileiro. São Paulo: I.E.A. (USP), 1991.

_____. **Sobre o modelo japonês**. São Paulo: EDUSP, 1993.

HOLLIDAY, Junior C.O.; SCHMIDHEINY, S.; WATTS, P. **Cumprindo o prometido:** casos de sucesso de desenvolvimento sustentável. Rio de Janeiro: Campus, 2002.

JANINE, Renato (org.). **Recordar Foucault**. São Paulo: Brasiliense, 1985.

JONES, Bryn & WOOD, Stephen. **Qualifications tacites, division du travail et nouvelles technologies. Sociologie du Travail:** nouvelles technologies dans l'industrie. Paris: oct./nov./dec. 1984, p. 407-421.

KUHN, Thomas. **Estrutura das revoluções científicas**. São Paulo: Perspectiva, 3ª Ed., 1994.

KNEESE, A.V.; RUSSEL, C.S. **Environmental economics**. In: EATWELL, J. et al. **The New Palgrave**: a dictionary of economics. London: Macmillan, 1998.

LEGGETT, Jeremy. **Aquecimento Global** (o relatórios do Green Peace). Rio de Janeiro: Editora da Fundação Getúlio Vargas, 1992.

LENHARO, Alcir. **Corpo e alma**: mutações sombrias do poder nos anos 30 e 40. Tese de Doutoramento apresentada ao Departamento de História da USP. São Paulo, 1985.

LÉNINE, V. Oeuvres. **Paris, Éditions Sociales GT Moscou**. Éditions du Progrès, 1977. Tome 42, out. 1917 – mar. 1923.

LIMA, Roberto Rocha. **Difusão da automação e das novas formas de organização e da gestão da produção no setor automobilístico**. Dissertação apresentada à Escola Politécnica da USP. São Paulo, 1989.

LINHART, Robert. **Lenin, os camponeses, Taylor**: ensaio de análise baseado no materialismo histórico sobre a imagem do sistema produtivo soviético. Rio de Janeiro: Editora Marco Zero, 1983.

LIPIETZ, Alain & LEBORGNE, Danièle. Après – **Fordisme et Dèmocratie**. Les temps modernes (Revue mensuelle). Paris: Gallimard, mars/1990, nº 524. p. 97-121.

_____. **O pós-fordismo e seu espaço**; tradução de Regina Silvia Pacheco. In: Espaço e Debates. São Paulo: nº 25, 1988, p. 12.-27.

MACEDO, Arlei Benedito. Mineração e desenvolvimento sustentável in GUTZ, Ivano G. R. (organizador), **Mudanças globais e desenvolvimento sustentável**: desafios para a Ciência. São Paulo: IEA (USP) 1994, p. 152.

MACHADO, Nilson José. **Desemprego e educação**: entre medidas tópicas e perspectivas utópicas. São Paulo: I.E.A. (USP), 1994.

MACHADO, Roberto "et alii". **Danação da norma**: a medicina social e constituição da psiquiatria no Brasil. Rio de Janeiro: Graal, 1978.

MAGGIOLINI, Piercarlo. **As negociações trabalhistas e a introdução de inovações tecnológicas na Europa**. Petrópolis: Vozes, 1988.

MANDEL, Ernest. **Le troisième âge du capitalisme**. Paris: Union Générale D'Éditions, 1976, Tome I.

MARQUES, Rosa Maria. **Automação microeletrônica e organização do trabalho**: um estudo de caso na indústria automobilística brasileira. São Paulo, 1987. Dissertação – Economia – Pontifícia Universidade Católica.

MARSHALL, Alfred. **Princípios de economia**: tratado introdutório. São Paulo: Abril Cultural, 1982.

MARTINI, George. **População, meio ambiente e desenvolvimento**. Campinas: Editora da UNICAMP, 1993.

MARX, Karl. **O capital**: o processo global da produção capitalista. Rio de Janeiro: Civilização Brasileira, 1974, Livro terceiro, Volume VI.

MASUDA, Yoneji. **The Information Society**: as a Post – Industrial Society. Bethesda: Word Future Society, 1981.

MAYO, Elton. **Problemas sociale de uma civilizatión industrial**. Buenos Aires: Ediciones Nueva Vision, 1977.

MERCHANT, Carolyn. **The Columbia Guide do American Environmental History**. New York: Columbia University Press, 2002.

MINISTRY of Internal Affairs and Communications [SOUMU] – Japan. Information and Communications in Japan [uJapan 2010]. Disponível em http://www.soumu.go.jp/johotsusintokgi/whitepaper/eng/wp2010.

MOFFITT, Michael. **O dinheiro do mundo**: de Bretton Woods à beira da insolvência; tradução de Lucas Assunção. Rio de Janeiro: Paz e Terra, 1984.

MONTMOLLIN, Maurice de & PASTRÉ, Oliver (direction). **Le taylorisme**: actes du colloque international sur le taylorisme organisá por l'Université de Paris – XIII. Paris: Éditions La Découverte, 1984.

MORAES NETO, Benedito Rodrigues de. **Marx, Taylor, Ford**: as forças produtivas em discussão. São Paulo: Brasiliense, 1988.

_____. Marquinaria, taylorismo e fordismo: a reinvenção da manufatura. **Revista de Administração de Empresas**. Rio de Janeiro, 26(4):31-34, out./ dez. 1987.

_____. Automação de base microeletrônica e organização do trabalho na indústria metal-mecânica. **Revista de Administração de Empresas**. Rio de Janeiro, 26(4):35-40, out./dez. 1986.

NAISBITT, John. **Paradoxo global**: quanto maior a economia mundial, mais poderosos são os seus protagonistas menores, nações, empresas e indivíduos. Rio de Janeiro: Campos, 1994.

NEDER, Ricardo Toledo; ABRAMO, Laís Wendell; SOUZA, Naior Heloísa B. de; DIAZ, Álvaro, FALABELLA, Gonzalo; Silva, Roque Aparecido da. **Automação e movimento sindical no Brasil**. São Paulo: Hucite, 1988.

OLIVEIRA, Amaury Porto de. **Desenvolvimento na Ásia – Pacífico**: a indústria e o Estado. São Paulo: IEA (USP), 1991.

_____. **Desenvolvimento na Ásia – Pacífico**: a indústria e o Estado. São Paulo: IEA (USP), 1991.

_____. **História Recente do Oriente Remoto**. São Paulo: IEA (USP), 1992.

_____. **Evolução recente na Bacia do Pacífico Norte, projeções mundiais**. São Paulo: IEA (USP), 1990.

ORGANISATION FOR ECONOMIC CO-OPERATION AND DEVELOPMENT. **Environment goods and services**: an assessment of the environmental, economic and development benefits of further global trade liberalisation. [S.l.]: OECD, 2000. 110 p. Disponível em: <http://www.oecd.org/dataoecd/43/19/1861110.pdf> Acesso em: 02 jan. 2011.

ORGANISATION FOR ECONOMIC CO-OPERATION AND DEVELOPMENT. **Technology and environment**: towards policy integration. Paris: OECD, 1999. Disponível em: < http://www.oecd.org/officialdocuments/publicdisplaydocumentpdf/?cote=DSTI/STP(99)19/FINAL&docLanguage=En> Acesso em: 02 jan. 2011.

ORGANISATION FOR ECONOMIC CO-OPERATION AND DEVELOPMENT. **The World in 2020 – Towards a New Global Age**. Paris: OECD, 1997.

ORGANISATION FOR ECONOMIC CO-OPERATION AND DEVELOPMENT. **Environmental Outlook**. Paris: OECD, 2001.

ORGANISATION FOR ECONOMIC CO-OPERATION AND DEVELOPMENT. **Environmental Outlook to 2030**. Paris: OECD, 2008.

PAGÉS, Max; BONETTI, Michel; GAULEJAC, Vicent de; DESCENDRE, Daniel. **O poder das organizações**: a dominação das multinacionais sobre os indivíduos. São Paulo: Atlas.

PIGNON & QUERZOLA, Jean. **Divisão social do trabalho, ciência, técnica e modo de produção capitalista**. Porto: Publicações Escorpião, 1974.

PNUD (Programa de las Naciones Unidas para El Desarollo). **Nuestra própria Agenda sobre El Desarrollo y Ambiente**. México: Fondo de Cultura Econômica, 1991, p.7 a 19.

POLIZELLI, Demerval L e OZAKI, Adalton M (ORGs). **Sociedade da Informação**: desafios da era da claboração e gestão do conhecimento. São Paulo: Saraiva, 2008.

PORTER, Michael E. **A vantagem competitiva das nações**. Rio de Janeiro: Campus, 1989.

PRESTES, Maria E Brzezinski. **A investigação da natureza no Brasil Colônia**. São Paulo: AnaBule / Fapesp, 2000.

PRIGOGINE, Ilya & STENGERS, Isabelle. **A nova aliança**: a metamorfose da ciência. Brasília: ed. Da UNB, 1991.

_____. **Entre o tempo e a eternidade**. São Paulo, Companhia das Letras, 1992.

RAGO, Luiza Margareth & MOREIRA, Eduardo. **O que é taylorismo**. São Paulo: Brasiliense, 1987.

_____. **Do cabaré ao lar:** a utopia da cidade disciplinar – Brasil 1890-1930. Rio de Janeiro: Paz e Terra, 1987.

REICH, Robert B. **O trabalho das nações**: preparando-nos para o capitalismo do século XXI. São Paulo: Educador, 1994.

ROLNIK, Raquel. **Cada um em seu lugar**. Dissertação de Mestrado, USP, 1981.

ROSEN, George. **Uma história de saúde pública**. São Paulo: Hucitec/Editora UNESP, 1994.

SACHS, Ignacy. **Ecodesenvolvimento – crescer sem destruir**. São Paulo: Vértice, 1986.

_____. **The next 40 years transition strategies to the virtuous green path**: North, South, East, Global. São Paulo: IEA (USP), 1991.

SALERNO, Mário e FLEURY, Afonso. **Condicionantes e indutores de modernização industrial no Brasil**: In: PADRÕES TECNOLÓGICOS E POLÍTICAS DE GESTÃO: Comparações Internacionais, São Paulo, maio/Agosto de 1989. Anais USP/UNICAMP.

SCHMIDHEINY, Stephan. **Mudando o Rumo**: uma perspectiva empresarial global sobre o desenvolvimento e meio ambiente. Rio de Janeiro: Editora da FGV, 1992.

SCHMITZ, Hubert & CARVALHO, Ruy de Quadros. **Fordism is alive in Brazil**. IDS BULLETIN. Sussex, IDS Publications Unit (University of Sussex), vol. 20, number 4, october. 1989.

SÉDILLOT, René. **História del petroleo**. Bogotá: Pluma, 1987.

SEGNINI, Liliana. **A liturgia do poder**: trabalho e disciplina. São Paulo: EDUC, 1988.

_____. **Ferrovia e ferroviários**: uma contribuição para a análise do poder disciplinar na empresa. São Paulo: Cortez – Autores Associados, 1982.

SICSÚ, B.B. A indústria de componentes para o complexo eletrônico. In: VELLOSO, J.P.R (org.). **O Brasil e a economia do conhecimento**. Rio de Janeiro: José Olympio, 2002. p.303-353.

SILVA, Elizabeth Bortolaia D.. **Refazendo a fábrica fordista**: contrastes da indústria automobilística no Brasil e na Inglaterra. São Paulo: Hucitec, 1991.

SIMONSEN, Roberto. **O trabalho moderno**. São Paulo: Secção de Obras do "Estado", 1919.

SMITH, Adam. **Uma investigação sobre a natureza e causa das riquezas das nações**. São Paulo: Hemus, 1981.

_____. **Na inquiry into the nature and causes of the welath of nations**. New York, the modern library, 1937. Article II, of the expence of the instruction for the education of youth.

SPINK, Mary Jane Paris (ORG). **A cidadania em construção**: uma reflexão transdisciplinar. São Paulo: Cortez, 1994.

TAYLOR, Frederick Winslow. **Princípios de Administração Científica**; tradução de Arlindo Vieira Ramos. São Paulo: Atlas, 1985.

TERRA, J.C.C.; GORDON, C. **Portais corporativos**: a revolução na gestão do conhecimento. São Paulo: Negócio Editora, 2002

_____. **Gestão do conhecimento**: o grande desafio empresarial. São Paulo: Negócio Editora, 2000.

THOMAS, Keith. **O homem e o mundo natural**: mudanças de atitude em relação às plantas e aos animais (1500-1800). São Paulo: Companhia das Letras, 1989.

THUROW, Lester. **Cabeça a cabeça**: a batalha econômica entre o Japão, Europa e Estados Unidos. Rio de Janeiro: Rocco, 1993.

TOFFLER, Alvin. **A empresa flexível**; tradução de A. B. Pinheiro de Lemos. Rio de Janeiro: Record, 1985.

THIOLLENT, Michel. Problemas de metodologia. In: FLEURY, Afonso Carlos Correa & VARGAS, Nilton (Organizadores). **Organização do trabalho**. São Paulo: Atlas, 1983, cap.3.

THUROW, Lester. **Cabeça a cabeça**: a batalha econômica entre Japão, Europa e Estados Unidos. Rio de Janeiro: Rocco, 1993, 2ª. Edição.

VASCONCELOS, Eduardo. **Gerenciamento da Tecnologia**: um instrumento para a competitividade empresarial. São Paulo: Editora Edgard Blücher, 1992.

VEGARA, José Maria. **La organización científica del trabajo**: ciencia o ideología? Barcelona: Fontanella, 1971.

VIGEVANI, Tullo. **Meio Ambiente e relações internacionais**: a questão dos financiamentos. São Paulo: IEA (USP), 1994.

WILLIAMS, Paul T. **Waste treatment and disposal**. West Sussex (UK): John Wiley &Sons, Ltd, 2005.

WOMACK, James P.; JONES, Daniel T.; ROOS, Daniel. **A máquina que mudou o mundo**. Rio de Janeiro: Campus, 1992.

ZILBOVICIUS, Mauro. **Cultura organizacional e mudança tecnológica na empresa**: estudo de caso em uma montadora de automóveis no Brasil. In: SEMINÁRIO INTERDISCIPLINAR – PADRÕES TECNOLÓGICOS E POLÍTICAS DE GESTÃO: Processos de Trabalho na Indústria Brasileira. São Paulo: 1988. Anais USP/UNICAMP.

ZMITROWICZ, Witold; BARTH, Flávio Terra; PROENÇA, Helena Maria S.; GUALDA, Nicolau Dionísio F. **Meio ambiente – custos e limites da urbanização**. São Paulo: IEA (USP), 1994.